GOLDEN ROUTE

物理

［物理基礎・物理］

標準編

大学入試問題集
ゴールデンルート

問題編

QUESTION

この別冊は本体との接触部分が糊付けされていますので、この表紙を引っ張って、本体からていねいに引き抜いてください。なお、この別冊抜き取りの際に損傷が生じた場合、お取り替えはお控えください。

別冊

目次

物理［物理基礎・物理］

標準編

CHAPTER 1

力学

1　斜面上の放物運動

解答目標時間：10 分

問　図のように，水平面から角度βだけ傾いた斜面がある。このときの鉛直面内の小球の運動を考えよう。時刻$t = 0$に，点Oから斜面に対して角度αの方向に，速さv_0で小球を打ち出したところ，斜面に対しての垂直距離が最も大きくなる点Pを通過し，斜面上の点Qに衝突した。重力加速度の大きさをgとして以下の問いに答えよ。ただし，$0° < \alpha < 90°$，かつ$\alpha > \beta$であり，空気抵抗は無視できるものとする。

問1　小球が点Pに達する時刻t_1を求めよ。また，小球が点Qに達する時刻t_2を求めよ。

問2　点Pから斜面に下ろした垂線の足を点Sとする。PS間の距離はいくらか。また，小球を投げ出した位置Oと点Qとの距離を求めよ。

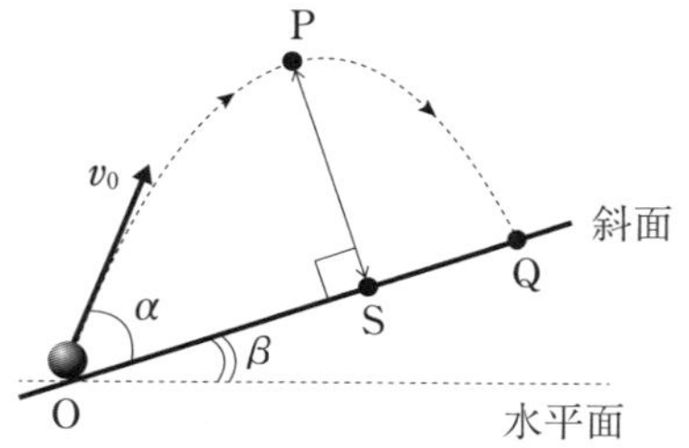

〈千葉大〉

★★★

合格へのゴールデンルート

GR 1　斜面上での放物運動では，斜面に沿ってx軸，斜面に対して垂直にy軸をとる。

2 空中での衝突

解答目標時間：10 分

図のように，水平面をなす地表から高さ h のところより，質量 M の物体が時刻 0 において速さ V_0 で水平に投げ出された。一方，地上から質量 m の弾丸が速さ V_0 で，物体の発射と同時に鉛直上向きに発射された。その後，弾丸は物体に命中し，一体となった。重力加速度の大きさを g とする。また，$V_0 > \sqrt{gh}$ とする。物体および弾丸の大きさを考えないものとし，空気抵抗は無視する。物体の最初の位置を通る鉛直線と地表の交点を原点 O とし，図のように xy 軸をとる。

問 1　弾丸が物体に命中した時刻を t_3 とする。$t < t_3$ において，時刻 t での，物体の位置の座標（x_1，y_1）を記せ。

問 2　弾丸は座標 $(d,\ 0)$ から発射されるものとする。時刻 t での弾丸の位置の座標を $(d,\ y_2)$ とする。y_2 を記せ。

命中後，一体となった物体の速度の方向は水平になった。以下の問いは g，h，M，V_0 のみで答えよ。

問 3　t_3 および d を求めよ。また，弾丸が物体に命中したときの物体と弾丸の座標を $(d,\ y_3)$ とする。y_3 を記せ。

問 4　弾丸が命中する直前の，物体と弾丸のそれぞれの速度の x 成分と y 成分を求めよ。

問 5　弾丸が物体に命中した直後の物体の速度の x 成分 u_0 と m をそれぞれ求めよ。

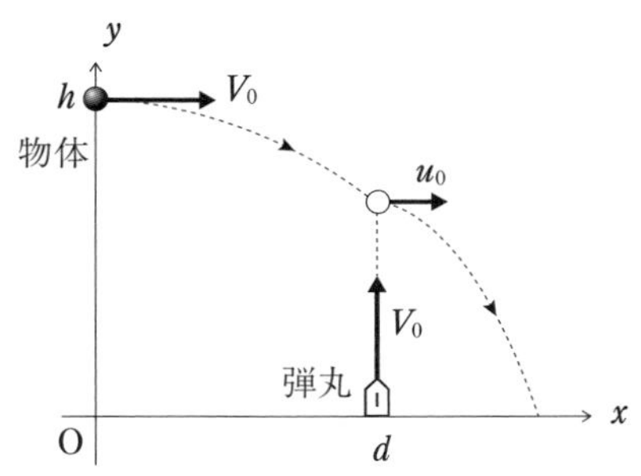

〈大阪市立大〉

GOLDEN ROUTE 1 2 3 4 5 GOAL

★★★

合格へのゴールデンルート

GR 1 空中での命中条件は，２物体が同じ(　　)に存在すればよい。
GR 2 衝突前後では(　　)保存則が成立する。

3 繰り返し衝突

解答目標時間：10 分

問 小球を時刻 $t = 0$ に初速 v_0，水平な床との角度 α で投げ出し，小球が床に衝突を繰り返しながら進む様子を観察した。図のように，水平方向に x 軸，鉛直上向きに y 軸をとり，小球を投げ出す点を原点 O，床の高さを $y = 0$ とする。小球の運動は xy 平面内に限られるものとする。小球が床に衝突する前に達する最高点の座標を（x_0，y_0），n 回目（$n = 1, 2, 3, \cdots$）の床への衝突後に小球が達する最高点の座標を（x_n，y_n）とする。床と小球との反発係数を e，重力加速度の大きさを g とする。ただし，床はなめらかであるとし，空気の抵抗は考えないものとする。

問 1　小球が最高点 (x_0，y_0) に達する時刻 t_0 を v_0，α，g を用いて表せ。

問 2　小球が１回目に床に衝突した直後の速度の y 成分 v_{1y} を v_0，α，g，e を用いて表せ。

問 3　小球が２回目に床に衝突する地点の x 座標 x_2' を v_0，α，g，e を用いて表せ。

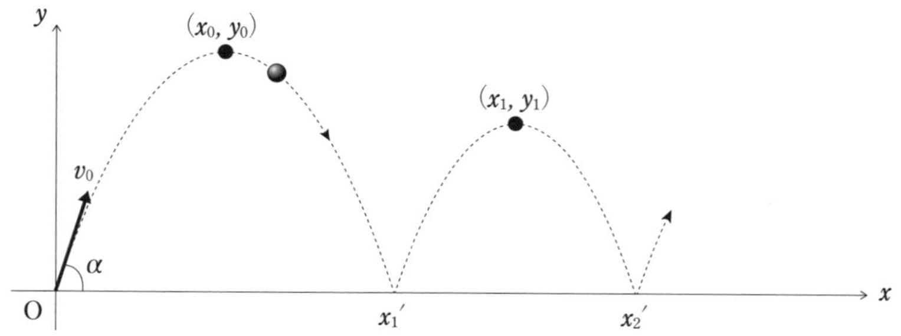

〈鹿児島大〉

★★★

合格へのゴールデンルート

GR 1 なめらかな面での斜め衝突は面に対して平行な方向は速度が(　　)であり，面に対して垂直な速度は衝突直前の速度の(　　)倍となる。

4 棒のつり合い

解答目標時間：10 分

図1，2のように，水平に固定した細くて丸い棒Kと水平な床の間に長さl，質量Mの一様な薄くて変形しない平らな板Lを渡し，その上で小物体Pを運動させる。板Lの下端Aから棒Kとの接触点までの距離を$\frac{2}{3}l$とする。

板Lと棒Kの接触は滑らかであるが，Lと床の接触は粗く，摩擦によってLは床からの角度30°を保って静止し続けているものとする。小物体Pと板の接触はなめらかで，PはLの真中を通る最大傾斜線上を運動するものとする。重力加速度の大きさgとして，以下の問いに答えよ。

はじめに，図1のように，板Lの上には小物体Pはないものとし，そのときのLに働く床からの垂直抗力の大きさをN，静止摩擦力の大きさをF，棒Kからの垂直抗力の大きさをRとする。

問1　板Lに働く力の水平方向のつり合いの式をかけ。

問2　板Lに働く力の鉛直方向のつり合いの式をかけ。

問3　板Lに働く下端Aまわりの力のモーメントのつり合いの式をかけ。

問4　板Lと床の間の静止摩擦係数をμとして，Lが傾角30°を保って静止し続けることができるためのμの範囲を求めよ。

次に，図2のように，小物体Pに初速度を与え，Pを板Lの下端Aから上方へ滑らせて，上端Bから空中へ飛び出させた。

問5　小物体Pの質量をmとして，Pから板に働く垂直抗力の大きさN_1を求めよ。

問6　小物体Pが板L上を運動している間も，Lが傾角30°を保って静止し続けることができるための静止摩擦係数 μ の範囲を求めよ。ただし，板Lの質量 M は，小物体の質量 m の10倍とする。

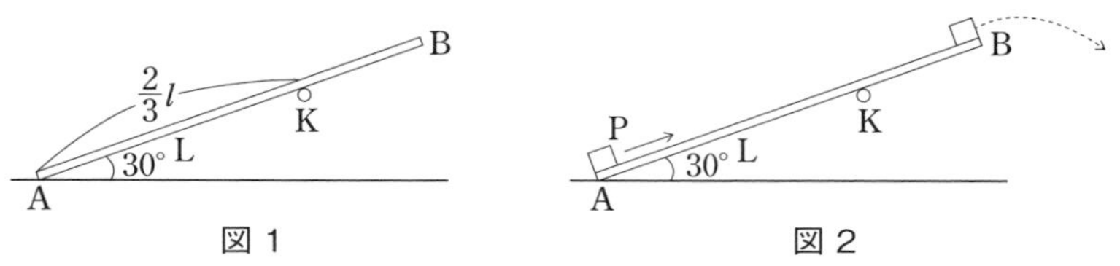

図1　図2

〈玉川大〉

★★★

合格へのゴールデンルート

GR 1　剛体の問題では力のつり合いと任意の点のまわりのモーメントのつり合いの式を立てよう。

5　剛体の転倒

解答目標時間：10分

問　図1－1に示すように，原点をOとする座標軸に対して，x 方向の長さが a，y 方向の長さが b，z 方向の長さが h，密度が一様な質量 m のレンガがある。レンガ全体に働く重力は，重心の1点に働いている。いま，このレンガを平らな板の上に置きゆっくりと傾けた。板とレンガの間の静止摩擦係数を μ，重力加速度の大きさを g として，以下の問いに答えよ。

問1　図1－2に示すようにレンガの y 軸と板の端部ABが平行になるようにレンガを板の上に置いた。板の傾斜角が θ のとき，レンガは静止したままであった。このときの垂直抗力の大きさ N と静止摩擦力の大きさ f を求めよ。

問2　図1－2に示すようにレンガを置き，板を傾けたところ板の傾斜角 θ が θ_1 を超えたときレンガが滑り出す前に倒れた。このときの $\tan\theta_1$ を求めよ。

問3　レンガが滑り出す前に倒れるための，μ の満たすべき条件を求めよ。

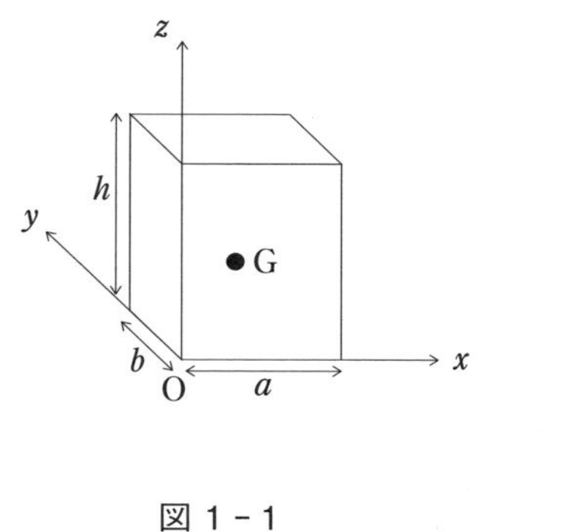

図 1－1

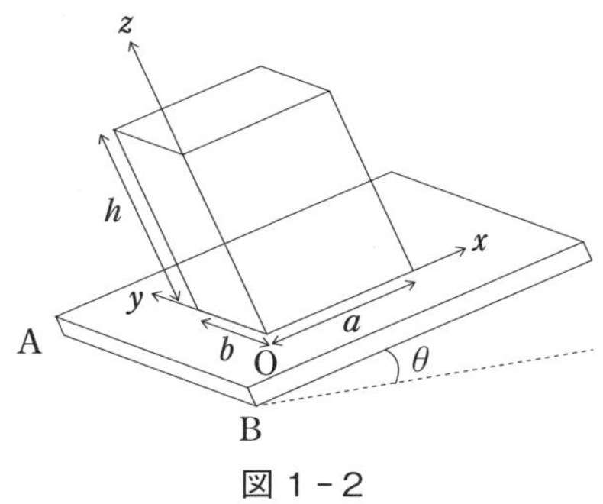

図 1－2

〈法政大・改〉

★★★

合格へのゴールデンルート

GR 1 剛体が転倒するかしないかを考えるときは，滑り出す直前と倒れる直前を考えればよい。

6　糸で結ばれた2物体の運動

解答目標時間：10 分

水平な床の上に置かれた傾斜角 30° のなめらかな斜面上に質量 m の物体 A を置く。物体 A に軽くて伸び縮みしないひもを取り付け，図のように 2 つの滑車 X, Y に通して，ひもの他端を天井に固定した。X は斜面に固定されており，Y は鉛直方向に動くことができる。A が動かないように手で支えて，質量 M の物体 B を Y につるした。その後，静かに A から手をはなした。ただし，X, Y はなめらかにまわり，質量は無視できるものとする。また，B が地面に衝突しない限りひものたるみはないものとし，重力加速度の大きさを g とする。

問 1　A から手をはなした後，A と B がともに静止した。このときの M を m を用いて表せ。

問 2　問 1 の条件よりも M が大きいとき，B は下降していく。A と B の加速度の大きさをそれぞれ a, b とする。a と b の関係式をかけ。

問3　b を求めよ。

問4　ひもがAを引く力の大きさ T を求めよ。

問5　Bが下降を始めた瞬間のBの底面から床までの距離を h とする。Bが下降を始めてから床に衝突するまでの時間を求めよ。

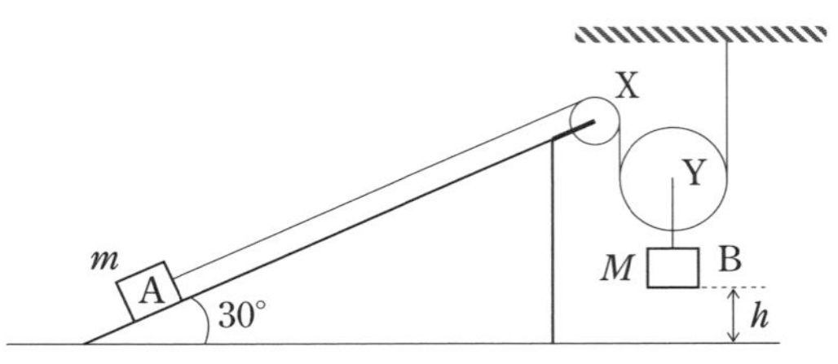

〈南山大〉

★★★

合格へのゴールデンルート

GR 1　滑車を用いると，物体を持ち上げる力は(　　)倍になる。

7　重ねられた物体の運動

解答目標時間：10 分

問　質量と大きさが等しい均質な3つの直方体の物体A, B, Cを，図に示すように端をそろえて積み重ね，水平でなめらかな床の上に置き，中央の物体Bにひもをつけて一定の大きさの力で水平右向きに引っ張る。AとBの間およびBとCの間の摩擦係数は等しいとし，静止摩擦係数を μ，動摩擦係数を μ' とする。また，Cと床との間に働く摩擦力は無視する。各物体の質量を m，重力加速度の大きさを g として，以下の問いに答えよ。

問1　大きさ F_1 の力で引っ張ったところ，A, B, Cは一体となって運動した。

(a)　物体A, B, Cの加速度の大きさを求めよ。

(b)　AとBの間，およびBとCの間に働いている摩擦力の大きさをそれぞれ求めよ。

(c)　静止の状態から水平距離 d 進んだ時点での物体の速さ v を求めよ。

問2　大きさ F_1 の力から徐々に力を大きくしていき，大きさ F_2 の力をこえるとBとCは一体となって運動したが，AとBの間では滑り運動が生じた。F_2 を求めよ。

問3　大きさ F_3 の力で引っ張ったところ，AとB，BとCの間でそれぞれ滑りが運動が生じた。AとBとCのそれぞれの加速度の大きさを求めよ。

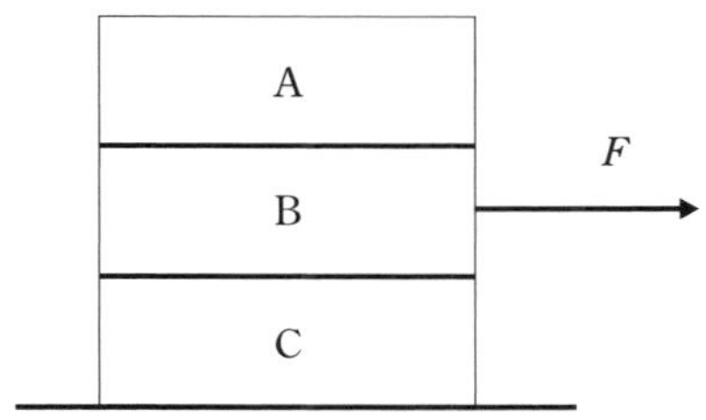

〈東京都立大〉

★★★

合格へのゴールデンルート

GR 1　摩擦力の向きを判定するときは，2物体のうちどちらの物体がはじめに動き出すかをチェックする。

8　電車内での物体の運動

解答目標時間：10 分

問

図のように，電車の中に水平な床から角度 θ だけ傾いて固定された斜面がある。電車は，時刻 t_1 から時刻 t_2 まで，図の左向きに等速直線運動をした。そして，時刻 t_2 から大きさ a の一定の加速度で減速し，時刻 t_3 に電車は停止した。時刻 t_1 から時刻 t_3 までの間に電車が走った線路は水平で直線状であった。

このときに，斜面から滑り落ちる小球の，電車に乗った観測者から見た運動を考える。斜面と小球の間に摩擦はなく，小球の大きさは無視する。また，拡大図に示すように，斜面の下端部A点まで滑り落ちた小球は，滑らかに向きを変えられてB点から床との角度 ϕ で飛び出す。ただし，A点とB点の間の

GOLDEN ROUTE 1 2 3 4 5 GOAL

形を変えることでϕは自由に設定できる。A点とB点は十分近く，B点での小球の速さはA点での速さと同じとする。重力加速度の大きさをgとする。

［1］　時刻tが$t_1 < t < t_2$のときに床からの高さがhの斜面上に小球を置いて滑らせた。小球はB点から速さv_1で飛び出し，時刻tが$t_1 < t < t_2$の間に電車の床に落下した。電車の床は十分長く，小球が電車の壁に当たることはない。

問1　小球が飛び出してから落下するまでの時間をv_1，g，ϕを用いて求めよ。

問2　B点から落下点までの距離を最大にするϕはいくらか。また，このときのB点から落下点までの飛距離d_1をv_1を用いて求めよ。

［2］　次に，ϕが適当な角度になるように設定し，時刻tが$t_2 < t < t_3$のときに床からの高さがhの斜面上に小球を置いた。小球は斜面に沿って下向きに滑り落ち，B点から飛び出して，時刻tが$t_2 < t < t_3$の間にちょうどB点に落下した。

問3　小球が斜面に沿って下向きに滑り落ちるための，aに対する条件をかけ。

問4　小球がB点から飛び出すときの速さv_2を求めよ。

問5　小球がちょうどB点に落下したことに注意して，$\tan\phi$を求めよ。

問6　小球が飛び出した後で最高点に達したときの，B点から見た小球の位置はB点から小球が飛び出した方向にlだけ離れていた。lをg，ϕ，v_2を用いて表せ。

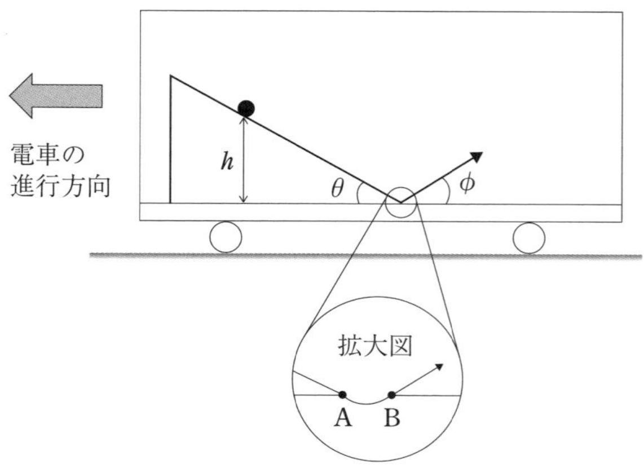

〈新潟大〉

★★★

合格へのゴールデンルート

GR 1 加速度運動する観測者から物体を見たときに(　　)が働いて見える。
GR 2 慣性力と重力の合力を(　　)の重力という。

9 動く三角台上での物体の運動

解答目標時間：10 分

問 図に示すように，水平な床上に置かれた質量 M のブロック ABC と質量 m で大きさの無視できる小物体を考える。$\angle ABC = \theta$，重力加速度の大きさを g，斜面 AB の長さを L とし，小物体とブロックとの間の摩擦は無視できるとして，以下の空欄に適当な文字式を入れよ。

まず，ブロックを床に固定した場合を考える。点 A に小物体を静かに置くと，小物体は斜面 AB に沿って等加速度運動を始める。

小物体の斜面 AB 方向の加速度の大きさ α_1 は，g，θ で表すと，$\alpha_1 =$ (a) となる。小物体がブロックから受ける垂直抗力の大きさ N_1 は，m，g，θ で表すと，$N_1 =$ (b) となる。

次に床上を自由に動ける状態でブロックが静止している。点 A に小物体を静かに置くと，小物体は斜面 AB に沿って等加速度運動を始める。また，ブロックも小物体が受ける垂直抗力の反作用により，床上を右へ等加速度運動する。なお，ブロックと床との間の摩擦は無視できるものとする。小物体がブロックから受ける垂直抗力の大きさを N_2 とする。このとき，ブロックの床に対する加速度の大きさ β は，M，N_2，θ で表すと，$\beta =$ (c) となる。

ブロックとともに運動する観測者から見れば，小物体にはブロックの運動する向きとは逆向きに慣性力が働く。したがって，斜面 AB の方向の運動において，ブロックに対する小物体の加速度の大きさ α_2 は，β，g，θ で表すと，$\alpha_2 =$ (d) となる。また，小物体がブロックから受ける垂直抗力の大きさ N_2 は β，g，θ，m で表すと，$N_2 =$ (e) となる。

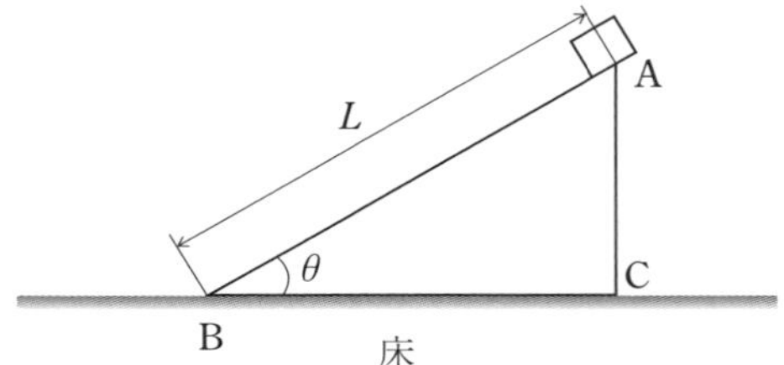

〈長崎大〉

★★★

合格へのゴールデンルート

GR 1　2物体が異なる加速度で運動しているとき，(　　)力を考えればよい。

10　相対運動

解答目標時間：10分

問

質量 M のおもり A と質量 $3M$ のおもり B を糸で結び滑車 P にかける。さらに，この滑車 P と質量 $4M$ のおもり C を糸で結び，天井から吊るしてある滑車 Q にかける。糸は伸びることなく，滑車と糸の重さは無視できる。滑車と糸の間の摩擦はないものとし，重力加速度の大きさは g とする。

C を固定し，A と B だけを静かにはなす。

問1　A の加速度の大きさを求めよ。

問2　滑車 P とおもり C を結ぶ糸の張力の大きさを求めよ。

おもり A，B，C を固定し，次に A，B，C を静かにはなす。A と B の質量の和が C の質量と等しいにもかかわらず，C は動き始める。このとき，A は上向きに大きさ α の加速度で，B は下向きに大きさ β の加速度で，滑車 P は上向きに大きさ γ の加速度で動き，$\alpha \neq \beta$，$\alpha > \gamma$ であった。なお，α，β，γ は地面に対する加速度である。

問3　A, B, C それぞれについての運動方程式を書きなさい。ただし，A と B を結ぶ糸の張力の大きさを T_1，滑車 P と C を結ぶ糸の張力の大きさを T_2 とする。なお，滑車 P についての運動方程式は，$0 \times \gamma = T_2 - 2T_1$ が成り立つものとする。

問4　α，β，γ の間に成り立つ関係式をかけ。

問5　T_1 を求めよ。

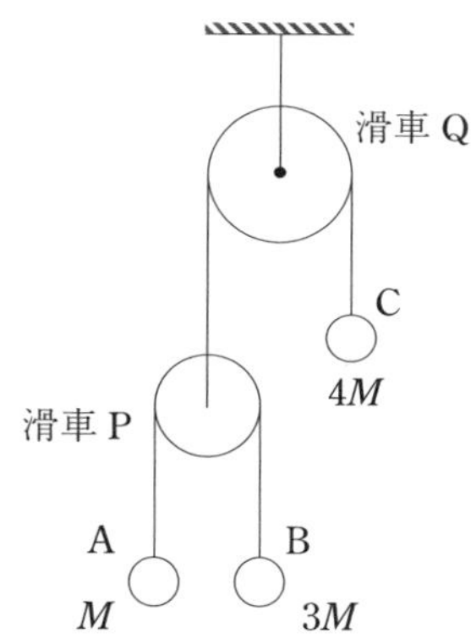

〈静岡大〉

★★★

合格へのゴールデンルート

GR 1　複数の物体が異なる加速度で運動するとき，(　　)加速度を考える。

11　2球の衝突

解答目標時間：10 分

図のように，滑らかな水平面上を速度 v_0 で運動する質量 m_1 の小球1が，静止している質量 m_2 の小球2に衝突した。衝突後，小球1と小球2の速度はそれぞれ v_1，v_2 であった。小球1と2の間の反発係数を e とする。ただし，小球1と2は衝突前後において同一直線上を運動するものとし，速度の正の向きは図の右向きを正の向きとする。

問1　衝突前後において，小球1と2の間で水平方向の運動量は保存される。水平方向の運動量保存則を立式せよ。

問2　衝突前後において，v_0，v_1，v_2 および e の間に成り立つ関係式を立式せよ。

問3　v_1 と v_2 を求めよ。

問4　衝突前後における力学的エネルギーの変化 ΔE を求めよ。

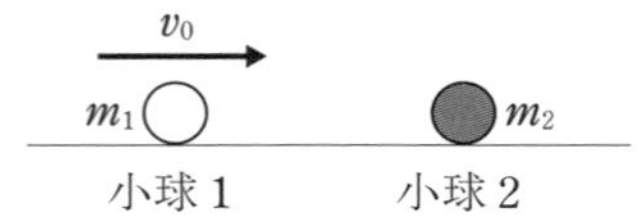

〈オリジナル〉

★★★

合格へのゴールデンルート

GR 1　2物体の衝突では(　　)保存則と反発係数の式を連立する。

CHAPTER 1　力学

12　エネルギー保存則・運動量保存則

解答目標時間：10分

問　図のように，長さ l の軽くて伸び縮みしない糸の一端を点Oに固定し，他端に質量 M の小球Aをつける。小球Aを点Oからの鉛直線に対して紙面と同一平面内で角度 θ （$\theta > 30°$）だけ傾け，糸がたるまないように静かにはなす。糸が図の位置にある支点Pに達すると，小球Aは軌道を変え，支点Pの鉛直下方点Qに静止している質量 $\dfrac{M}{2}$ の物体Bと衝突する。重力加速度の大きさを g とする。ただし，小球Aと物体Bの大きさは無視できるものとし，両者間の反発係数を e とする。また，QR間はなめらかな水平面とする。

問1　物体Bに衝突する直前の小球Aの速さ v_A を求めよ。ただし，支点Pと糸との接触でエネルギーは損失しないものとする。

問2　衝突直後の物体Bの速さ v_B を求めよ。また，物体Bが小球Aより受けた力積の大きさを v_A を用いて答えよ。

続いて，物体Bは点Rを通過したのち，なめらかな曲面RS上を滑り，粗い斜面SU上を運動するものとする。点Sは点Rより，$\frac{l}{4}$だけ高い位置にあり，点Tは点Sより，$\frac{l}{4}$だけ高い位置にある。斜面SUと水平とのなす角度を30°とし，物体Bと斜面SUとの間の動摩擦係数をμとする。

問3　物体Bが斜面SUを滑っているとき，物体Bの加速度aを求めよ。ただし，運動の向きを正の向きとする。

問4　$e = \frac{4}{5}$，$\mu = \frac{1}{\sqrt{3}}$のとき，物体Bは斜面上の点Tに達し速さ0となった。このときの$\cos\theta$の値を求めよ。

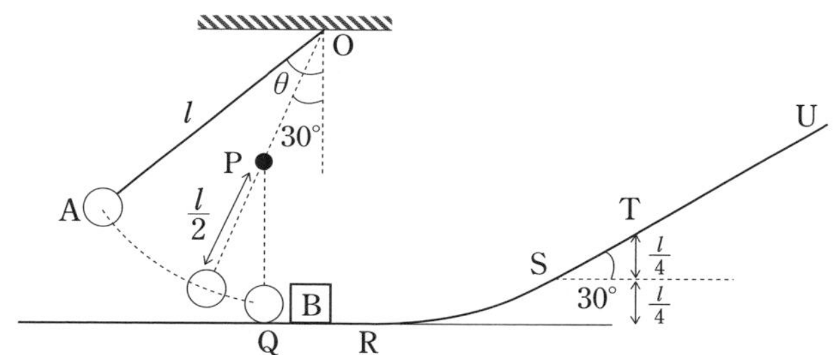

〈岩手大〉

★★★

合格へのゴールデンルート

GR 1　2物体の衝突における力積は(　　)の変化から求める。

GOLDEN ROUTE 1 2 3 4 5 GOAL

13 ２物体の力学的エネルギーと仕事の関係

解答目標時間：10 分

問　図のように，水平な床と角度 30° をなす摩擦のある粗い斜面上に質量 m の物体Aを置く。Aに糸を取り付け，滑らかに回転する軽い滑車を介して他端を質量 M の物体Bに取り付ける。物体Aを手で支えておき，静かに手をはなすと，Aは斜面上を上昇し，Bは鉛直下向きに下降し地面に達した。はじめのBの高さは H であり，斜面とAとの間の動摩擦係数を $\frac{1}{\sqrt{3}}$，重力加速度の大きさを g として以下の問いに答えよ。

問１　Bが地面に達するまでの間に，動摩擦力がAにする仕事を求めよ。
問２　地面に達するときのBの速さを求めよ。
問３　Bが地面に達するまでの間に，Aに働く張力がする仕事を求めよ。

Bが地面に達した後も，Aは斜面上を運動し，最高点に達する。

問４　Bが地面に達した直後からAが最高点に達するまでに斜面に沿って移動した距離を求めよ。

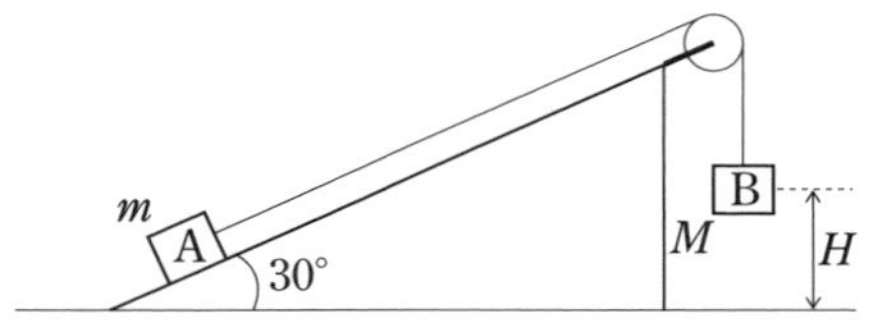

〈オリジナル〉

★★★

合格へのゴールデンルート

GR 1　物体に働く力がわからないときの仕事の求め方は，(　　)の変化を考える。

14　2体問題①

解答目標時間：10 分

図のように，断面が半径 r の円の一部になっている曲面 ABC と突起 D からなる質量 M の台が水平な床の上にあり，台の左側は床に垂直な壁に接している。曲面の最下点 C より r だけ高い位置にある A 点で質量 m の小球を静かにはなした。小球は曲面を滑り降りて最下点で突起 D に弾性衝突し，曲面を逆方向に上り始めた。ただし，小球と台，および台と床の間には摩擦はないものとし，重力加速度の大きさを g とする。

問1　突起 D と衝突する直前の小球の速さはいくらか。

問2　小球が突起 D と衝突した直後の台の床に対する速さはいくらか。また，小球の床に対する速さはいくらか。

問3　小球が曲面を上り，最高点に達したときの台の床に対する速さはいくらか。また，このときの点 C から測った小球の高さはいくらか。

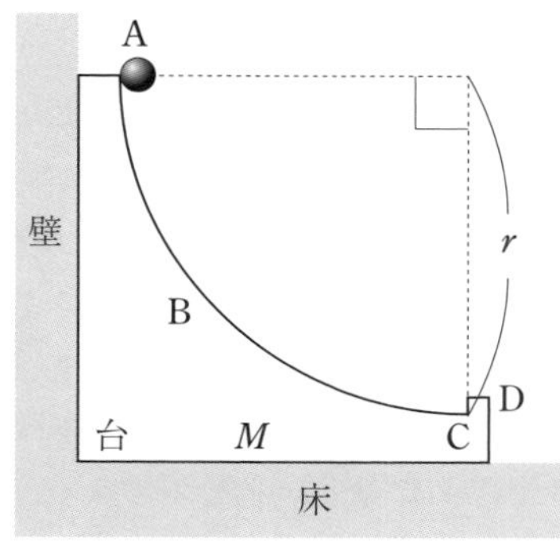

〈電気通信大〉

★★★

合格へのゴールデンルート

GR 1　衝突・分裂・合体のときは運動量が保存する。

15　2体問題②

解答目標時間：10 分

問　図のような質量 M の曲がった板 ABC が水平な床の上に置かれている。AB 間は水平，BC 間は半径 r の円弧で，その中心は B 点の真上にある。A 点から B 点に向かって質量 m の小物体に初速度 v を与えた。小物体と板の間には摩擦はなく，空気抵抗は無視するものとし，重力加速度の大きさは g とする。

問 1　板が床に固定してある場合を考える。小物体が上がる最高点を P 点（C 点を越えない）とし，板の水平面からその点までの高さを h_P とする。このとき，v を用いて h_P を表せ。

問 2　次に，板がなめらかに床の上を動けるようにした場合を考える。このとき小物体は P 点より下の Q 点までしか上がらない。この理由を記した以下の文章中の①および②それぞれについて(a)，(b)，(c)から最も適当なものを選んで記号を書け。

【理由】

板が動くと，小物体の BQ 間の運動は床から見た場合に円運動にならない。したがって，小物体の運動の向きと板から受ける力の向きとが（①(a)同方向　(b)垂直　(c)反対方向）でなくなり，この力が（②(a)反発力になる　(b)復元力になる　(c)仕事をする）。この分があるため，小物体だけを考えると力学的エネルギーが保存せず，h_P の高さまで上がることができない。

問 3　問 2 の場合に Q 点に達した瞬間には，小物体は板に対して静止し，床に対して両者は同じ速さ V になる。V を求めよ。

問 4　図に示すように，Q 点の高さ h_Q とする。h_Q は h_P の何倍になるか。

小物体
A
B
床
O
C
P
Q
h_P
h_Q

〈電気通信大〉

★★★

合格へのゴールデンルート

GR 1 運動量が保存されるのはどんなときか？

16　２体問題③

解答目標時間：10 分

問　図のように，ばね定数 k の軽いばねの両端に，同じ質量 m の物体 A と物体 B をつなぎ，水平でなめらかな床の上に置いた。このとき，ばねの長さは自然の長さであった。ここで，瞬間的に物体 A に右向きの速さ v を与えた。物体 A が速さ v で右向きに運動を開始すると同時に，ばねが縮み，物体 B も右向きに動き始めた。その後，ばねの長さが徐々に縮んでいくにつれて，物体 A の速さは徐々に小さくなり，物体 B の速さは徐々に大きくなっていった。ばねの長さが最も縮んだとき，物体 A と物体 B の床に対する速さは等しくなった。

問 1　物体 A と物体 B の床に対する速さが等しくなったときの，A と B の速さを求めよ。

問 2　ばねが最も縮んだとき，自然長から縮んだ長さを求めよ。

その後，ばねの長さが徐々に伸びていき，ばねの長さが再び自然長に戻ったときに，物体 B の床に対する速さは最大となった。

問 3　このときの物体 B の床に対する速さを求めよ。

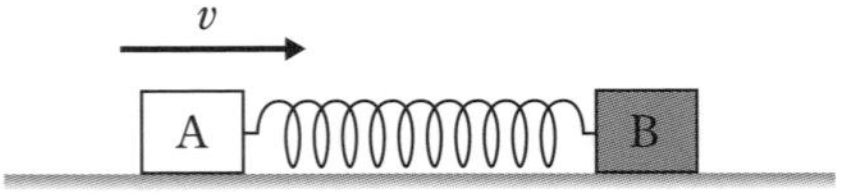

〈東京都市大〉

★★★

合格へのゴールデンルート

GR 1　外力が働かない物体系において，運動量は保存される。

17　なめらかな円すい面内での円運動

解答目標時間：10 分

図のように頂角 2θ をもつ円すいが頂点を下に軸を鉛直方向に向けて固定されている。質量 m の小球を円すいの内面に沿って水平方向に速さ v で打ち出したところ，小球が水平面内で等速円運動をした。小球が運動する水平面は円すいの頂点から h の高さにあり，小球と円すい内面との摩擦と空気抵抗は無視できるものとして，次の［A］，［B］に答えよ。

［A］静止している観測者から見るとき，

問 1　垂直抗力の大きさ N を g，θ，m を用いて答えよ。

問 2　小球の速さ v を g，h を用いて答えよ。

問 3　円運動の周期 T を g，θ，h を用いて答えよ。

［B］次に，同じ状態を小球とともに回転している観測者から見るとき，

問 4　小球に働く遠心力の大きさを v，θ，m，h を用いて答えよ。

問 5　斜面に垂直な方向と斜面に沿った方向の力のつり合いの式から，小球に働く垂直抗力の大きさ N を求めよ。

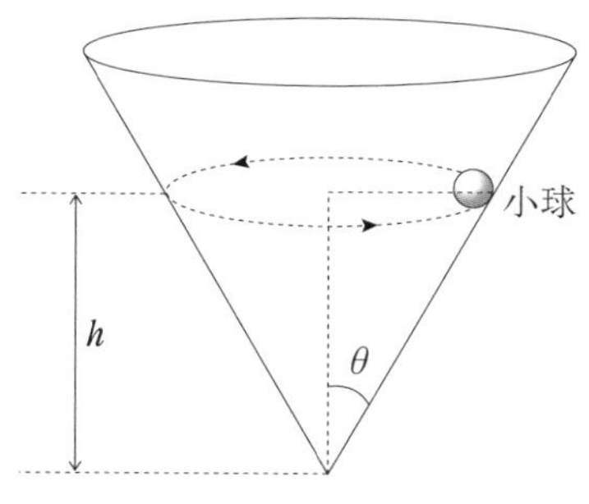

〈秋田大・改〉

★★★

合格へのゴールデンルート

GR 1　遠心力はどのような場合に働くか？

GOLDEN ROUTE 1 2 3 4 5 GOAL

18 円すい振り子

解答目標時間：10 分

問 鉛直方向に移動することができるエレベーターが，下向きに大きさ A の一定の加速度で動いている。このエレベーターの天井に固定した長さ L の軽い糸に，質量 m の小球がつけてある。小球を水平面内で反時計回りに等速円運動させたとき，図のように，糸と鉛直線とのなす角度が θ，小球と床との距離が H となった。小球はしばらく等速円運動した後，糸から離れた。ただし，A は重力加速度の大きさ g よりも小さいとする。

問1 小球の等速円運動の周期 T を求めよ。

小球は糸を離れてから水平方向に射出されたのち，床に落下した。

問2 糸を離れた瞬間の小球の速さを求めよ。

問3 糸を離れてから床に達するまでの時間を求めよ。

問4 糸を離れてから床に達するまでの水平方向に移動した距離を求めよ。

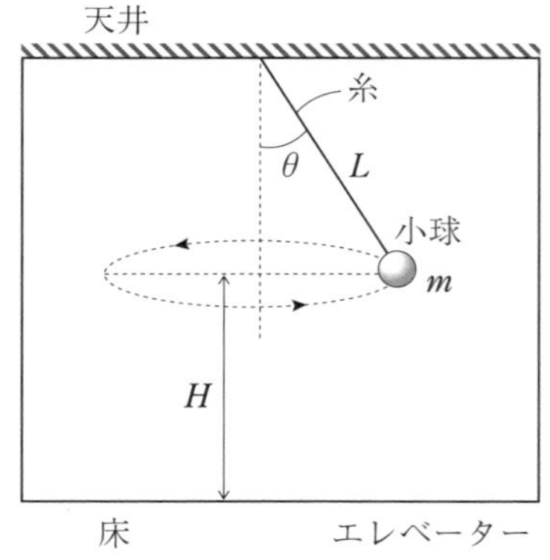

〈九州工大〉

★★★

合格へのゴールデンルート

GR 1 加速度運動するエレベーター内での物体の運動は，慣性力を用いる。

19 鉛直面内の円運動①

解答目標時間：10 分

質量 m の小球を伸び縮みしない長さ l の軽い糸に取り付け，鉛直な壁面に固定された支点 O からつり下げた。壁面と小球の間の摩擦，および空気抵抗は無視できるものとする。重力加速度の大きさを g とする。

図のように鉛直下向きと糸が角度 θ_0 をなす位置まで糸がたるまないように小球を引き上げ，図に示す向きに初速度 v_0 を与えたところ，糸がたるまずに小球が円運動した。ただし，$0 < \theta_0 < \dfrac{\pi}{2}$ とする。

問 1　最下点における小球の速さを求めよ。

問 2　最下点における糸の張力の大きさを求めよ。

問 3　最高点における張力の大きさを求めよ。また，糸がたるまずに小球が円運動するために，v_0 が満たすべき条件を示せ。

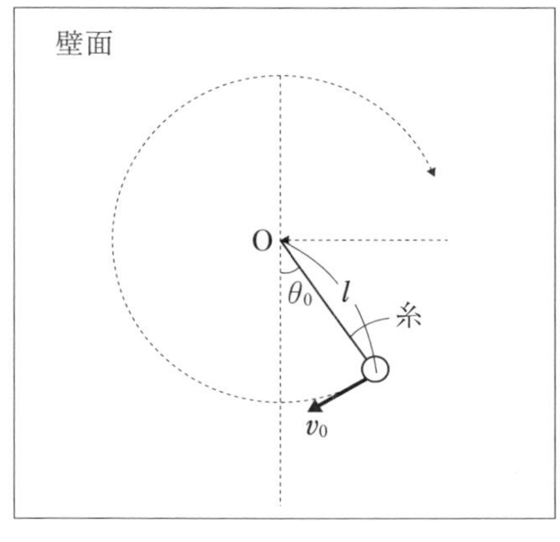

〈大阪市立大〉

★★★

合格へのゴールデンルート

GR 1　鉛直面内の円運動の問題は力学的エネルギー保存則と中心方向の（　　）を立てる。

GOLDEN ROUTE 1 2 3 4 5 GOAL

20　鉛直面内の円運動②

解答目標時間：10 分

問　図に示す半径 a の滑らかな球面の頂点 P から，質量 m の小球が球面上を初速度 0 で滑りはじめた。物体は点 P_0 で球面を離れたのち水平な地表面の点 S に到達した。球は中心を点 O とし，点 Q で地表に固定されている。重力加速度の大きさを g とする。

問 1　小球が図の角度 θ の位置まで滑り降りたときの速さ v を求めよ。
問 2　図の角度 θ の位置で小球に作用する抗力の大きさ N を求めよ。
問 3　OP と OP_0 のなす角度を θ_0 とする。$\cos\theta_0$ の値を求めよ。
問 4　点 S に達したときの速さ v_S を求めよ。

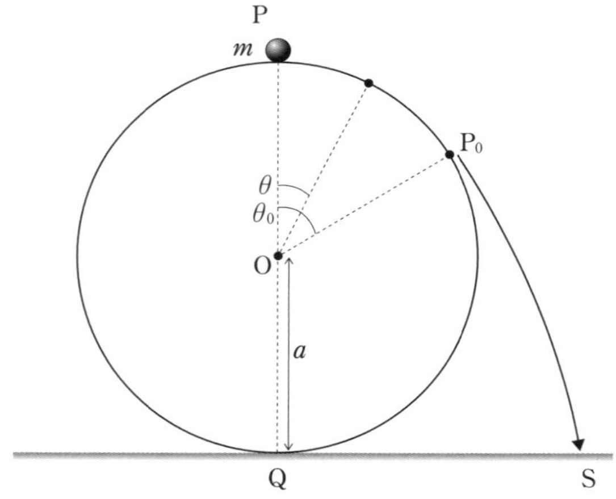

〈新潟大〉

★★★

合格へのゴールデンルート

GR 1　鉛直面内の円運動では，力学的エネルギー保存則と中心方向の（　　）を立てる。

21　鉛直面内の円運動③（遠心力の利用）　解答目標時間：10 分

なめらかな水平面上に質量 m の小球を置く。水平面はなめらかに曲面とつながっており，さらに，曲面は円筒面 PQR につながっている。円筒面 PQR の中心は O，その半径は r である。円筒面の軸は，小球が運動する鉛直平面に垂直である。O，R の各点は，水平面と同じ高さにある。円筒面 PQR の最高点を Q とする。$\angle QOP = \theta$ （$60^\circ < \theta < 90^\circ$）とする。

小球に水平右向きに初速 v_0 を与えたところ，曲面および円筒面から離れずに Q を通過した。P を通過した直後の円筒面上での小球の速さを v_P とし，Q での小球の速さを v_Q とする。また，水平面，曲面および円筒面と小球との間の摩擦は無視できるものとし，重力加速度の大きさを g とする。

問 1　速さ v_P を求めよ。

問 2　点 P での小球が円筒面からうける垂直抗力の大きさを N とする。N を求めよ。

問 3　小球が円筒面から離れずに，最高点 Q を通過するための速さ v_0 の条件を表せ。

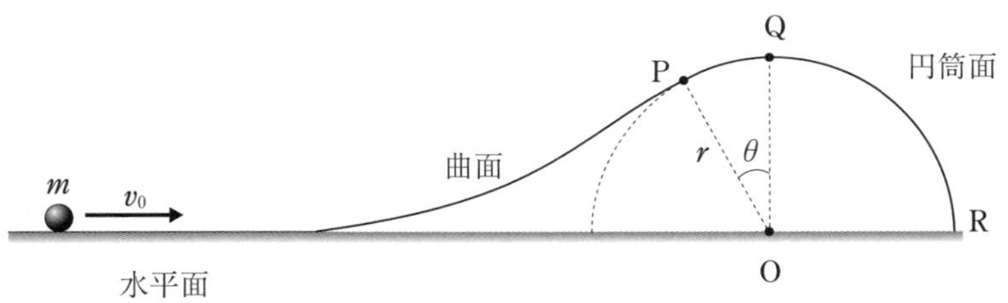

〈名古屋大・改〉

★★★

合格へのゴールデンルート

GR 1　外周りの円運動で面から離れるときは(　　)力を利用する。

22　鉛直ばね振り子

解答目標時間：10 分

問　ばね定数 k の軽いばねの一端を天井に固定し，他端に質量 m のおもりを取り付けると，自然長から d だけ伸びた位置で静止した。この位置からさらに d だけ鉛直下方に引っ張り静かに放すと，おもりは単振動を始めた。ばねの自然長の位置を原点 O として，鉛直下向きを x 軸の正方向とし，速度，加速度は x 軸の正方向を正の向きとする。また，おもりを静かに放した時刻を 0 とし，重力加速度の大きさを g とする。

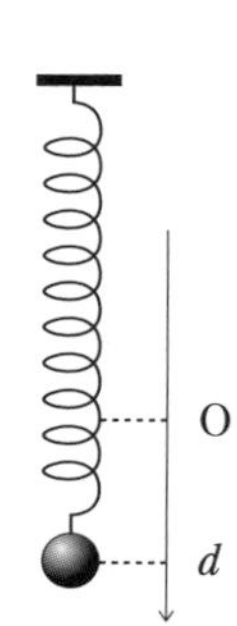

問 1　d を求めよ。(以下，d を用いずに答えよ。)

問 2　おもりが位置 x のときの加速度を a として，運動方程式を書け。

問 3　振動中心の座標，周期，振幅を求めよ。

問 4　この単振動の速さの最大値を求めよ。

問 5　おもりが $x = \dfrac{d}{2}$ を通過するときの時刻と，その時刻におけるおもりの速さを求めよ。

〈オリジナル〉

★★★

合格へのゴールデンルート

GR 1　単振動の問題では，ある位置 x における運動方程式を立てよう。

GR 2　ある位置 x を通過するときの時刻を求めるときは，(　　)の射影を考える。

CHAPTER 1　力学

23　重ねられた2物体の単振動

解答目標時間：10 分

図のように，鉛直に固定した円筒の底にばね定数 k の軽いばねの下端を固定し，ばねの上端に質量 M の厚さの無視できる円板を水平に取り付けた。円板が静止したとき，ばねは自然長から長さ d だけ縮んでいた。円板の上方 h の高さから質量 m の小さな粘土塊を初速度0で落下させ，粘土塊を円板に衝突させた。粘土塊と円板は，完全非弾性衝突し，衝突後は一体となって振動した。重力加速度の大きさを g とし，空気抵抗および円筒壁面での摩擦は無視して，以下の問に答えよ。

問1　粘土塊を落下させる以前に，円板が静止していたときのばねの縮み d を求めよ。

問2　円板に衝突する直前の粘土塊の速さ v_0，および円板に衝突した直後の粘土塊の速さ v_1 を求めよ。

問3　図のように x 軸をとり，衝突前の円板の静止位置を x 軸の原点とし，鉛直下方を x 軸の正の向きとする。衝突後に一体となった粘土塊と円板を厚さの無視できる1つの物体とみなし，この物体の位置 x における運動方程式を記せ。ただし，物体の加速度を a とし，a，g，m，M，k，x を用いて表せ。

問4　物体の振動の中心の x 座標 x_0，および振動の周期 T を求めよ。

問5　ばねが最も縮んだときの物体の x 座標 x_1 を m，M，v_1，g，k を用いて表せ。

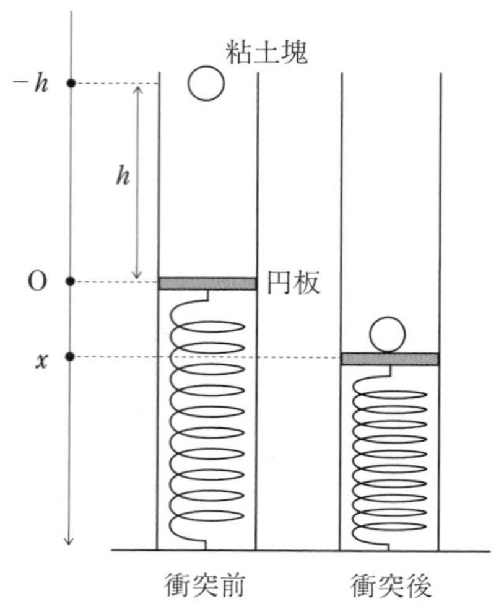

〈広島大〉

★★★

合格へのゴールデンルート

GR 1 問5では復元力の位置エネルギーを用いよう。

24 単振り子

解答目標時間：5 分

問 次の文章中の空欄①と⑥を語句で，②，③，④，⑤を数式で埋めよ。

図のように，長さ l の軽い糸の上端を点 P で固定し，下端に質量 m のおもりをつけて，鉛直面内で点 O を中心として左右に振動させる。おもりを l に比べて十分小さい振幅で振らせたものを単振り子という。このとき，糸の質量，糸とおもりの空気抵抗は無視できるものとし，糸は伸び縮みしないものとする。また，重力加速度の大きさを g とする。

図の点 A までおもりを移動させて静かに手を離した。このおもりに働く力は重力 mg と糸の張力 S である。図の点 B でおもりを最下点 O へ引き戻す力 F は重力の円弧に対する接線方向の成分である。このように物体を振動の中心に戻そうとする力を（　①　）という。点 B において，円弧に沿った点 O からの変位を x（x は右向きを正とする）とする。F は g，m，θ を用いて $F=$（　②　）となる。振れが小さいとき，単振り子は一直線上を往復するとみなせる。θ が十分小さいとき，$\sin\theta$ は l と x を用いて $\sin\theta \fallingdotseq$（　③　）と近似できる。よって，$F$ は g，m，l，x を用いて $F \fallingdotseq$（　④　）のように近似できる。単振り子の周期 T は g，l を用いて $T=$（　⑤　）となる。振幅が小さいとき，T は振幅に無関係である。これを振り子の（　⑥　）という。

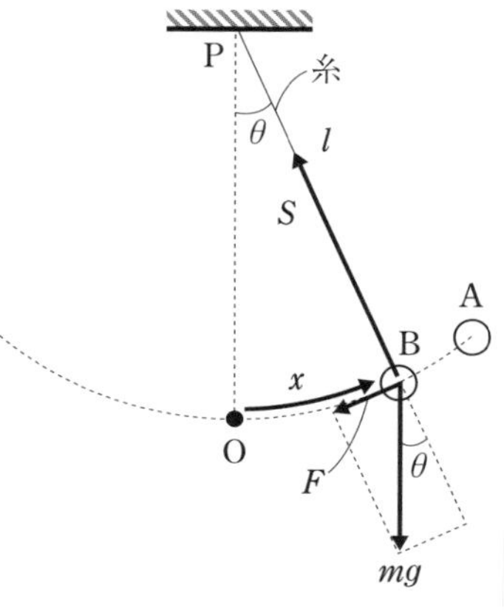

〈秋田大・改〉

★★★

合格へのゴールデンルート

GR 1 単振動の中心に戻そうとする力は(　　　)という。

GOLDEN ROUTE 1 2 3 4 5 GOAL

25 浮力による単振動

解答目標時間：10 分

問

水を通さない密度 ρ の一様な物質でできた断面積 S，高さ h の円柱がある。重力加速度の大きさを g とするとき，以下の問いに答えよ。

問1　この円柱を密度 ρ_0 の水に入れたとき，円柱が水に浮くための条件を求めよ。

問2　問1の条件を満たすとき，円柱は図1のような状態で静止した。円柱のうち水面から上に出ている部分の高さを求めよ。

問3　問2の状態から，円柱の下面中央に糸で質量 M の物体をつり下げたとき，図2のように d だけ沈んで静止した。つり下げた物体の体積 V_0 を求めよ。ただし，糸の質量と体積は無視することができるものとする。

問4　問3の状態から，質量 M の物体を瞬時に切り離すと，円柱は鉛直方向に振動した。この振動の周期 T を求めよ。ただし，円柱の水平方向の運動，水の抵抗および水面の変化は無視する。

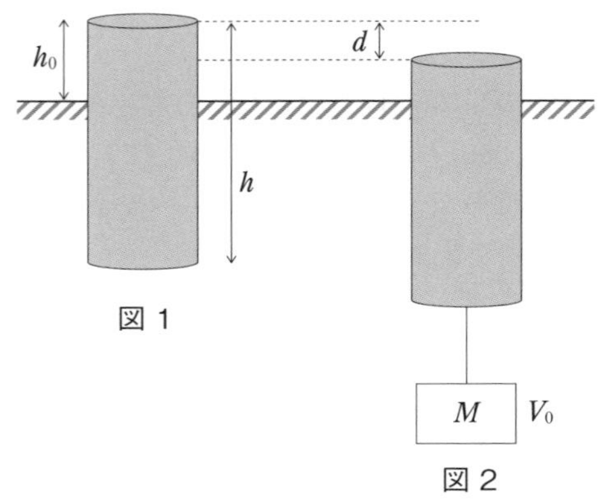

図 1　　図 2

〈鳥取大〉

★★★

合格へのゴールデンルート

GR 1 浮力を考える場合は，液体に入っている部分の体積に注目する。

26　摩擦面上での単振動

解答目標時間：10 分

図のように，摩擦のある水平な床の上に質量 m の小さな物体Aを置き，自然長 L で軽いばねの一端を取り付ける。ばねの他端はばねが水平となるように，壁に固定する。また，図のように x 軸をとり，ばねが自然長にあるときのAの位置を $x=0$ とする。Aを x_0（$0<x_0<L$）の位置まで移動し，時刻 $t=0$ において静かに手をはなした。このとき，Aは x 軸の負の向きに動き出し，時刻 $t=t_1$ に座標 x_1 の位置まで達したところで運動の向きを反転し，x 軸の正の向きに動き始めた。その後，Aは座標 x_{n-1}（$n \geqq 3$）の位置で（$n-1$）回目の反転を行い，時刻 $t=t_n$ において座標 $x=x_n$ の位置で静止した。ばね定数を k として，重力加速度の大きさを g とする。また，Aと床の間の静止摩擦係数を μ，動摩擦係数を μ' とする。

問1　次の文章の空欄(a)〜(f)に適切な式を入れよ。ただし，(e)は k，x_0，x_1，(f)は μ'，m，g，x_0，x_1 を用いよ。

「Aと床の間には摩擦力が働くため，手を離したときにAが動き出すためには，$x_0>$ [(a)] であることが必要である。Aの加速度を a とすると，時刻 $t=0$ から $t=t_1$ までの間のAの運動方程式は $ma=$ [(b)] であり，この間のAの運動は $x=$ [(c)] を中心とする単振動の場合と同じであることがわかる。したがって，$x_1=$ [(d)] となる。また，Aとばねがもつ力学的エネルギーは，Aが x_0 から x_1 まで移動する間に [(e)] だけ変化し，[(e)] は，この移動の間に摩擦力がAに対してする仕事 [(f)] に等しい。」

問2　x_2 を求めよ。

問3　$n=3$ の場合について，Aが静止する時刻を求めよ。

問4　$n=3$ の場合について，Aの位置 x と時刻 t の関係を図示せよ。

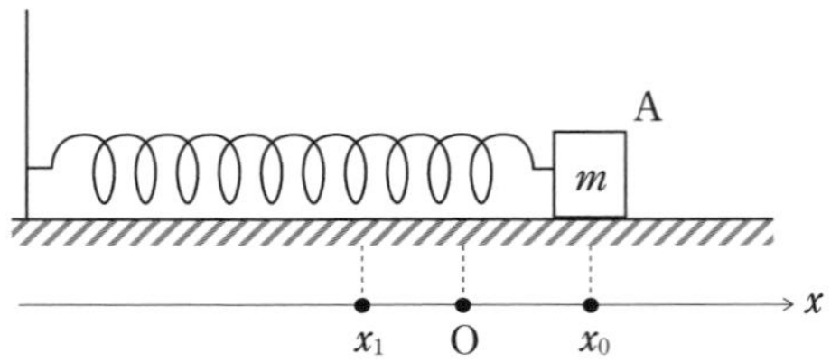

〈大阪府立大・改〉

★★★

合格へのゴールデンルート

GR 1 摩擦面で単振動したときに，周期は変化しない。

CHAPTER 1 力学

27 第2宇宙速度

解答目標時間：8 分

問 地球を質量 M，半径 R の球とする。万有引力定数を G とし，空気および地球の自転による影響は無視してよいものとする。

問1 万有引力の法則から，地表における重力加速度の大きさ g を G，M，R を用いて表せ。

問2 地球の周りを等速円運動している質量 m の人工衛星を考える。軌道半径を r（$r > R$），円運動の角速度を ω とする。この人工衛星の運動方程式を m，M，G，r，ω を用いて表せ。

問3 問2の人工衛星の円運動の周期を T とする。軌道半径 r を G，M，T を用いて表せ。

問4 地表における重力加速度の大きさを $g = 9.8$〔$\mathrm{m/s^2}$〕，地球の半径を $R = 6.4 \times 10^6$〔m〕とする。地表から打ち上げた人工衛星が無限遠方に飛んでいくために必要な最小の初速度の大きさを計算せよ。ただし，無限遠方を万有引力による位置エネルギーの基準にとるものとする。

〈山形大〉

★★★

合格へのゴールデンルート

GR 1 地球の引力圏外に脱出するには，人工衛星のもつ力学的エネルギーが(　　)以上であればよい。

28 静止衛星

解答目標時間：10 分

地表から高さ h の円軌道上を地球の自転と同じ周期 T で，地球の自転と同じ向きに赤道上を回る人工衛星は，地上からは静止して見えるので静止衛星という。地球の質量を M，人工衛星の質量を m，地球の半径を R，地表面における重力加速度の大きさを g とする。

問 1　地球が自転しているときの角速度 ω_1 を T を用いて答えよ。

問 2　静止衛星の角速度 ω_2 を R，h，g を用いて答えよ。

問 3　静止衛星の地表からの高さ h を g，R，T を用いて答えよ。

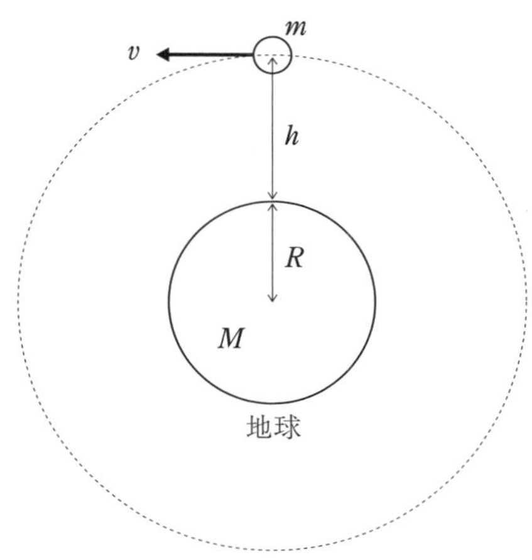

〈千葉大・改〉

★★★

合格へのゴールデンルート

GR 1 静止衛星である条件は，赤道上空を回る＋地球の自転と衛星の円運動の周期が一致することである。

29 楕円運動

解答目標時間：10 分

問 図のように地球を中心とする半径 r の円軌道を回る人工衛星と，同一平面上のそれより大きい半径 R の円軌道上を同じ向きに回る宇宙ステーションがある。地球の質量を M，人工衛星の質量を m，万有引力定数を G として，以下の問いに答えよ。

問 1 地球を中心とする半径 r の円軌道上を回る人工衛星の速さ V_0 を求めよ。

問 2 この人工衛星の円軌道の周期 T_0 を求めよ。ただし，解答には V_0 を用いてはならない。

図に示すように，点Aで，人工衛星の速さを V_0 から，瞬時に加速して V_A にしたところ，人工衛星はABを長軸とする楕円軌道上を運動した。地球から最も遠ざかった点（点B）における速さは V_B で地球からの距離は R である。

問 3 人工衛星の力学的エネルギーが，点Aと点Bで等しいことを表す式を示せ。

問 4 V_B を V_A，r，R を用いて表せ。

問 5 問3と問4の結果より，V_B を消去して V_A を求め，G，M，R，r を用いて表せ。

問 6 比 $\dfrac{V_A}{V_0}$ を R と r だけで表せ。

問 7 一般に，地球の周りを，地球から万有引力だけを受けて回る人工衛星または宇宙ステーションの楕円または円運動の周期の2乗は，その軌道の半長軸または半径の何乗に比例するか。

図の楕円軌道上を運動する人工衛星の周期を T，半径 R の円軌道上を等速円運動する宇宙ステーションの周期を T_S とする。

問8　比 $\dfrac{T}{T_S}$ を R と r だけで表せ。

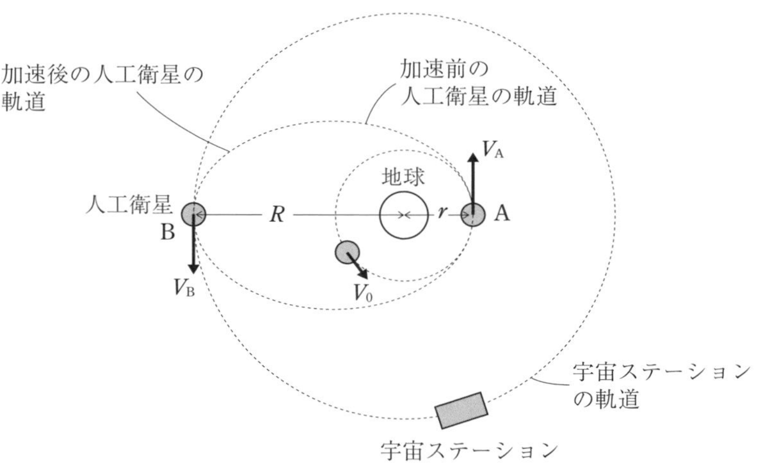

〈名古屋工大〉

★★★

合格へのゴールデンルート

GR 1　楕円運動の問題を解くときは，ある法則を利用して解く。どのような法則を利用すればよいか。法則名を２つ挙げよ。

GR 2　楕円の周期を問われた場合，ケプラーの第(　　)法則を用いる。

GOLDEN ROUTE 1 2 3 4 5 GOAL

CHAPTER 2 波

30 波の性質

解答目標時間：8 分

問　x 軸上を正の向きに速さ 2 m/s で進む正弦波がある。$x = 0.2$ m の媒質の変位 y〔m〕の時間変化は図 1 のように示されるものとする。

問 1　この正弦波の波長 λ〔m〕を求めよ。

問 2　時刻 0 における波の変位 y〔m〕と位置 x〔m〕のグラフを，縦軸に y〔m〕，横軸に x〔m〕として，図 2 のグラフにかけ。

問 3　時刻 0 において，媒質の状態が次の(a)(b)のようになっている位置 x はどこか。$0 \leqq x \leqq 0.8$ m の範囲で答えよ。

(a)　媒質の速さが 0

(b)　媒質の速さが最大で，速度の向きが y 軸の正の向き

問 4　$x = 5.4$ m の位置における媒質の時刻 $t = 3$ s の変位 y〔m〕はいくらか。

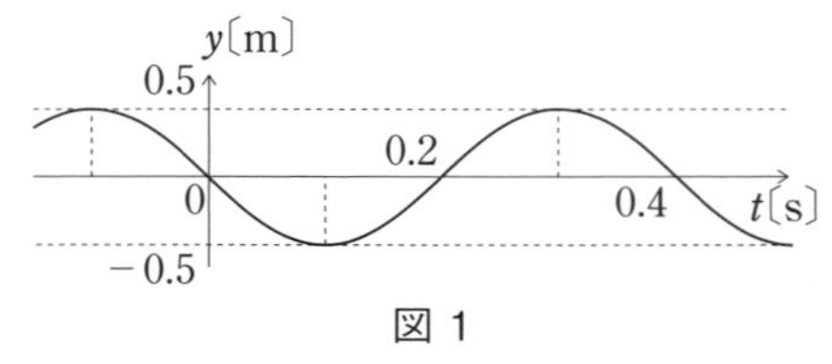

図 1

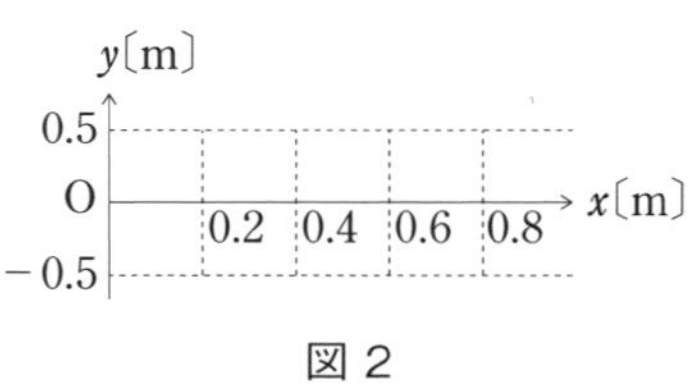

図 2

〈オリジナル〉

★★★

合格へのゴールデンルート

GR 1　y-t グラフは媒質の単振動を描いたグラフである。

31　波の式

解答目標時間：7 分

次の文中の空欄に適当な語句，式あるいは数値を入れなさい。

一端Pが固定されたひもの他端Oをもってピンと張る。点Oをひもの長さ方向（これを x 方向とする）に垂直な方向（これを y 方向とする）に小さく振動させた。点Oの y 方向の変位 y〔m〕が，時間 t について，

$$y = A\sin\left(\frac{2\pi}{T}t\right) \quad \cdots\cdots①$$

と表されるとき，このような振動を単振動という。ここで，A〔m〕は［(a)］，T〔s〕は［(b)］と呼ばれる。角振動数は［(c)］〔rad/s〕である。

この変位が，ひもを伝わって進む波と考える。点Oを x 軸の原点とし，変位が x 軸の正の向きに速さ v〔m/s〕で進むとする。この変位が原点Oから x〔m〕離れた位置に到達するのに要する時間は［(d)］〔s〕であるから，その位置での時刻 t〔s〕における変位 y〔m〕は，時刻［(e)］〔s〕における原点Oの振動の変位に等しい。この時刻を①式の t に代入して，原点Oから x〔m〕離れた位置での時刻 t〔s〕における変位は，$y=$［(f)］と表される。

この波の波長は原点Oが1回振動する間に波が伝わる距離であるから，［(g)］〔m〕である。

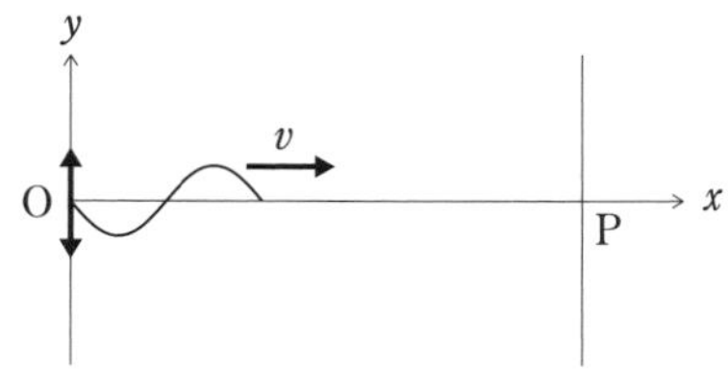

〈九州産業大〉

★★★

合格へのゴールデンルート

GR 1　位置 x における時刻 t の波の変位は原点Oの $t-\dfrac{x}{v}$ の波の変位と等しい。

GOLDEN ROUTE 1 2 3 4 5 GOAL

32　波の反射・定常波の作図

解答目標時間：10 分

問

[A]　図 1 のように，x 軸上を波長および周期の等しい正弦波 a，b が，互いに逆向きに進んで重なりあい，定常波が生じている。図 1 には，a 波，b 波が単独で存在したときの，時刻 $t = 0$〔s〕における a 波（実線）と b 波（破線）が示してある。波の速さは 2 cm/s である。

問 1　定常波の節の位置を $0 \leqq x \leqq 4$〔cm〕の範囲ですべて求めよ。

問 2　$t = 0$〔s〕の後，腹の位置の変位の大きさがはじめて最大になる時刻を求めよ。

問 3　$t = 0$〔s〕の後，x 軸上のすべての位置ではじめて変位が 0 になる時刻を求めよ。

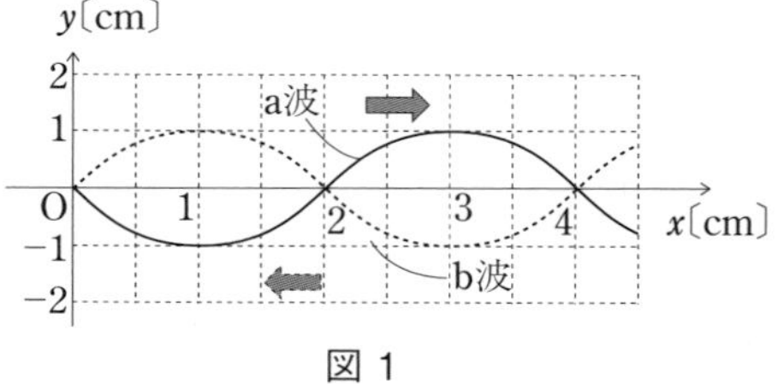

図 1

[B]　図 2 で，波は x 軸の正方向に進み，反射板で反射する。この波は 1 秒間に 1 cm 進み，時刻 $t = 0$〔s〕では，先端が反射板に達した状態になっている。

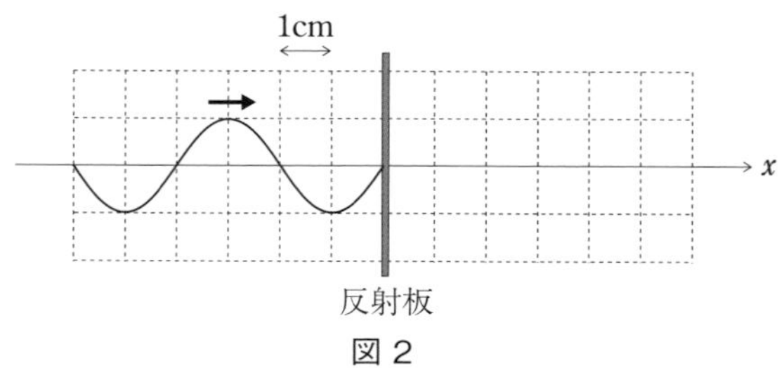

図 2

問 4　反射板が自由端であるとき，$t = 4$〔s〕における入射波，反射波および合成波をかけ。

問 5　反射板が固定端であるとき，$t = 4$〔s〕における入射波，反射波および合成波をかけ。

〈オリジナル〉

★★★

合格へのゴールデンルート

GR 1 [A]　定常波の腹や節を見つけるときは2つの波をピッタリと重ね合わせる。

GR 2 [B]　反射波を作るときは，反射板の向こう側が鏡の世界のようなイメージ。

33　弦の振動

解答目標時間：10 分

図のように，振動数fのおんさに弦を取り付け滑車を介して，他端に質量Mのおもりを吊るした。おんさを振動させたところ，弦には腹が3つの定常波ができた。おんさの先端から滑車までの弦の長さをlとし，弦の線密度をρとする。また，重力加速度の大きさをgとする。

問1　定常波の波長を求めよ。

問2　おんさの振動数fをl，ρ，M，gを用いて表せ。ただし，弦の線密度をρとし，弦の張力をSとすれば，弦を伝わる横波の速さvは，$v=\sqrt{\dfrac{S}{\rho}}$と表せる。

問3　おもりを質量M'のおもりに取り替えた。弦に腹が2個の定常波を生じさせるためには，M'はMの何倍であればよいか。

問4　問3の状態から，おんさを振動数f'のおんさに取り替える。腹が4個の定常波を生じさせるには，f'はfの何倍であればよいか。

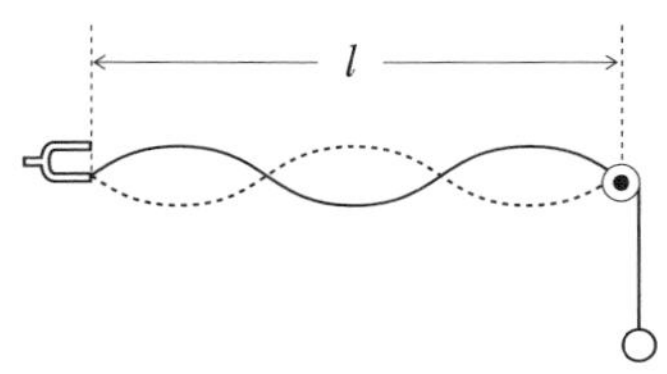

〈オリジナル〉

★★★

合格へのゴールデンルート

GR 1 不変な物理量を見つけよう。

34 気柱の共鳴

解答目標時間：10 分

問 図のように，内径が一様な円筒形のガラス管の中に自由に移動できるピストンをはめ込んでこれを閉管とする。ガラス管の一端 O 付近にスピーカーを置き，スピーカーから振動数 f の音を出す。ガラス管の中の気柱の振動について，次の問いに答えよ。なお，音の速さを V とし，開口端補正は無視できるものとする。

問 1 最初 O の位置にあったピストンを O から遠ざけるようにガラス管の中をゆっくりと移動させると，気柱がある長さのときに初めて共鳴した。このときの気柱の長さを求めよ。

問 2 最初 O の位置にあったピストンを O から遠ざけるようにガラス管の中をゆっくりと移動させると，閉管がある長さのときに 3 回目の共鳴が起こった。

(a) このときの気柱の長さを求めよ。

(b) このときガラス管の中で密度変化が最大となる場所のうち，O から最も近い位置はどこか。O からの長さを求めよ。

問 3 振動数 $4f$ の音を共鳴させるには，問 1 で初めて気柱が共鳴したときのピストンの位置から最短でどれだけ動かせばよいか。

問 4 次にこのガラス管からピストンを取り外したところ，長さ l の開管となった。このガラス管を長さの異なる 3 本に切断して，端を揃えてスピーカーの近くに置く。その際，なるべく小さい振動数の音に 3 本とも共鳴するように切断する。3 本のガラス管とも共鳴する音の振動数の最小値 f_0 を求めよ。

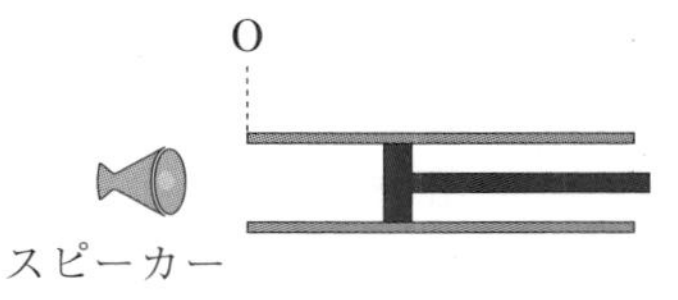

〈早稲田大〉

★★★

合格へのゴールデンルート

GR 1 媒質の密度の変化が最大となる点はどこか？

35 ドップラー効果の式の証明

解答目標時間：10 分

車が走っているとき，救急車とすれ違う前と後ではサイレンの音の高さが変化して聞こえる。このように音源や観測者が相対的に運動することにより，音源から発射された音の振動数が変化して観測される現象をドップラー効果という。

以下の文章の空欄に適当な数式を記入し，文章を完成させよ。

音源，観測者がともに静止していて，音源から振動数f，波長λ，音速Vの音波が発射されているときは，t秒後には$L = Vt$の距離だけ音波は進行し，このLの間にft個の波が入っている。

まず，図1のように静止している観測者Oに対し，音源Sが観測者の方へ速度v_Sで動く場合について考えると，同じt秒間に音源が$v_S t$だけ進行しS'に達した結果，音波の存在する距離はその分短くなり$L' = (V - v_S)t$となる。このL'の距離の間にft個の波が入ることから，波長は$\lambda' =$［ (a) ］…①のように変化する。したがって，観測者が観測する音の振動数をf_Sとすると，f_Sはf，V，v_Sを用いて$f_S =$［ (b) ］…②と表される。逆に，音源が観測者から遠ざかる方向へ動く場合は，②式のv_Sの符号が逆になる。

次に，図2のように，音源Sが静止し，観測者Oが音の進行方向に速度v_Oで動く場合を考える。この場合，音源から発射された音波から観測者が遠ざかっていくことから，観測者から見た音速が変わることになり，音速は $V'=$［　(c)　］…③のように変化する。したがって，観測者の観測する音の振動数を f_O とすると，f_O は f, V, v_O を用いて，$f_O=$［　(d)　］…④と表される。

最後に，音源Sと観測者Oの両方がそれぞれ v_S, v_O の速度で音の進行方向に動いている場合は，④式の f を音源が動くときの振動数 f_S と置き換えればよいので，②式を代入し，求める振動数を f' とすると，f' は f, V, v_O, v_S を用いて $f'=$［　(e)　］…⑤と求められる。

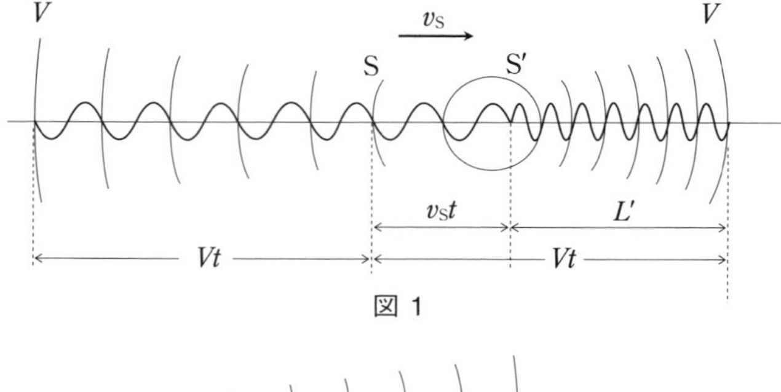

図 1

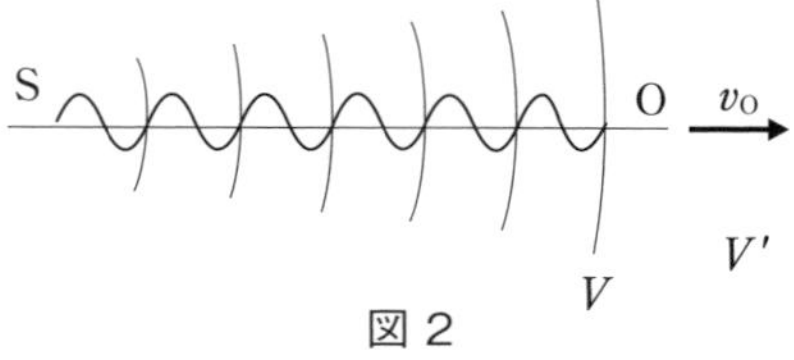

図 2

〈宇都宮大〉

★★★

合格へのゴールデンルート

GR 1 音源が動いたときの波長を求めるときは，(音波が存在する区間)÷(　　)とする。

36 時間に関するドップラー効果

解答目標時間：10 分

問 図に示すように，スピーカーAとBさんが一直線上で向かい合っている。

スピーカーAは台車に固定されており，振動数fの音波を出しながら，一定の速さで運動できる。なお，スピーカーAとBさんの動く速さは音速Vに比べて十分小さいものとする。また，スピーカーAとBさんは衝突することはないものとする。

［1］　図1のようにスピーカーAが静止しているBさんに，一定の速さV_Aで近づいている。時刻$t = 0$において，スピーカーAとBさんの距離はLである。

問1　時間Tの間にスピーカーAが発する音波の振動回数を，f，Tを用いて表せ。

問2　$t = 0$にスピーカーAで発した音波が$t = t_1$においてBさんに到達した。t_1をL，Vを用いて表せ。

問3　$t = T$にスピーカーAで音を発するのをやめた。その後，Bさんは$t = t_2$にスピーカーAの音が聞こえなくなった。t_2をV_A，T，L，Vを用いて表せ。

問4　Bさんに到達した音波の振動数f_BをV，f，V_Aを用いて表せ。

［2］　図2のように，スピーカーAとBさんとが，それぞれ一定の速さV_A，V_B，で互いに近づいている。時刻$t = 0$のとき，スピーカーAとBさんの間の距離はLである。

問5　$t = 0$にスピーカーAで発生した音波が，$t = t_3$においてBさんに到達した。t_3をV_B，L，Vを用いて表せ。

問6　$t = T$にスピーカーAで音を発するのをやめた。その後，Bさんは$t = t_4$にスピーカーAの音が聞こえなくなった。t_4をV_A，V_B，L，V，Tを用いて表せ。

問7　Bさんに到達した音波の振動数f_B'をV_A，V_B，V，fを用いて表せ。

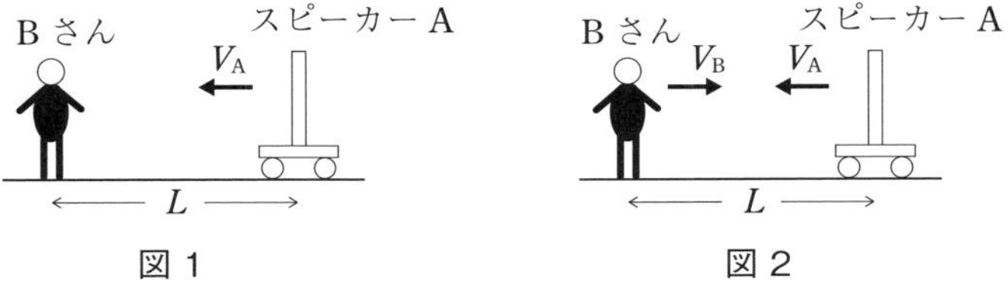

図1　　図2

〈長崎大・改〉

★★★

合格へのゴールデンルート

GR 1 音源が運動しても音速は変化しない。

37 斜め方向のドップラー効果

解答目標時間：7分

問

図1のように，音源が振動数f_0の音を出しながら，一定の速さv_0でx軸上を遠くから原点Oに向かって近づいてきて，通り過ぎていった。観測者はy軸上の点Pにいる。点Pとx軸との距離をh，空気中の音速をV（$\gg v_0$），hはx軸から十分離れているものとする。

問1 観測者が聞く音の振動数fの時間変化として適切なものを図2の(a)，(b)，(c)，(d)の中から1つ選べ。

問2 観測者が聞く音の振動数の最大値f_2と最小値f_1の差，f_2-f_1をf_0，v_0，Vで表せ。

問3 観測者が聞く音の振動数が正確にf_0に等しいとき，観測者には音源の位置はどこに見えるか。音源の位置のx座標をh，v_0，Vで表せ。

次に，観測者が原点Oを通過する音源を見たとき，観測者が聞く音の振動数f_xを考える。

問4 観測者が聞く音は，原点Oより手前の点Qで発せられたものであるとする。このとき，線分QOと線分QPとの比$\dfrac{\mathrm{QO}}{\mathrm{QP}}$を$v_0$，$V$で表せ。

問5 観測者が聞く音の振動数f_xをf_0，v_0，Vで表せ。

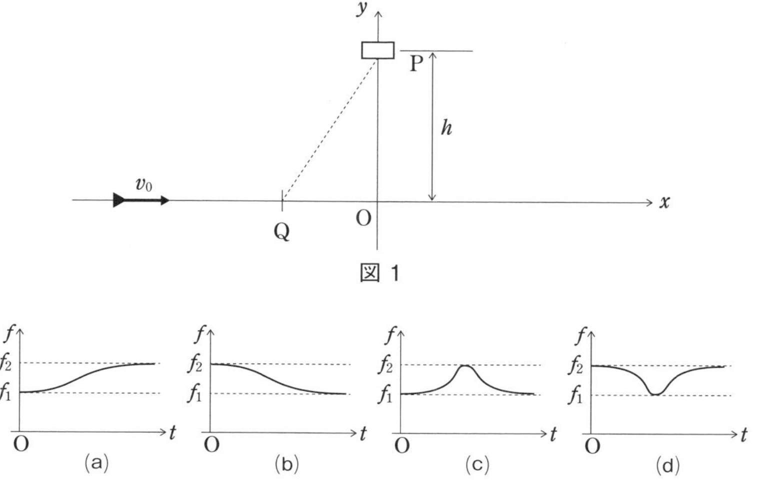

図 1

図 2

〈熊本大〉

★★★

合格へのゴールデンルート

GR 1 音源と観測者が離れている場合には，音が伝わるまでにタイムラグがある。

38 光ファイバー

解答目標時間：10 分

屈折率 n のガラスでできた平板が空気中に置かれている。図に示した平板の断面 ABCD は長方形であり，平板の上下の表面に垂直とする。図のように，光を平板の端面に入射角 i で入射する。空気の屈折率を 1 として，以下の問いに答えよ。

問 1 平板内に進んだ光が平板の下面で全反射を起こすには，入射角 i はどのような条件を満たさなければいけないか。

問2　入射角 i がいかなる値をとっても平板内に進んだ光を平板の下面から外に出さないためには，屈折率 n の値はどのような範囲になければならないか。

問3　問1の条件が満たされる場合，平板に入射した光は，図に示すように，平板の下面と上面で交互に全反射を繰り返しながら平板の内部を進み，反対側の端面に達する。このようにして，光が辺 AB から辺 CD に到達するのに要する時間は，光が空気中で辺 AD の長さに等しい距離を走るのに要する時間の何倍になるか。その倍率を入射角 i と n だけを用いて表せ。

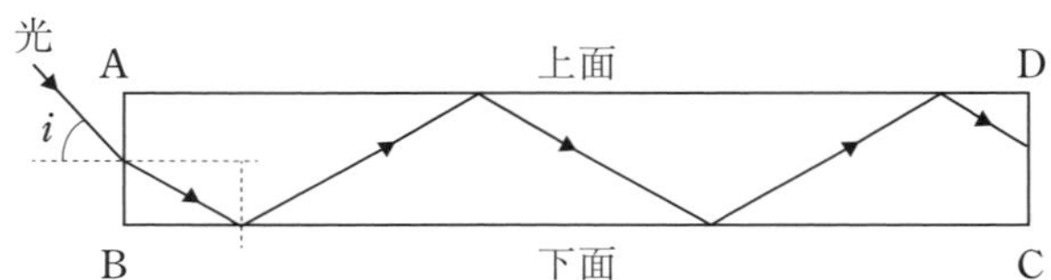

〈東京都立大〉

★★★

合格へのゴールデンルート

GR 1　光ファイバーの全反射を考えるとき，STEP ①：側面での臨界角を求める➡ STEP ②：端面の入射角を屈折角を用いずに n で表す➡ STEP ③：側面で全反射する条件を求める。

39　ヤングの干渉

解答目標時間：10 分

問　図はヤングの干渉実験を示している。光源から出た波長 λ の単色光を単スリット S_0 に当て，S_0 からの回折光を2本のスリット S_1，S_2 を通して正面のスクリーンに当てると，スクリーン上に明暗の縞模様があらわれた。S_0 は S_1S_2 の垂直2等分線上にあり，2本のスリット間隔 S_1S_2 を d，スリットからスクリーンまでの距離を L，スクリーンの中央 M からスクリーン上の点 P までの距離を x とする。M は S_1S_2 の垂直2等分線上にあり，距離 S_1P および S_2P をそれ

ぞれ l_1, l_2 とする。d と x は L よりも十分小さいものとする。実験装置全体は空気中にあり，空気の屈折率は 1 とする。

問 1　$l_2 \geqq l_1$ として，$l_2 - l_1 =$ [(a)] を満足すれば，光の波は P 点で強め合って明るくなり，$l_2 - l_1 =$ [(b)] を満たす点では光は弱め合って暗くなる。[(a)] と [(b)] を m（$m = 0, 1, 2, \cdots$）および λ を用いて表せ。

問 2　$l_2 - l_1 \fallingdotseq \dfrac{dx}{L}$ の関係を導け。必要であれば，$(1+z)^n \fallingdotseq 1+nz$,（$|z| \ll 1$）近似式を用いてよい。

問 3　隣り合う明線（または暗線）どうしの間隔 Δx を L, d, λ を用いて表せ。

問 4　光源の色が赤のときと，紫のときで，隣り合う明線（または暗線）どうしの間隔はどう違うか。次の中から正しいものを選び記号で答えよ。

ア：赤の方が広い　　イ：紫の方が広い　　ウ：どちらも同じ

問 5　$d = 5.0 \times 10^{-4}$ m, $L = 2.5$ m の条件で波長が未知の光源を使って干渉縞を観察したところ，スクリーン上の隣り合う明線の間隔 Δx が 2.9×10^{-3} m であった。光の波長を有効数字 2 桁で求めよ。

問 6　S_1 の左側に厚さ a（a は微小）を屈折率が n の透明な膜でおおったときの，M から $m = 1$ の明線までの距離を L, d, λ, n, a, b を用いて表せ。

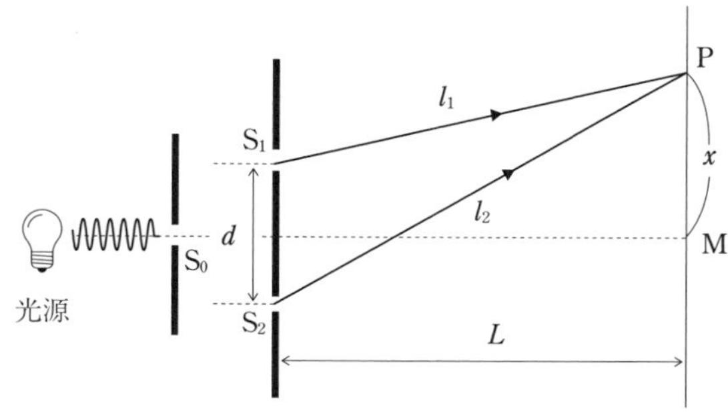

〈姫路工大〉

★★★

合格へのゴールデンルート

GR 1　問 6 では膜が入ったことでの光路差を考えよう。

40　回折格子

解答目標時間：10 分

問　図に示すように，等間隔 d で溝が切ってある透明ガラスでできている回折格子に，格子面に対して垂直に光を照射した。回折格子面から垂直距離にして l だけ離れた場所に，格子面と平行にスクリーンを置き，明暗の干渉じまを観測した。スクリーン上には，干渉じまと垂直な図の x 軸方向に，干渉じまの位置座標を読み取るためのスケール（ものさし）を置いた。このスケールの原点 O は，図のように入射方向にできる中央の最も明るい線の中心に一致するようにとった。

l は d や光の波長 λ に比べて十分長いとし，x の正の領域で，原点付近にできる干渉じまについて考える。

問 1　一般に，波長 λ の単色光を入射したとき，原点から数えて n 番目の明線（以下，n 次の明線と呼ぶ）の位置 x_n を l，d，λ，n を用いて表せ。原点の明線は数えないものとする。ただし，回折角 θ が十分に小さい場合に成り立つ近似式 $\sin\theta \fallingdotseq \tan\theta$ を用いよ。

問 2　$l = 1.00$ m に設定し，波長 5.20×10^{-7} m の緑の単色光を照射したとき，2 次の明線が $x_2 = 3.00 \times 10^{-2}$ m の位置に観測された。この回折格子の 1.00 cm あたりの格子の数はいくらか。有効数字 3 桁で答えよ。

問 3　前問と同じ設定で，光源を波長 7.00×10^{-7} m の赤い単色光に替えると，3 次の明線の位置 x_3 はいくらになるか，単位をつけて有効数字 3 桁で答えよ。

問 4　次に，光源を赤（7.00×10^{-7} m）から紫（4.00×10^{-7} m）までの連続光からなっている白色光に替えると，単色光に見られた各 n 次の明線は，赤から紫までの連続スペクトルとしてスクリーン上で広がった。これを n 次のスペクトルと呼ぼう。となり合う次数のスペクトルの広がりと重なることがない次数 n の値をあげよ。

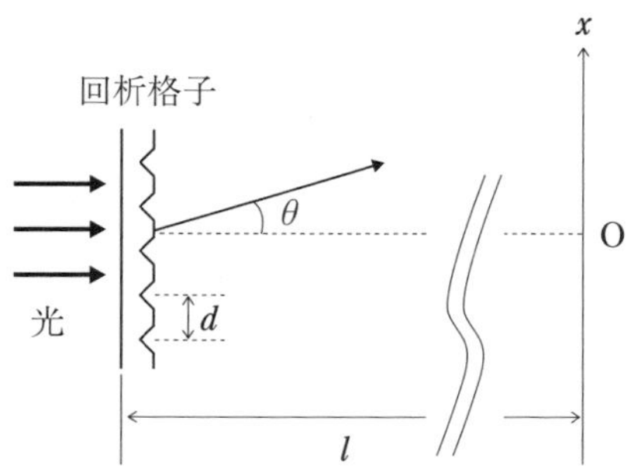

〈高知大〉

★★★

合格へのゴールデンルート

GR 1 格子定数 d の回折格子の 1 cm あたりの溝の数は $\dfrac{1}{d}$ である。

41 くさび形空気層による光の干渉

解答目標時間：10 分

2 枚の両面平行なガラス板を重ね，その一端に厚さ D の金属はくを挟んでくさび状の空気層をつくり，これに波長 λ の単色光を真上から当てて真上から見ると，明暗のしま模様が見える。金属はくは，密着した左端 A より L だけ離れており，水平に置かれた下のガラス板の上面には底が平らな U 字型の溝が深さ h で刻まれている。図 1 はその見取り図であり，図 2 は側面から見た図を示す。

問 1　ガラス板の左端 AA′ から溝の両側の丘の部分に現れる暗線までの距離を x，その位置での空気層の厚さを d，負でない整数を m とする。明暗のしま模様は，どのガラスの反射によるものかを説明し，光が弱め合う条件を求めよ。

問 2　溝の両側の丘の部分における暗線間の間隔を求めよ。

問 3　問 1 の丘の部分に現れた m 番目の暗線は，溝の部分では AA′ 側あるいは BB′ 側にずれている。暗線はどちら側にずれているか。また，そのずれの大きさを求めよ。

上の結果から，溝とその両側の丘に現れる暗線の間隔は等しいということがわかる。次に，図 2 の L を 12 cm，D を 2.0×10^{-3} cm にして，これに波長 680 nm の光を真上から当てた。図 3 は AA′ 近傍に現れた暗線によるしま模様の拡大図である。

問 4　暗線の間隔〔mm〕はいくらか。

問 5　丘の部分と溝の部分の暗線の位置が一致するような溝の深さ h〔mm〕の最小値はいくらか。

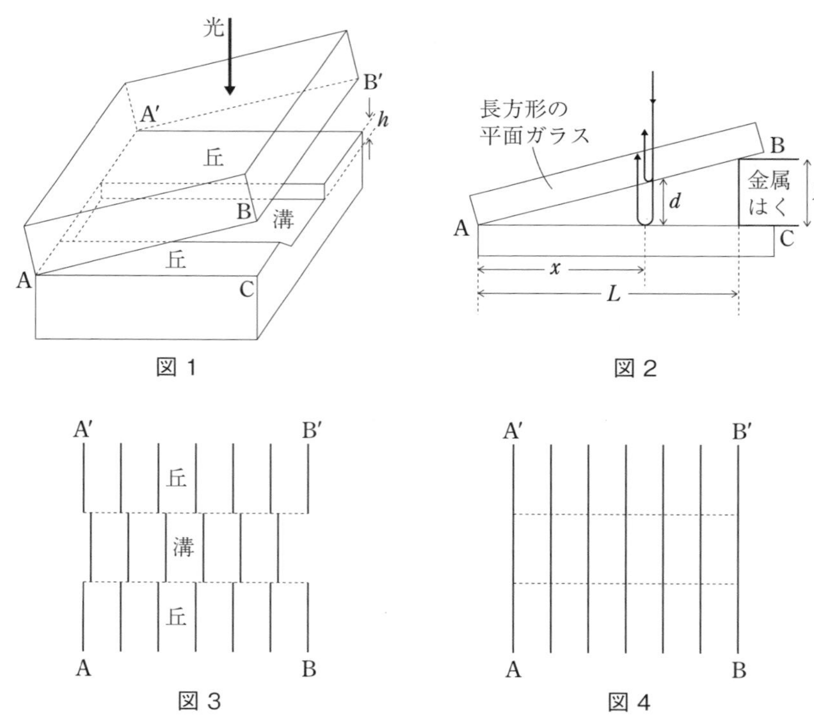

図 1　図 2　図 3　図 4

〈関西学院大・改〉

★★★

合格へのゴールデンルート

GR 1　溝のある部分では，経路差が丘と比べて大きくなる。

42 薄膜による干渉

解答目標時間：10 分

図 1 のように，空気中に浮かぶ厚さ d の油膜に，波長 λ の単色光が入射角 i で入射する。光 a は，空気と油膜との境界面上の点 D で反射し，光 b は点 B で屈折角 r で屈折し油膜に入る。油膜に入った光は空気との境界面上の点 C で反射し，油膜の中を進んだのち，点 D で屈折し空気中に出ていくものとする。空気の屈折率を 1，油膜の屈折率を n_1，$1 < n_1$ の関係があるものとする。

問 1　油膜の中を進む光の波長を求めよ。

問 2　入射角 i，屈折角 r および油膜の屈折率 n_1 の間の関係式を示せ。

問 3　光の位相は，点 C および点 D における反射の前後でそれぞれどれだけ変化するか。

問 4　光 a（A → D → E）と光 b（B → C → D → E）の光路差を n_1，d および r を用いて表せ。

問 5　光 a および光 b を点 E で観察したとき，これらの光は強め合って明るく見えた。このときの条件を λ，n_1，d，i および整数 m（$m = 0, 1, 2, \cdots$）を用いて表せ。

問 6　図 2 は波長と色の関係を示している。厚さ 0.10 μm，屈折率 $n_1 = 1.5$ の薄膜に入射角 0°，30° で光が入射したとき，薄膜はそれぞれ何色に見えるか答えなさい。必要な場合は $\sqrt{2} = 1.41$，$\sqrt{3} = 1.73$，$\sqrt{5} = 2.24$，$\sqrt{7} = 2.65$ を用いよ。

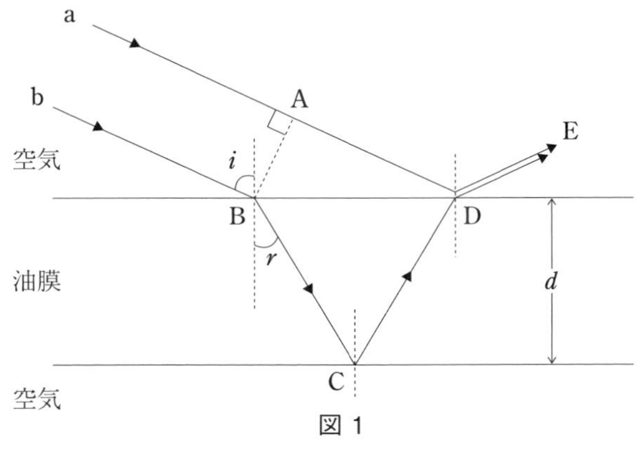

図 1

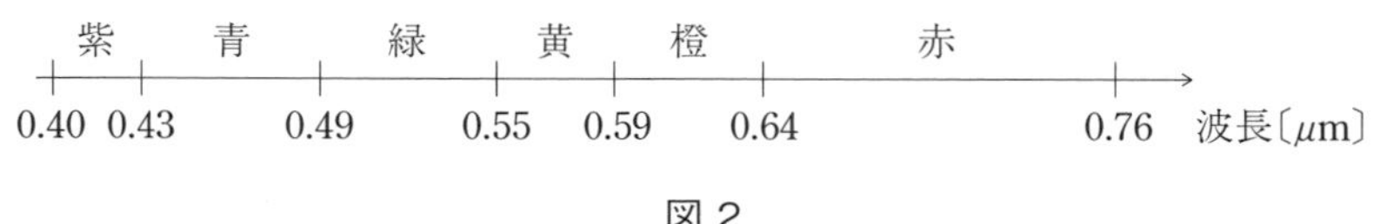

図 2

〈宇都宮大・改〉

★★★

合格へのゴールデンルート

GR 1 光 a の反射する点から光 b へ垂線を下ろし，光路差 0 の点を見つける。

CHAPTER 3 熱

43 気体分子運動論

解答目標時間：10 分

単原子分子の理想気体について考える。一辺の長さ L の立方体の中に N 個の分子が閉じ込められており，分子は立方体の壁に弾性衝突する。また分子どうしの衝突はなく，重力加速度の影響は無視する。

この中の1個の分子運動に着目する。速度 $\vec{v}=(v_x,\ v_y,\ v_z)$ で運動していたものが図の壁 S_y に衝突すると衝突後の速度は，$\vec{v}\,'=($ (a) ， (b) ， (c) $)$ になる。分子の質量を m とおくと，衝突前後の分子の運動量の変化の大きさは (d) であり，これは1回の衝突で壁 S_y が受ける力積の大きさに等しい。

分子が次に壁 S_y と衝突するまでの時間 τ は距離 L の区間を速さ v_y で運動していて1往復するのにかかる時間と等しいので (e) である。$\dfrac{1}{\tau}$ は1個の分子が単位時間内に壁 S_y と衝突する回数であるから，壁 S_y が1個の分子から単位時間内に受ける力積は (f) である。これは1個の分子が壁 S_y を押す平均の力である。

N 個の分子について $v_y{}^2$ の平均をとったものを $\overline{v_y{}^2}$ とすると，壁 S_y が全ての分子から受ける力は (g) である。これを壁 S_y の面積 L^2 で割ったものが圧力 P である。立方体の体積 V は $V=L^3$ であることに注意すると，$P=$ (h) である。

多数の分子の運動は乱雑であり，平均すればどの方向にも同じであると考えられるので $\overline{v_x{}^2}=\overline{v_y{}^2}=\overline{v_z{}^2}$，また $v^2=v_x{}^2+v_y{}^2+v_z{}^2$ なので v^2 を N 個の分子について平均したものを $\overline{v^2}$ とすると，$\overline{v_y{}^2}=$ (i) が成り立つ。これを (h) に代入して整理すると，$PV=$ (j) を得る。一方，アボガドロ数を N_A，気体定数を R，温度を T とすると，今考えている理想気体の状態方程式は $PV=$ (k) となる。両者を比較すると気体分子の運動エネルギーの平均 $\dfrac{1}{2}m\overline{v^2}$ は (l) となり，温度 T に比例していることがわかる。

問1 (a) ， (b) ， (c) ， (d) に適切な式を入れよ。

問2 $L,\ m,\ v_y$ のうち必要なものを用いて (e) と (f) に適切な式を入れよ。

問3　m, L, N, $\overline{v_y{}^2}$ を用いて［(g)］に適切な式を入れよ。また，m, V, N, $\overline{v_y{}^2}$ を用いて［(h)］に適切な式を入れよ。

問4　m, N, $\overline{v^2}$ のうち必要なものを用いて［(i)］と［(j)］に適切な式を入れよ。また，N, N_A, R, T のうち必要なものを用いて［(k)］と［(l)］に適切な式を入れよ。

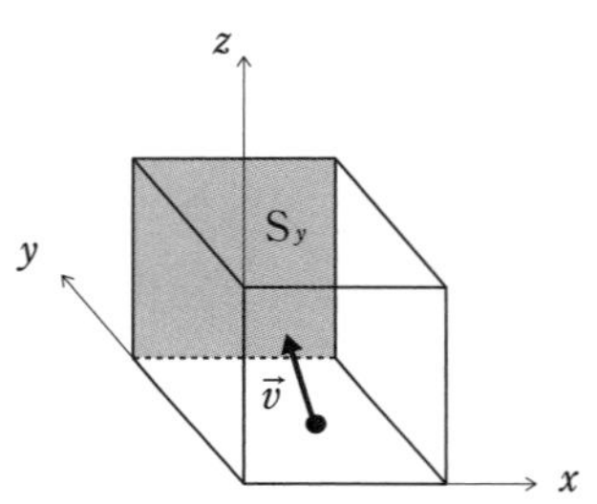

〈奈良女子大〉

★★★

合格へのゴールデンルート

GR 1　力積を求めるときは運動量の変化を考える。

44　気体の混合

解答目標時間：10分

問　図に示すように，AとBの2つの容器が，バルブCのついた細い管でつながれている。A，Bの容積はそれぞれV_A, V_Bである。はじめ，バルブは閉じられており，容器Aの中には物質量がnの単原子分子理想気体が，圧力P_0の状態にあり，容器Bの中は真空である。

容器Aの内部にはヒーターが取り付けられている。容器A，Bとバルブおよび細い管は断熱材でできている。また，バルブと細い管の部分の容積とヒーターの体積および熱容量は無視できるものとし，気体定数をR，単原子分子理想気体の定積モル比熱を$\dfrac{3}{2}R$とする。

問1　はじめ，容器Aの中にある気体の内部エネルギーはいくらか。

問2　バルブCを開いて全体の状態が一様になったときの圧力はいくらか。また，容器AとBの物質量はそれぞれいくらか。

問3　次に，バルブを閉じて容器A内の気体をヒーターで加熱したところ，はじめの2倍の温度となった。容器A内の気体が吸収した熱量はいくらか。

次に，再びバルブを開いて，全体を一様な状態にした。

問4　このときの気体の温度 T はいくらか。

問5　このときの気体の圧力 P はいくらか。

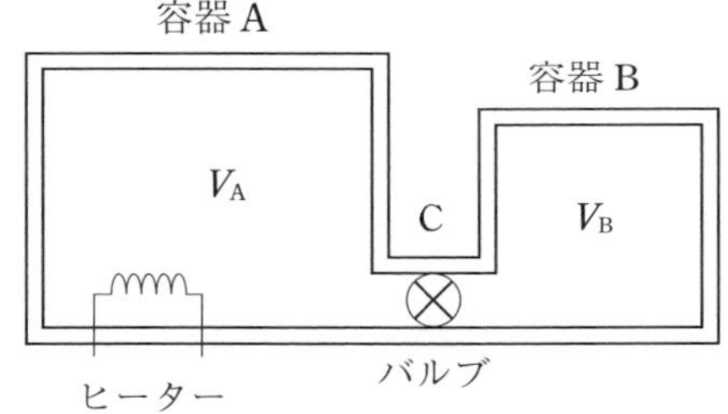

〈東海大・改〉

★★★

合格へのゴールデンルート

GR 1　外部からエネルギー（熱や仕事）が加えられていない場合には，(　　)が保存される。

45　ピストン＋PVグラフ

解答目標時間：10分

図1のように断面積 S，高さ L の鉛直円筒容器と，滑らかに動くことができる質量および厚みを無視できるピストンが，n モルの単原子分子の理想気体を密封している。気体には熱を加えることができるようになっている。

円筒容器とピストンはいずれも断熱材でできており，また気体が密封されている部分以外の空間は真空である。はじめに質量m，高さ$\frac{L}{2}$のおもりがピストンに載せられており，ピストンは円筒容器の底から$\frac{L}{3}$の高さで静止している。また，円筒容器の上部にはピストン上のおもりが通り抜けられる大きさの穴が空いており，質量mのもう1つのおもりが載せられている（状態A，図1）。重力加速度の大きさをg，気体定数をRとする。

理想気体を以下のような過程で状態変化させた。

（過程１）：ゆっくりと気体を加熱すると気体の体積が増加していき，やがてピストン上のおもりが円筒容器上のおもりに接した（状態B）。

（過程２）：ピストンが２つのおもりを載せたまま上昇を開始する直前まで，気体を加熱し続けた。

（過程３）：気体をさらに加熱するとピストンが上昇を開始した（状態C）。ピストンが円筒容器上部に接したところで加熱を止めた。（状態D）図２は過程３の途中の状態を示している。

（過程４）：ピストンに外力を加えて，気体を状態Bと同じ体積になるまでゆっくりと圧縮した（状態E）。

問１　状態Aの気体の圧力を求めよ。

問２　状態Aの気体の温度を求めよ。

問３　過程１の変化を何というか。

問４　過程１で気体がした仕事を求めよ。

問５　過程１での気体の内部エネルギーの増加分を求めよ。

問６　過程１で加えられた熱量を求めよ。

問７　過程２の変化を何というか。

問８　過程２での気体の内部エネルギーの増加分を求めよ。

問９　円筒容器の底からピストンの高さを横軸に，気体の圧力を縦軸にとった図３に，状態B，C，Dを表す黒点と記号B，C，D，および過程１，２，３の経路を表す実線を図示せよ。なお，図には状態Aを表す黒点と記号Aが記してある。

問10　状態Eの気体の圧力を求めよ。必要であれば，$2^{\frac{7}{5}} \fallingdotseq 2.6$または$2^{\frac{5}{3}} \fallingdotseq 3.2$を用いなさい。

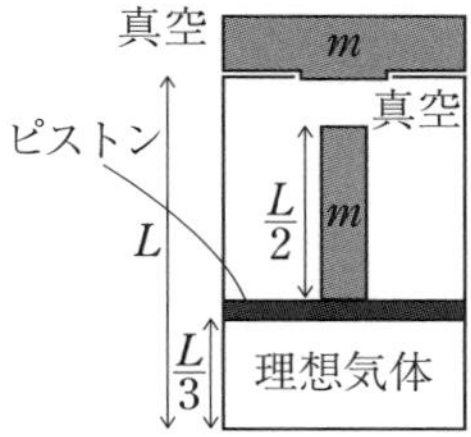

図1

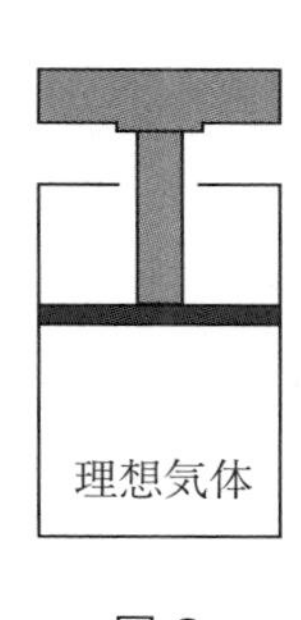

図2

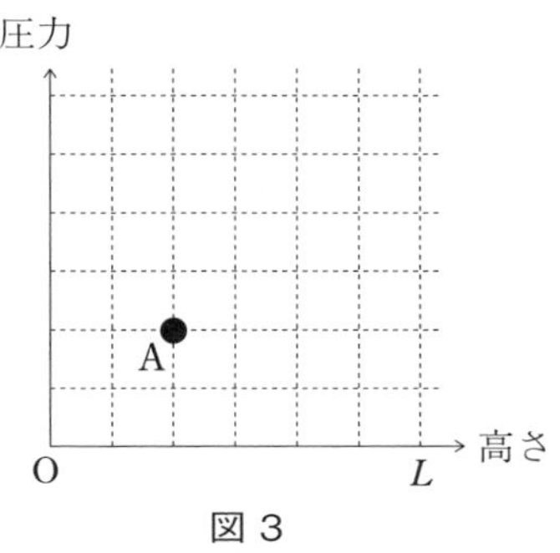

図3

〈金沢大〉

★★★

合格へのゴールデンルート

GR 1 ピストンのつり合いより圧力を求めよう。

46 ばね付きピストン

解答目標時間：10 分

図1に示すように，定積モル比熱 C_V の理想気体 n モルがシリンダーとピストンによって封入されている。シリンダーとピストンの断面積は S で，これらはばねでつながれている。ばねはフックの法則に従い，ばね定数は温度によらず一定である。また，シリンダー内にはヒーターが設けられており，シリンダーおよびピストンは断熱材で作られている。はじめ，シリンダー内の気体の圧力は大気圧に等しく，体積は V_0，温度は T_0 で，ばねは自然長であった。気体を加熱したところ，温度は T_1 に達し，ピストンの移動によって体積は V_1 になった。気体定数を R とし，大気圧を V_0，T_0 などにより表して，以下の問いに答えよ。なお，シリンダーとピストンの間の摩擦はないものとする。

問1　加熱後の気体の圧力はいくらか。

問2　体積が V_0 から V_1 になるまでの圧力の変化を，横軸に体積 V，縦軸に圧

力 p をとったグラフを図2に描け。ただし，縦軸と横軸の目盛は記入しなくてもよい。

問3　ばね定数はいくらか。

問4　ばねの弾性力による位置エネルギーの増加はいくらか。

問5　気体のした仕事はいくらか。

問6　気体に加えられた熱量と気体の仕事との差はいくらか。

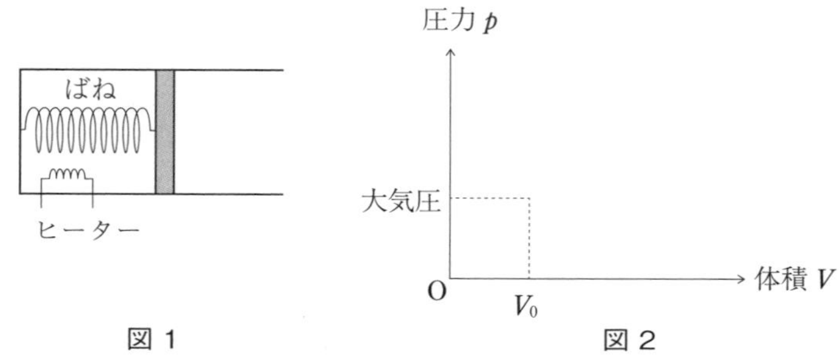

図 1　　図 2

〈同志社大〉

★★★

合格へのゴールデンルート

GR 1　圧力が一定ではない場合の仕事を求めるときは(　　)グラフの面積を求めよう。

47　ピストンによる単振動

解答目標時間：10 分

問　熱を通さないシリンダーと熱を通さない断面積 S，質量 M のピストンがある。シリンダーとピストンの間から気体はもれず，ピストンは滑らかに動くものとする。シリンダー内部には圧力 p，温度 T の理想気体があり，ピストンはシリンダーの底面から高さ L で静止している（図1）。気体の定積モル比熱を C_V，重力加速度の大きさを g，気体定数を R，外気の大気圧は無視できるものとして以下の問いに答えよ。

問1　図1のように，ピストンに働く重力と気体の圧力による力がつり合っているとき，シリンダー内部の気体の圧力 p はいくらか。

問2　ピストンが静止している状態から，ピストンに外力を加えてわずかな距離 x だけ持ち上げたところ（図2），理想気体の圧力と温度は，それぞれ，$p+\Delta p$，$T+\Delta T$ になった。状態方程式を用いて，圧力の変化の割合 $\dfrac{\Delta p}{p}$ を，温度の変化の割合 ΔT，T，L，x を用いて表せ。ただし，a，b が1に対して十分に小さいとき，$ab \fallingdotseq 0$ と近似してよい。

問3　熱の出入りはないので，ピストンを x だけ持ち上げると気体は断熱変化をする。このとき，温度変化の割合 $\dfrac{\Delta T}{T}$ はどのように表されるか。L，C_V，R，x を用いて表せ。ただし，$|z|$ が1より十分に小さいとき，$(1+z)^n \fallingdotseq 1+nz$ と近似できるものとする。

問4　このときピストンに加えている鉛直方向の外力の大きさ F はいくらか。M，L，C_V，g，R，x を用いて表せ。

問5　ピストンに加えていた外力を取り去れば，ピストンは単振動を始める。このときの単振動の周期はいくらか。L，C_V，g，R を用いて表せ。

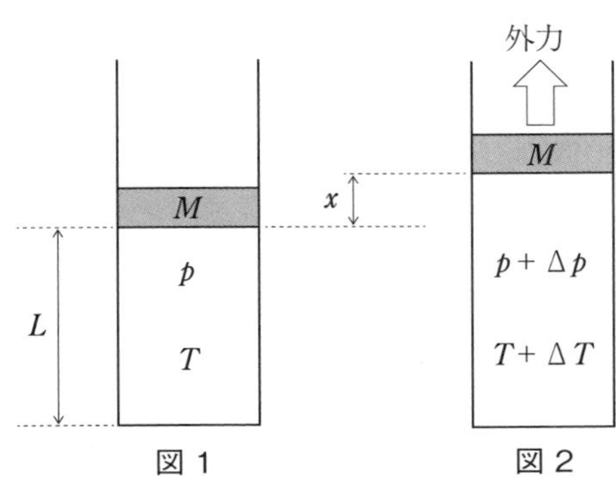

図1　　　図2

〈玉川大〉

★★★

合格へのゴールデンルート

GR 1　定圧モル比熱 C_p と定積モル比熱 C_V の差はいくらか。

GOLDEN ROUTE 1 2 3 4 5 GOAL

48 熱気球

解答目標時間：10 分

問　図1のように，熱気球が地上に置かれている。熱気球の球体は，厚さが無視でき，かつ伸び縮みしない断熱材でできており，その内部の空気の温度は熱バーナーで加熱することにより，調節することができる。球体の下部には開口が設けられ，球体内外の空気の圧力は常に等しい状態に保たれる。空気を除いた熱気球全体（球体，熱バーナー，ワイヤー，ゴンドラ，荷物）の総質量をW，球体の体積をV_0とする。また，地表での外気の圧力，温度，密度をそれぞれP_0，T_0，ρ_0とする。球体内外の空気は理想気体で，外気の圧力と密度は高度の上昇とともに低下するが，温度によらず一定（T_0）として取り扱ってよいものとし，重力加速度の大きさをgとする。

一般に，圧力P，体積V，物質量（モル数）n，絶対温度Tの理想気体の状態方程式は，Rを気体定数として，[(a)]と表される。この気体の質量をmとすると，密度ρは，mとVを用いて$\rho=$[(b)]と表される。また，1モルあたりの気体の質量Mは$M=\dfrac{m}{n}$で与えられる。これらより，状態方程式[(a)]はR，M，P，ρ，Tを用いて，

$$\frac{R}{M}=\boxed{\text{(c)}}\quad\cdots\cdots①$$

と書き直すことができ，[(c)]は気体の種類によらない定数となる。

地表において，図2のように熱バーナーを用いて球体内部の空気の温度をT_0からT_1に上昇させた。この操作により，内部の空気は膨張し，その一部は開口から外に出ていく。つまり，球体内部の空気の密度はρ_0からρ_1に減少するが，圧力はP_0のまま変化しない。このとき，式①は球体の内外でともに成立するので，球体内部の空気の密度ρ_1はρ_0，T_0，T_1を用いて$\rho_1=$[(d)]と表される。

熱気球に働く浮力の大きさFは，球体によって押しのけられた外気に作用する重力の大きさに等しく，$F=$[(e)]と表される。球体内部の空気を含めた熱気球全体に働く重力とこの浮力がつり合うとき，球体内部の空気の温度T_1は，ρ_0，V_0，T_0，Wを用いて$T_1=$[(f)]$\times T_0$と表される。よって，球体内部の空気の温度がT_1を上回るか，あるいはT_1に達した段階でゴンドラ内の

荷物の量を減らした場合に，熱気球は浮上を始める。

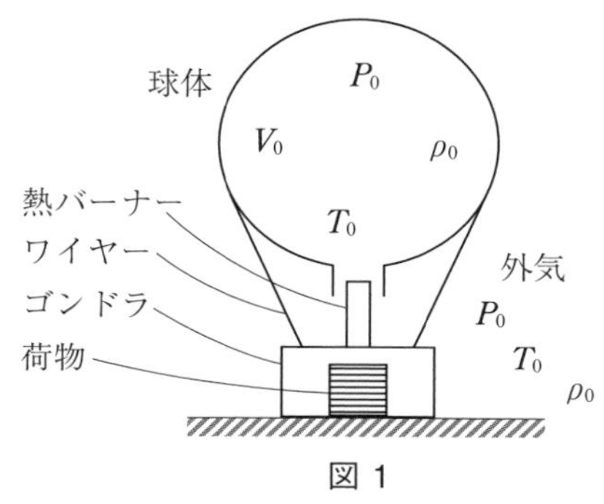

図 1

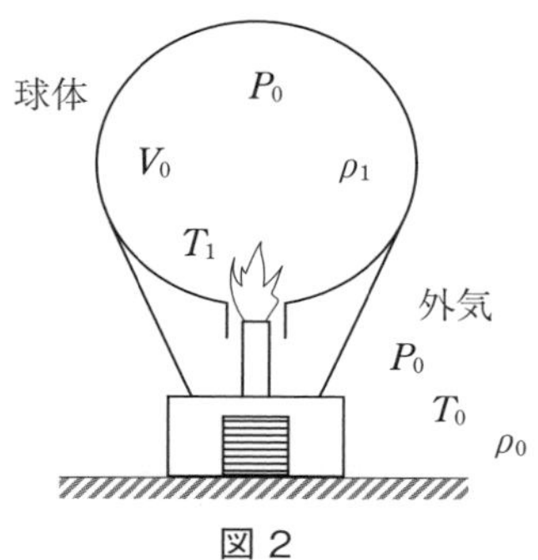

図 2

〈秋田大〉

★★★

合格へのゴールデンルート

GR 1 状態方程式を密度で表現しよう。

CHAPTER 4 電磁気

49 クーロンの法則

解答目標時間：10 分

問 図 1 のように，自然の長さ L，ばね定数 k の絶縁体のばねの一端を天井に固定し，他端に質量 m の小物体をつけ，この小物体に電荷 q（$q > 0$）を与えた。電場を与えずに，この小物体を力がつり合う位置に静止させた。この状態を状態 A とする。天井とばねの接合部分は自由に回転することができ，小物体の大きさ，ばねの質量，接合部分の摩擦および空気抵抗は無視できるものとする。また重力加速度の大きさを g とする。

状態 A から水平方向に一様な電場を与え，電場の強さを 0 からゆっくりと強くしていったところ，図 2 のように，鉛直線から 45° の角度をなして小物体は静止した。この状態を状態 B とする。

問 1 状態 B での電場の強さを求めよ。

問 2 状態 B でのばねの自然の長さからの伸びを求めよ。

問 3 状態 A から状態 B まで変化する間に，電場が小物体にした仕事を m，L，g，k を用いて表せ。

問 4 電場を状態 B での電場に保ったまま，外力を加えて，小物体を状態 B の位置から状態 A の位置までゆっくりと移動させた。加えた外力のした仕事を m，L，g，k を用いて表せ。

問 5 状態 B において，ばねと小物体の接合部分を瞬間的に切断したところ，初速度ゼロで小物体が運動を始めた。小物体の描く軌道はどのようになるか。以下の中で正しいものの記号を記せ。{(a) 円，(b) らせん，(c) 放物線，(d) 直線，(e) 静止したまま，(f) (a)から(e)のいずれでもない}

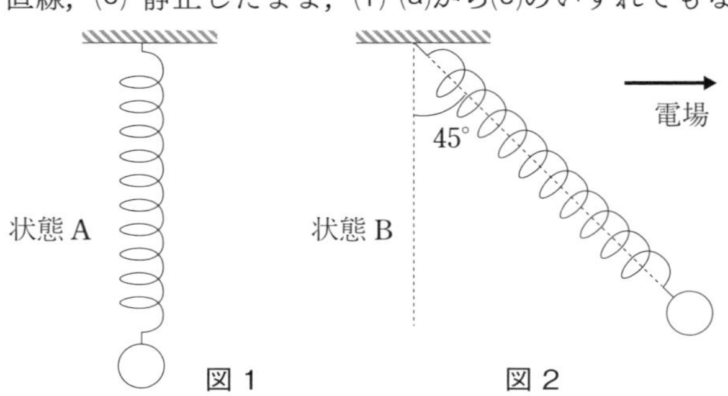

図 1　図 2

〈名古屋工大〉

★★★

合格へのゴールデンルート

GR 1 力が一定ではないときの仕事は，力学的エネルギーの変化に注目して求める。

50　点電荷のつくる電場

解答目標時間：10 分

図のように，x 軸上の原点 O に電気量 $4Q$〔C〕の点電荷 A を置き，位置 $x = 3a$〔m〕に電気量 $-Q$〔C〕の点電荷 B を置く。クーロンの比例定数を k〔N・m^2/c^2〕として，以下の問いに答えよ。

問 1　位置 $x = a$〔m〕の点 P における電場の強さと向きを求めよ。

問 2　点 P に電気量が $-q$〔C〕の点電荷 S を置いたとき，S が受ける静電気力の大きさと向きを答えよ。

問 3　x 軸上で電場の強さが 0 になる点の位置はどこか。

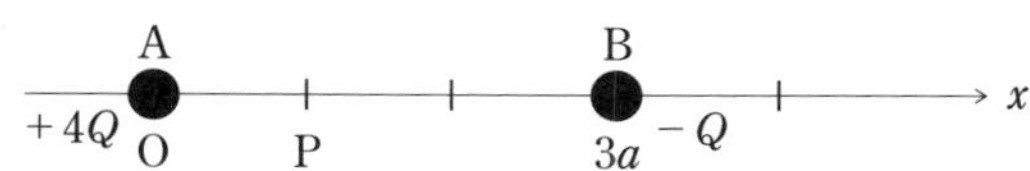

〈オリジナル〉

★★★

合格へのゴールデンルート

GR 1 問 3 の電場が 0 の点は電場が逆向きになる点を探そう。

51 点電荷のつくる電位

解答目標時間：10 分

問

図のように，水平面上に x 軸，y 軸をとり，原点を O とする。静電気力に関するクーロンの法則の比例定数を k，無限遠点における電位を 0 とする。はじめに，x 軸上の点 A（a，0），点 B（$-a$，0）に正の電荷 $+Q$ を固定する。

問 1　原点 O での電位 V_0 を求めよ。
問 2　x 軸上の電位 $V(x)$ のおおよその概形を描け。
問 3　y 軸上の電位 $V(y)$ のおおよその概形を描け。

次に，正の電荷 $+Q$ に外力を加え無限遠方からゆっくりと y 軸上を移動させて原点 O に置いた。

問 4　無限遠方から原点 O に正の電荷 $+Q$ を移動させる際に，外力がした仕事を求めよ。

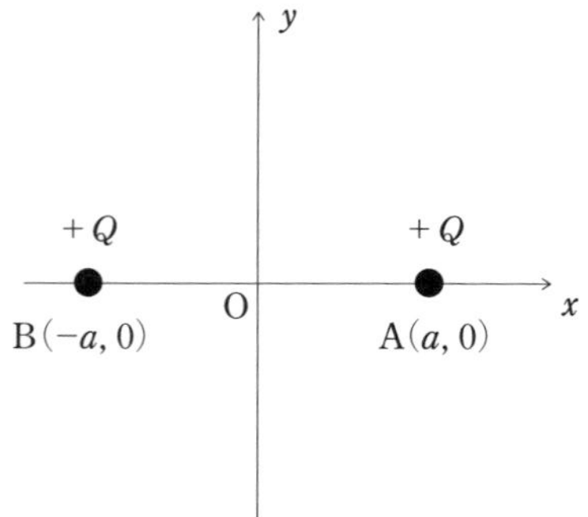

〈横浜市立大・改〉

★★★

合格へのゴールデンルート

GR 1　電場における外力の仕事＝静電気力の位置エネルギーの変化分

52　点電荷のつくる電場と電位　　解答目標時間：10 分

図のように，xy 平面上の原点 O と点 A $(-a,\ 0)$（$a > 0$ とする）に，それぞれ $+q$ と $-4q$（$q > 0$）の点電荷を固定する。クーロンの法則の比例定数を k_0 とし，電位の基準点は無限遠にとるものとする。また，重力の影響は考えなくてもよいものとする。

問 1　x 軸上の点 P $(x,\ 0)$ の電場の x 成分を，座標 x の関数として求めよ。

問 2　点 P $(x,\ 0)$ の電位を座標 x の関数として求めなさい。ただし，$x > 0$ とする。

図中の 2 つの点電荷から $+x$ 方向に十分離れた x 軸上の点 R に，電気量の大きさが q で符号のわからない点電荷 X（質量 m）を静かに置いたところ，原点に近づく方向に動き始めた。

問 3　点電荷 X の符号は正負どちらか。

問 4　点電荷 X はどこまで原点 O に近づくか。最も近づいたときの点電荷 X と原点 O の距離を求めよ。

問 5　点電荷 X が動き始めてから原点 O に最も近づくまでの間の速さの最大値はいくらか。

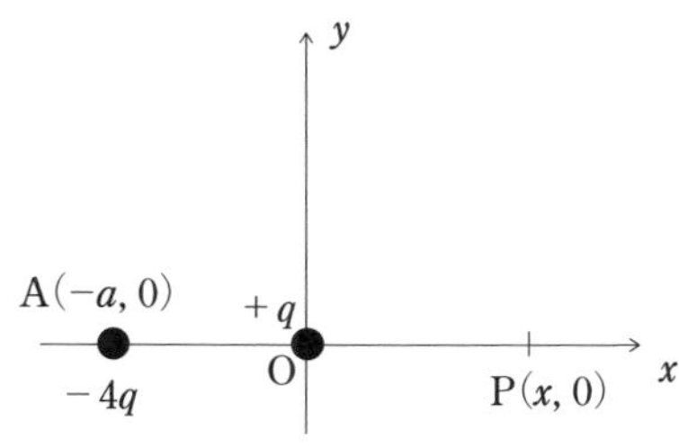

〈千葉大〉

★★★

合格へのゴールデンルート

GR 1　電場は電位の傾きの大きさをイメージしよう。

GOLDEN ROUTE 1 2 3 4 5 GOAL

53 ガウスの法則

解答目標時間：10 分

問 次の文章の空欄(a)〜(c)に適当な数式を入れよ。

点電荷 q〔C〕($q > 0$) を考える。この点電荷から距離 r〔m〕離れた点での電界の強さ E〔N/C〕はクーロンの法則の比例定数 k〔N・m^2/C^2〕を用いると $E =$ (a) 〔N/C〕となる。次に，点電荷から出る電気力線の数を考える。ただし，電界の強さが E のところでは，電界の方向に垂直な断面を通る電気力線を 1 m^2 あたり E 本の割合で引くとする。点電荷を中心にした半径 r〔m〕の球面の面積は (b) 〔m^2〕であるから，電気力線の数は (c) 本である。

〈岡山大〉

★★★

合格へのゴールデンルート

GR 1 電界の強さが E のところでは，電界の方向に垂直な断面を通る電気力線を 1 m^2 あたり E 本の割合で引く。

54 極板間引力の導出

解答目標時間：10 分

問 次の文章の空欄(a)〜(e)に適当な数式を入れよ。

真空中において，面積 S〔m^2〕の十分に広い金属板に Q〔C〕($Q > 0$) の電荷を与えた場合を考える。極板から出る電気力線の総数は，クーロンの比例定数 k〔N・m^2/C^2〕および Q を用いて， (a) 本である。この極板に，$-Q$〔C〕の電荷をもつ同じ面積の極板を，極板間隔 d〔m〕で，図のように平行に向かい合わせて配置する。極板には，極板に垂直で一様な電界が生じる。その強さ E〔N/C〕は，真空の誘電率 ε_0〔F/m〕，S，Q を用いて， (b) 〔N/C〕となり，極板間の電気容量は (c) 〔F〕となる。

図の平行極板のうち一方を固定し，もう一方に外力を加え，極板間隔を d〔m〕から Δd〔m〕だけゆっくりと広げた。このとき，蓄えられた静電エネルギーの変化は［ (d) ］〔J〕である。この変化が外力による仕事と等しいと考えると，外力は［ (e) ］〔N〕である

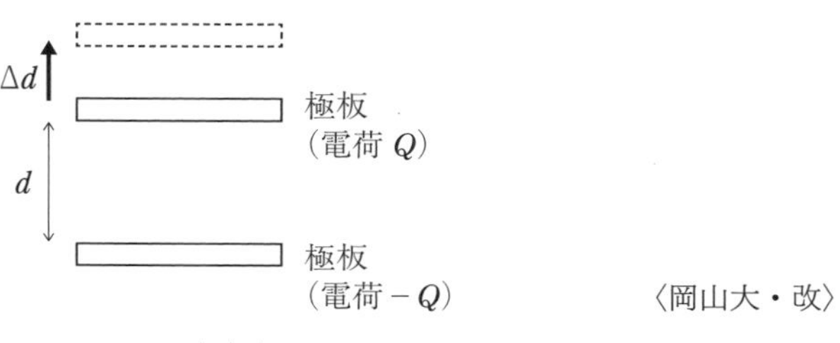

〈岡山大・改〉

★★★

合格へのゴールデンルート

GR 1 極板間引力の大きさを導くときは(　　)エネルギーに注目すればよい。

---

55 極板間引力による単振動

解答目標時間：10 分

図のように，真空中（誘電率 ε_0）で向かい合った面積 S の金属極板 A，B は平行平板コンデンサーを形成している。極板 A の質量は M である。極板 A は質量の無視できるばね定数 k の導体ばねに接続されている。極板 B は固定されている。スイッチ P を閉じると，導体ばねを通して電圧 V が両極板間にかかる。極板 A は，極板 B と常に平行を保ちながら絶縁体の床の上を水平方向に摩擦なく動くことができる。極板 A の変位を x で表し，ばねが自然長のときの極板間距離は d とする。極板間距離が増大する方向を変位 x の正の方向とし，常に $\frac{x}{d}$ の絶対値が 1 に比べて十分小さいものとする。極板間の電場は一様であり，電気回路の抵抗は無視できるものとして，以下の空欄を ε_0，V，d，x，S，k，M のうち必要なものを用いて埋めよ。

コンデンサーの極板間距離をdで固定しておき，スイッチPを閉じてコンデンサーを十分長い時間充電した。そのときのコンデンサーの電気容量は［ (a) ］であり，極板Aに蓄えられている電荷は［ (b) ］である。その後，スイッチPを開き，極板Aの固定を解除すると極板Aは単振動を始めた。極板Aがxの位置にあるとき，コンデンサーの電気容量は［ (c) ］であり，極板Aに蓄えられる電荷は［ (d) ］であり，静電エネルギーU_Qは［ (e) ］である。

極板Aに働く力として，ばねの弾性力の他に極板間に働く静電気力を考慮する必要がある。xが$x+\Delta x$に変化したとき，静電エネルギーの変化量ΔU_Q＝［ (f) ］×Δxになるので，極板間に働く静電気力は［ (g) ］となる。

極板Aがxの位置にあるときの運動方程式は，極板Aの加速度をaとすると，ばねの弾性力および静電気力の両方の力を考慮して，Ma＝［ (h) ］となる。この場合の単振動の周期は［ (i) ］となり，振動の中心は［ (j) ］の位置となる。

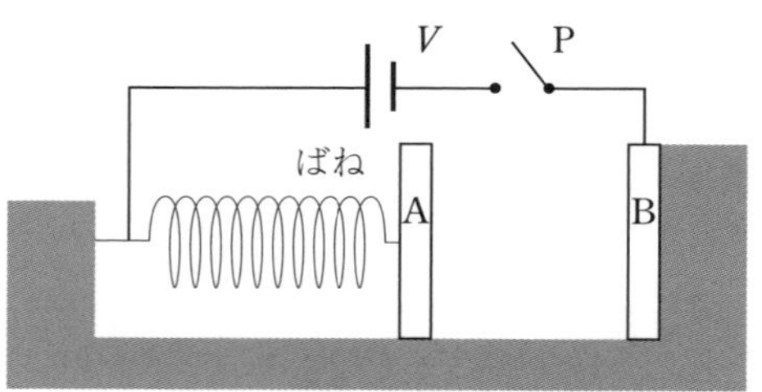

〈名古屋市立大〉

★★★

合格へのゴールデンルート

GR 1 極板間引力による単振動では，振動中における運動方程式を立てよう。

56 コンデンサー

解答目標時間：10 分

問 図1のように，面積S〔m^2〕の正方形の極板AとBを間隔d〔m〕だけ離した平行板コンデンサーを真空中に置く。極板の面積は十分大きく，極板AB間には一様な電場が形成されるものとする。真空の誘電率をε_0〔F/m〕とする。

問1　スイッチSを閉じ，コンデンサーを電源に接続し充電した。2枚の極板AB上の電荷をそれぞれ$+Q$，$-Q$とすると，極板間の電気力線の総数は$N =$ (a) 〔本〕であり，極板間の電場の強さは$E =$ (b) 〔N/C〕であり，極板AB間の電位差は$V_1 =$ (c) 〔V〕となる。このとき，(a)〜(c)にあてはまる数式を求めよ。また，縦軸に電位V〔V〕，横軸に極板Bからの距離x〔m〕をとったグラフを実線で図2に描け。

問2　コンデンサーを電源から切り離し，電荷の移動が起こらないように極板間の間隔を$2d$〔m〕にしたとき，(a)〜(c)にそれぞれ答えよ。

(a)　コンデンサーに蓄えられる電気量Q_2〔C〕

(b)　極板AB間の電圧V_2〔V〕

(c)　コンデンサーに蓄えられる静電エネルギーU_2〔J〕

問3　再び電源に接続し，極板の間隔をd〔m〕に戻したとき，(a)，(b)にそれぞれ答えよ。

(a)　極板AB間の電圧V_3〔V〕

(b)　コンデンサーに蓄えられる電気量Q_3〔C〕

問4　電源から切り離し，極板と同じ面積で，厚さ$\dfrac{d}{2}$〔m〕の金属板Dを図3のように極板ABと平行に挿入した。このとき，(a)〜(c)にそれぞれ答えよ。

(a)　縦軸に電位V〔V〕，横軸に極板Bからの距離x〔m〕をとったグラフを点線で図2に描け。ただし，Dの下面と極板Bからの距離をx_1〔m〕とする。

(b)　極板AB間の電圧V_4〔V〕

(c)　コンデンサーの電気容量C_4〔F〕

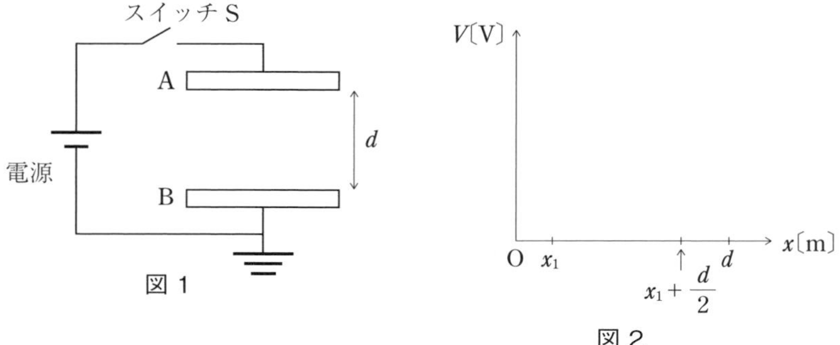

図1

図2

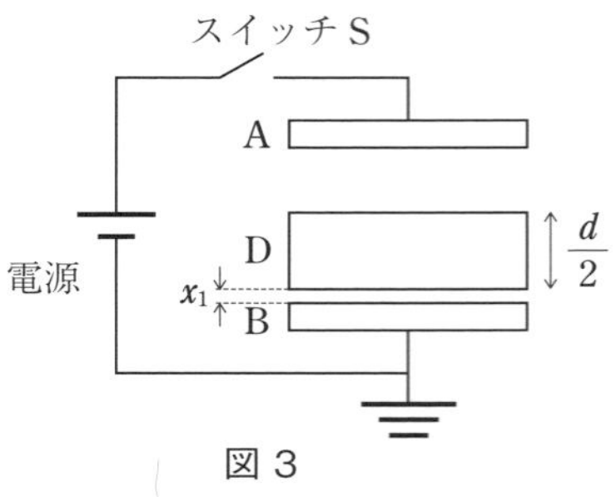

図３

〈日本大〉

★★★

合格へのゴールデンルート

GR 1 スイッチ OFF 時の操作では，コンデンサーにおいてどんな物理量が一定となるか？

GR 2 スイッチ ON 時の操作では，コンデンサーにおいてどんな物理量が一定となるか？

GR 3 コンデンサー内へ金属板を挿入したときの金属内部の電場はどうなるか？

57 コンデンサーへの誘電体の挿入

解答目標時間：10 分

問　一辺の長さ a の正方形金属極板２枚からなる平行板コンデンサーが真空中に置かれ，その極板間隔は d である。図１のように，このコンデンサーはスイッチ S を介して電圧 V_0 の電池につながれている。コンデンサーの電気容量に対する極板の端の影響は無視できるものとする。ただし，真空の誘電率は ε_0 である。

S を閉じ，十分に時間がたった後，S を切った。

問１　コンデンサーに蓄えられている電気量 Q_0 を求めよ。

問２　コンデンサーに蓄えられた静電エネルギー U_0 を求めよ。

次に，Sを切ったままで，極板と同じ大きさ（一辺の長さがaの正方形）で厚さdの誘電体（比誘電率 ε_r）の板を，極板にちょうど重なるようにゆっくりとxだけ挿入した。

問3　このときのコンデンサーの電気容量Cを求めよ。

問4　コンデンサーの両極板間の電位差Vと蓄えられている静電エネルギーU_1を求めよ。

問5　誘電体の板と極板とが重なり合っている部分に蓄えられている電気量Q_1と重なり合っていない部分に蓄えられている電気量Q_2との比 $\dfrac{Q_1}{Q_2}$ を求めよ。

はじめの図1の状態に戻す。図1の状態でスイッチを閉じ，コンデンサーを充電する。その後の上と同じ操作を，スイッチSを閉じたまま行い，誘電体の板をゆっくりと挿入した。

問6　このとき，コンデンサーに蓄えられている静電エネルギーU_2を求めよ。

問7　誘電体の板を挿入する間に，電池からコンデンサーに供給されたエネルギーWを求めよ。

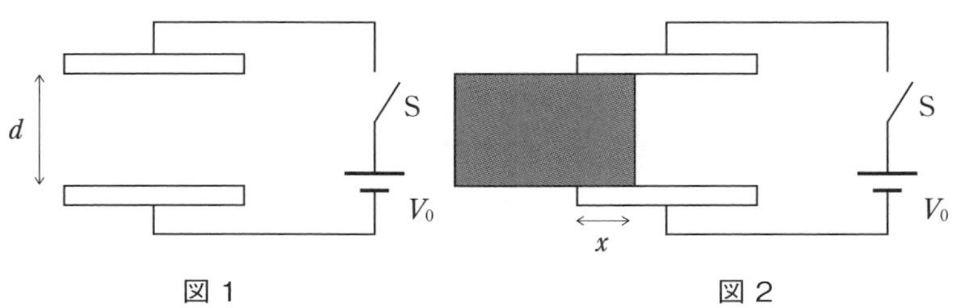

図1　　　　図2

〈岐阜大〉

★★★

合格へのゴールデンルート

GR 1　誘電体が中途半端に挿入されているときのコンデンサーの電気容量を求めるときは並列接続されたコンデンサーとみなそう。

58 複数コンデンサーによるスイッチ切り替え

解答目標時間：10 分

問 図に示すようなコンデンサー回路がある。はじめスイッチ S_1，S_2 は開いていて，各コンデンサーに電荷がたまっていないものとして，以下の問いに答えよ。ただし，コンデンサーの電気容量 C_1，C_2，C_3 は，それぞれ C，$2C$，$3C$ とする。また，2つの電池 E_1，E_2 の起電力はともに E であり，点 G の電位を 0 とする。

問1 まず，S_1 を閉じた。十分時間が経過した後のコンデンサー C_2 に蓄えられる電荷を求めよ。

問2 次に，S_1 を開き，S_2 を閉じて十分時間が経過した後，コンデンサー C_3 の P 側の極板に蓄えられる電荷を求めよ。

問3 最後に，S_2 を開き，S_1 を閉じて十分時間が経過した後，コンデンサー C_2 に蓄えられる電荷を求めよ。

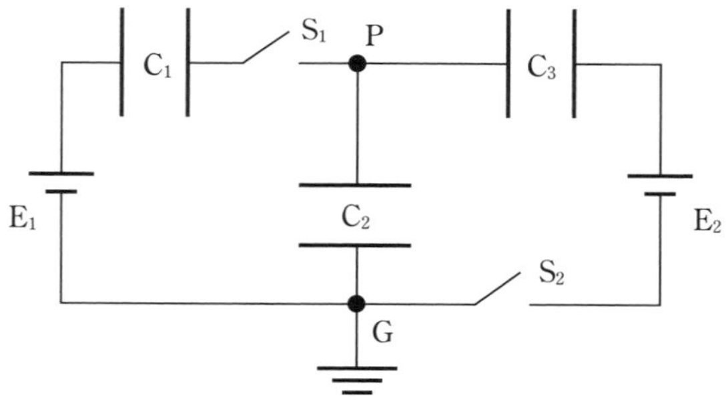

〈宇都宮大〉

★★★

合格へのゴールデンルート

GR 1 コンデンサーの電気回路問題を解くときは，孤立部分の電荷保存を立てよう。

59　オームの法則の証明

解答目標時間：10 分

導体中の自由電子は，正イオンと衝突しながらいろいろな方向に運動している。導体の両端に電圧をかけると，自由電子は電界からの力を受けて，全体的に電界と逆向きに運動し，電流が生じる。導体にかける電圧と流れる電流，および導体中で発生するジュール熱との関係を以下のモデルによって導こう。(a)〜(i)に適当な数式を入れよ。

図1のような断面積 S，長さ l の導体Xを考える。導体の長さ方向の両端に電位差 V を与えると，導体中には電界 $E=$ □(a)□ $\{l,\ V\}$ が生じる。今，ひとつの自由電子に着目する。電子は導体Xの長さ方向にのみ運動し，図2のように速さが変化するとしよう。すなわち，電子は電界 E からの力を受けて加速され時間 T で速さ v_0 に達する。電子の電荷の大きさを e，質量を m とすると $v_0=$ □(b)□ $\{e,\ l,\ m,\ T,\ V\}$ であり，そのときの運動エネルギーは □(c)□ $\{e,\ l,\ m,\ T,\ V\}$ である。このとき，電子は導体中の正のイオンと衝突し，その運動エネルギーを失い，一旦速さが0になる。電子が失った運動エネルギーは，正イオンの熱運動のエネルギーに変換される。

また，電子の平均の速さは $\dfrac{v_0}{2}$ で与えられるので，電子が導体Xを通り抜ける平均時間 T_x は $T_x=$ □(d)□ $\{l,\ v_0\}$ である。時間 T_x の間に電子は正イオンと $\dfrac{T_x}{T}$ 回衝突するので，結局1個の電子は導体を通り抜けるまでに $w=$ □(e)□ $\{e,\ V\}$ の運動エネルギーを正イオンに与えることになる。

単位体積あたりの自由電子の数を n とすると，導体X中には □(f)□ $\{l,\ n,\ S\}$ 個の自由電子が存在し，この数の電子が時間 T_x の間に導体Xを通り抜ける。時間 T_x の間に導体中の自由電子が正イオンに与える全運動エネルギーを w を用いて表すと □(g)□ $\{l,\ n,\ S,\ w\}$ である。したがって，単位時間あたりに発生するジュール熱は □(h)□ $\{e,\ n,\ S,\ v_0,\ V\}$ である。

一方，単位時間あたりに断面積 S を通り抜ける電気量が導体を流れる電流 I であるので，$I=$ □(i)□ $\{e,\ n,\ S,\ v_0\}$ と表される。これらのことから，単位時間あたりに発生するジュール熱が IV に等しいとわかる。

GOLDEN ROUTE 1 2 3 4 5 GOAL

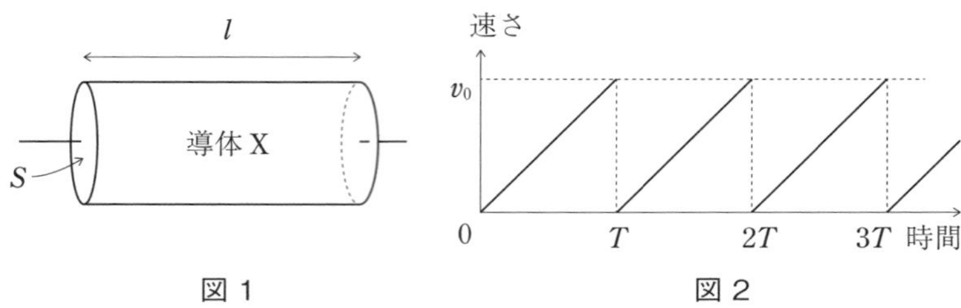

図 1　　　図 2

〈岡山大〉

★★★

合格へのゴールデンルート

GR 1 単位時間あたりに発生するジュール熱は電子の単位時間あたりの運動エネルギーの減少分。

CHAPTER 4 電磁気

60 キルヒホッフの法則

解答目標時間：10 分

問 起電力 8 V の電池，起電力 5 V の電池と抵抗値が 1 Ω，1 Ω，3 Ω の抵抗を用いて図のような回路を組んだ。

問 1 BE 間の 1 Ω の抵抗に流れる電流の向きと大きさを求めよ。

問 2 CD 間の 1 Ω，BE 間の 1 Ω，AF 間の 3 Ω の抵抗での消費電力をそれぞれ P_1，P_2，P_3 とする。P_1，P_2，P_3 をそれぞれ求めよ。また，各抵抗での消費電力の和 P を求めよ。

問 3 8 V と 5 V の電池の供給電力をそれぞれ W_{E1}，W_{E2} とする。W_{E1}，W_{E2} をそれぞれ求めよ。

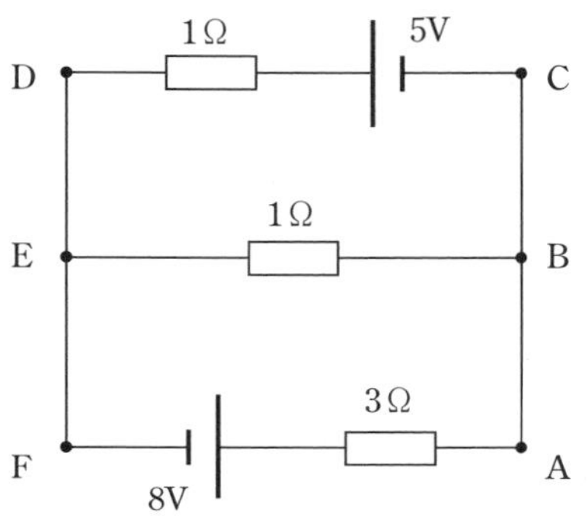

〈オリジナル〉

★★★

合格へのゴールデンルート

GR 1 抵抗回路の問題では，キルヒホッフ第 1 と第 2 法則を立てよう。

61 コンデンサーの過渡現象

解答目標時間：10 分

図 1 に示す回路において，E は電池（起電力 10 V，内部抵抗は無視できる），S はスイッチ，R_1，R_2 はそれぞれ 10 Ω，40 Ω の抵抗，C は 5 μF のコンデンサーである。抵抗 R_1，R_2，コンデンサー C に流れる電流をそれぞれ i_1，i_2，i_3 とする。はじめコンデンサー C には電荷はないものとする。

問 1 スイッチ S を閉じた直後に流れる電流 i_1，i_2，i_3 はそれぞれいくらか。

問 2 スイッチ S を閉じて十分に時間が経過した後の電流 i_1，i_2，i_3 はそれぞれいくらか。

問 3 スイッチ S を閉じて十分に時間が経過した後，コンデンサー C に蓄えられている電気量はいくらか。

問 4 スイッチ S を閉じた瞬間から十分に時間が経過するまでのコンデンサー C の両端の電圧 v の変化を示すグラフを図 2 に描け。ただし，縦軸は電圧 v，横軸は時間 t である。

問5　スイッチSを閉じた瞬間から十分に時間が経過するまでの電流 i_3 の変化を示すグラフを図3に描け。ただし，縦軸は電流 i_3，横軸は時間 t である。

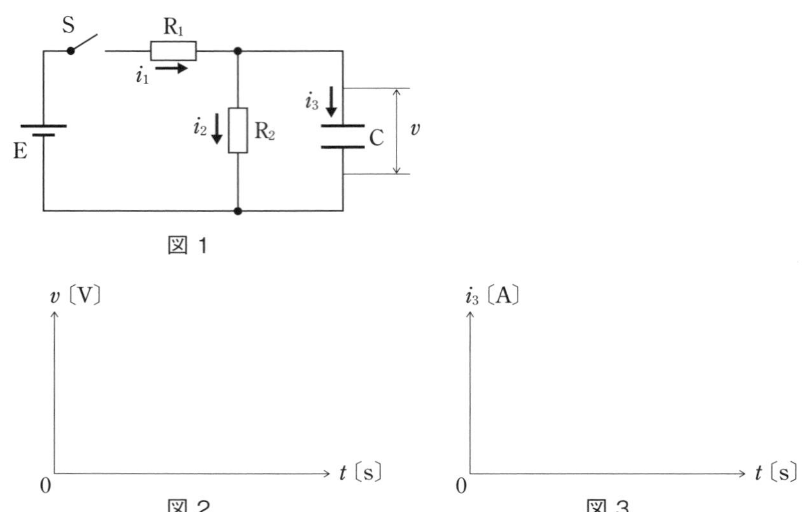

図1

図2

図3

〈九州産業大・改〉

★★★

合格へのゴールデンルート

GR 1　スイッチを閉じた直後のコンデンサーは(　　)とみなす。十分に時間が経過した後のコンデンサーに注ぎこむ電流は(　　)となる。

62　コンデンサーを含む直流回路

解答目標時間：10 分

抵抗 R_1，R_2，R_3 の抵抗値はそれぞれ 10 Ω，90 Ω，20 Ω，コンデンサー C_1，C_2，C_3 の電気容量はそれぞれ 30 μF，20 μF，50 μF，電池 E の起電力 12 V で内部抵抗が無視できるとする。はじめ，S_1，S_2 は開いており，C_1，C_2，C_3 に蓄えられている電気量は 0 であった。

S_1 を閉じて十分時間が経過した後，

問 1　KN 間の電圧はいくらか。

問 2　コンデンサー C_1 に蓄えられた電気量はいくらか。

続いて，S_2 を閉じ，十分時間が経過した。

問 3　C_3 の N 側の極板に蓄えられる電気量はいくらか。

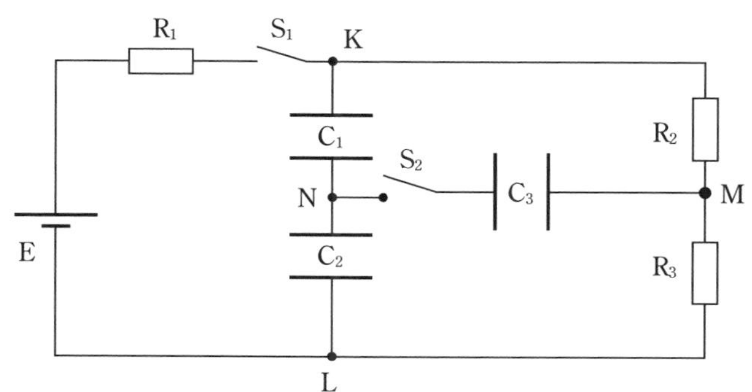

〈法政大〉

★★★

合格へのゴールデンルート

GR 1　コンデンサーを含む直流回路の問題では，回路に流れる電流を求め，孤立部分の電荷保存を立てる。

GOLDEN ROUTE 1 2 3 4 5 GOAL

63　平行電流間に働く力

解答目標時間：10 分

問　図のように，一辺の長さが a の正方形の頂点に 4 本の平行な長い直線の導線が紙面に垂直に置かれている。図の点 O は正方形の中心である。導線 A と D には紙面の表から裏へ，導線 B と C には紙面の裏から表へ，大きさ I の電流がそれぞれ流れている。これらの導線は真空中にあるとする。真空の透磁率を μ_0 として以下の問いに答えよ。

問 1　導線 A を流れる電流が点 O につくる磁場の強さを求めよ。その向きを図の①～⑧のうちから選べ。

問 2　導線 A, B, C, D を流れる電流が点 O につくる合成磁場の強さを求め，その向きを図の①～⑧のうちから選べ。

次に，導線 B, C, D に流れる電流は変えずに導線 A に流れる電流を 0 にした。

問 3　導線 B を流れる電流がつくる磁場が，導線 C の長さ l の部分に及ぼす力の大きさを求めよ。その向きを図の①～⑧のうちから選べ。

問 4　導線 C の長さ l の部分が受ける合力の大きさを求め，その向きを図の①～⑧のうちから選べ。

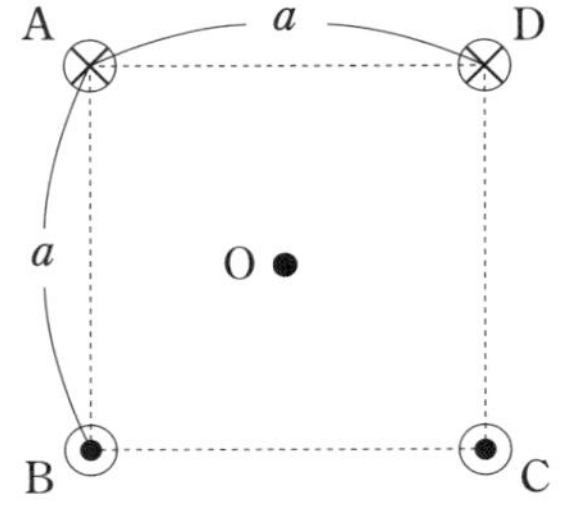

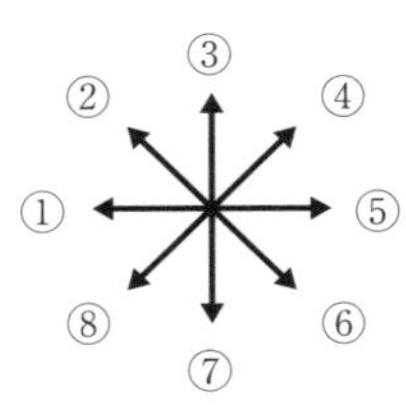

〈山形大〉

★★★

合格へのゴールデンルート

GR 1　2 本の平行で無限に長い導線に同じ向きに電流が流れている場合に働く力は(　　)であり，逆向きに流れている場合は(　　)である。

64　ローレンツ力によるらせん運動

解答目標時間：10 分

図のように，z 軸の正の方向に磁束密度が大きさ B の一様な磁場がかかっている。質量が m で電荷が q（$q>0$）の荷電粒子を，原点 O から yz 平面で y 軸から θ の方向に一定の速度 v で打ち出した。この荷電粒子の磁場中での運動について以下の問いに答えよ。ただし，重力の影響は無視する。

問1　y 軸の正の方向（$\theta=0$）に打ち出した場合，荷電粒子は等速円運動をする。この等速円運動の中心点の座標（x_0, y_0, z_0）と周期を求めよ。

問2　z 軸の正の方向 $\left(\theta=\dfrac{\pi}{2}\right)$ に打ち出した場合，この荷電粒子はどのような運動をするか説明せよ。

問3　y 軸との角度 θ $\left(0<\theta<\dfrac{\pi}{2}\right)$ の方向に打ち出した場合ついて，以下の(a)(b)に答えよ。

(a)　荷電粒子はどのような運動をするか，説明せよ。

(b)　原点 O から荷電粒子が打ち出されてから，次に初めて z 軸と交わるまでの時間を求めよ。また，この交点を P とするとき，OP 間の距離はいくらか。

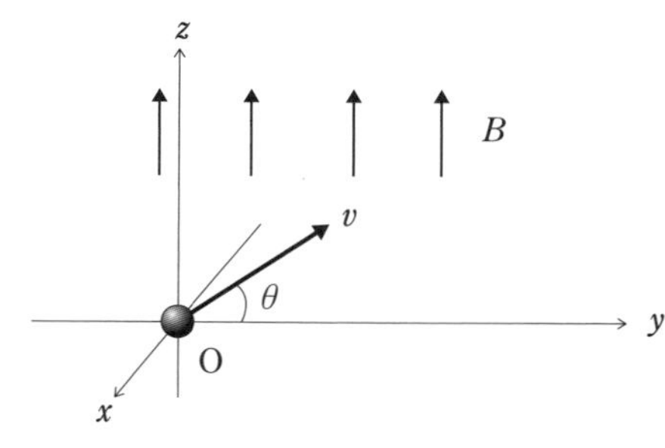

〈奈良女子大〉

★★★

合格へのゴールデンルート

GR 1　磁場に平行な速度の成分はローレンツ力を受けない。

65 トムソンの実験

解答目標時間：10 分

問　トムソンは電子の質量と電荷の比を測定するために，図のような装置を用いた。陰極 C で発生する電子線を CP 間にかけた電圧で加速する。電極板 B_+，B_- を電池の＋極，－極にそれぞれつなぐと，電子線は B_+ 極の方に曲がる。そのため電子線がガラス表面に到達する点が電池をつながない場合に比べて下方に δ_1 だけずれる。電子線への重力の影響はないものとする。電極板の長さを d，電極板内の電場の大きさを E，電極板 B_+，B_- 間に水平方向に入射する電子の速度を v，電子の自由飛行する水平距離を D とする。

問 1　電子の電荷を $-e$，質量を m として，鉛直方向の加速度の大きさ a_1 を求めよ。

問 2　電子が電極板に入射してから電極板を通過する時間 t_1 を求めよ。また，このときの速度の鉛直成分の大きさ v_y を求めよ。

問 3　電子が電極板へ入射した位置から電極板を通り抜けた直後の鉛直方向へのずれ y_1 を求めよ。

問 4　電子がガラス面へ到達した位置は，電子が電極板へ入射した位置から鉛直方向へ大きさ δ_1 だけ変位していた。δ_1 を求めよ。

問 5　CP 間に電圧 V を加えたとき，電子が電極板 B_+，B_- 間に入射する速度 v を求めよ。

問 6　δ_1，d，D，E，V を測定するだけでは比電荷 $\dfrac{e}{m}$ は決定できない。その理由を述べよ。

問 7　トムソンは $\dfrac{e}{m}$ を決定するために，さらに電場の代わりに磁場を（紙面垂直方向に）加えて電子線のずれを観測した。磁場の働いている領域の長さは電場の働いていた長さと同じく d であったとして，磁束密度 B による電子線のずれ δ_2 を求めよ。ただし，磁場による曲がりは小さいので電子は磁場中では一定の力を下向きに受けて放物運動をしていると考えてよい。

CHAPTER 4　電磁気

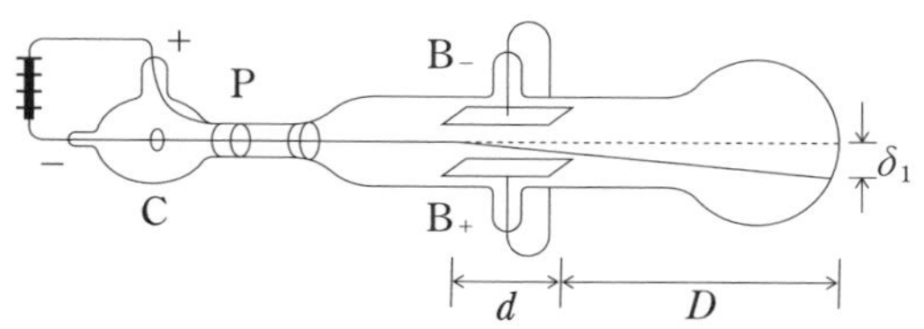

〈電気通信大〉

★★★

合格へのゴールデンルート

GR 1 比電荷とは，電気量を質量で割った値のこと。

GOLDEN ROUTE
1
2
3
4
5
GOAL

66 ホール効果

解答目標時間：10 分

問 次の文中の空欄(a)，(e)〜(i)は適当な数式を入れ，(b)〜(d)は適切な語を選べ。

図のように，x 軸方向の幅が d〔m〕，z 軸方向の幅が h〔m〕の直方体の金属に y 軸の正の向きに電流を流す。このとき，電子（電荷を $-e$〔C〕とする）は電流と逆向きに速さ v〔m/s〕で移動したとする。電子数密度を n〔個 /m^3〕とすると，金属に流れる電流の大きさ I は［(a)］〔A〕で与えられる。

次に一様な磁束密度 B〔T〕の磁場を z 軸の正の向きに加えた。このとき，ローレンツ力によって電子は金属の面［(b)：{P あるいは Q}］に集まり，面 P は［(c)：{正あるいは負}］に面 Q は［(d)：{正あるいは負}］に帯電する。その結果，x 軸方向に電場が生じる。磁場によるローレンツ力と x 軸方向の電場からの力がつり合うと，電子は y 軸方向に直進するようになり，これ以上帯電は進まなくなる。このとき，ローレンツ力の大きさは［(e)］〔N〕で与えられるので，x 軸方向の電場の大きさは［(f)］〔V/m〕である。面 P の電位を基準にとった場合の面 Q の電位 V_H〔V〕は，I，B，h，n，e で表すと，［(g)］〔V〕である。よって，$\dfrac{V_H h}{IB}$ を n，e で表すと，［(h)］〔(V・m)/(A・T)〕となる。ある金属で $\dfrac{V_H h}{IB}$ を求めたところ，-3.0×10^{-11}（V・m)/(A・T）であった。このとき，$e = 1.6 \times 10^{-19}$ C として，この金属の電子の数密度は［(i)］個 /m^3 と計算される。

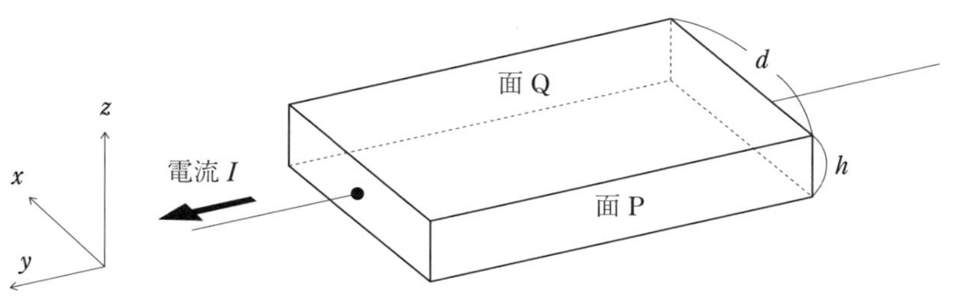

〈信州大〉

★★★

合格へのゴールデンルート

GR 1 ローレンツ力とクーロン力がつり合うと電子は導体の中を直進する。

67 磁場内を運動するコイル

解答目標時間：10 分

問 真空中で図のように，直交座標系の y 軸上に無限に長い導線 L を固定し，y 軸の正の向きに一定の電流 I_1 を流す。また，xy 平面内に長方形のコイル abcd を，辺 ad が x 軸に重なるように置く。Oa 間の距離を r とする。コイルは図の位置から，x 軸上を正の向きに一定の速さ v で動かすとする。

長方形のコイルは全抵抗が R で辺 ab の長さが l，辺 bc の長さが h とする。真空中の透磁率を μ_0 として(a)〜(m)に適当な数式や語を入れよ。

電磁誘導の法則によれば，長方形のコイル abcd には電流が流れる。その向きは［(a)］である。このことをローレンツ力によって定量的に分析してみる。まず，直線電流 I_1 がコイルの辺 ab 上の位置につくる磁束密度の大きさは［(b)］で向きは［(c)］である。この磁束密度の中を，電子が導線 ab とともに速度 v で動いているので，電子はローレンツ力を受ける。電子の電荷を $-e$ とすると，電子 1 個が受けるローレンツ力の大きさは［(d)］で向きは［(e)］である。この力が電場から生じたと考えれば，電場の大きさは［(f)］で向きは［(g)］となる。辺 ab の長さが l だから，ab 間の電位差は［(h)］となる。同様に，辺 cd 間の電位差は［(i)］となる。以上より，コイル abcd 全体での誘導起電力は，a → b → c → d → a を起電力の正の向きとして［(j)］となる。コイルの全抵抗が R なので，コイルに流れる電流 I_2 は［(k)］である。この電流 I_2 も直線電流 I_1 から力を受ける。辺 bc と辺 ad の部分に働く力は互いに打ち消し合うので，コイルに働く合力の大きさは I_2 を用いて，［(l)］であり，向きは［(m)］である。したがって，コイルを一定の速さで動かすためには，この力とつり合う外力を加える必要がある。

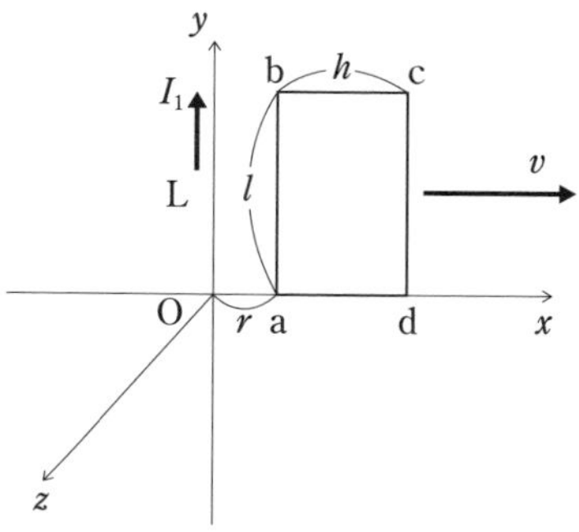

〈宮崎大・改〉

★★★

合格へのゴールデンルート

GR 1　磁束密度 B の磁場を横切る速さ v，長さ l の導体棒に生じる誘導起電力の公式は，$V=$(　　)

GOLDEN ROUTE
1
2
3
4
5
GOAL

68 斜面上を運動する導体棒

解答目標時間：10 分

問

図のように水平と角度θの傾角をもつ導体の平行レールが間隔lで固定されており，上端には起電力Eの電池と可変抵抗器がつないである。長さl，質量mの細い導体棒 ab をレールに直角にのせ，レールに沿って滑り移動ができるようになっている。また，磁束密度Bの一様な磁界が鉛直上向きに加えられており，重力加速度の大きさはgとする。導体の電気抵抗や導体棒 ab とレールとの間の摩擦は無視できるものとする。

可変抵抗器の抵抗がある値のとき，導体棒 ab はレール上で静止した。

問 1　電流は導体棒 ab をどの向きに流れているか。

問 2　このときの可変抵抗器の抵抗値R_1を求めよ。

可変抵抗器の抵抗をR_1から徐々に小さくし，抵抗値がRになると導体棒 ab はレールに沿って上昇した。斜面を速さvで運動しているとき，

問 3　導体棒 ab に発生する誘導起電力の向きと大きさを求めよ。

問 4　導体棒 ab に流れる電流を求めよ。

しばらくすると一定の速さv_fになった。

問 5　v_fを求めよ。

次の物理量を求めよ。またこれらの間にはどのような関係があるか説明せよ。

問 6　電池が供給する電力P_a

問 7　抵抗で発生する単位時間あたりのジュール熱P_b

問 8　導体棒 ab を上昇させるための重力の仕事率P_c

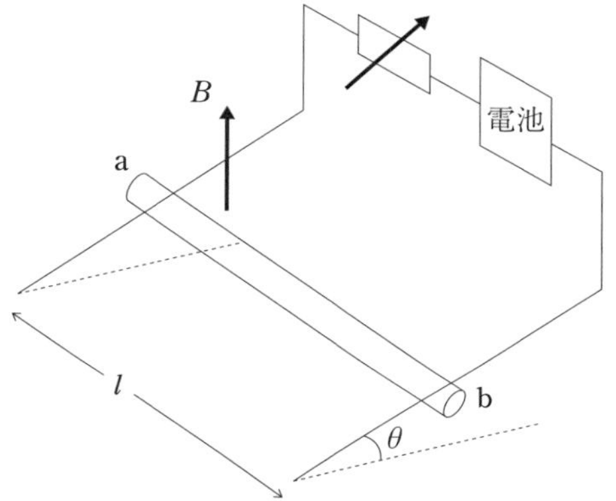

〈高知大・改〉

★★★

合格へのゴールデンルート

GR 1 導体棒は十分時間が経過した後，斜面に沿った方向の力のつり合いが成り立つ。

GOLDEN ROUTE 1 2 3 4 5 GOAL

69　回転導体棒による誘導起電力の導出　解答目標時間：10 分

問　図のように，磁束密度 B の一様な鉛直上向き（紙面の裏から表向き）の磁場中に，長さ l の細い金属棒 OP と半径 l の円形導線が水平面内に置かれている。金属棒は点 P で円形導線に抵抗ゼロで接し，円形導線の中心 O を支点として，図中の矢印の向きに一定の角速度 ω で点 A から点 A′ まで回転する。点 A と点 O の間には，静止した導線を介して検流計 G および抵抗がつながれており，閉回路 OAPO ができている。円形導線の一部 A′A 間は切れている。金属棒および導線の抵抗，検流計の内部抵抗は無視できる。また，金属棒中の電子に働く遠心力，回路に流れる電流のつくる磁場の影響は無視できるものとする。

金属棒が微小な時間 Δt の間に，図に示すように，微小な角度 $\Delta\theta$（$=\omega\Delta t$）だけ回転したとする。閉回路 OAPO を貫く磁束の時間変化を考えよう。

問 1　このとき閉回路 OAPO の囲む面積の変化分 ΔS と閉回路 OAPO を貫く磁束の変化分 $\Delta\phi$ を求めよ。

問 2　閉回路 OAPO に生じる誘導起電力の大きさ V を ω，B，l を用いて表せ。

問 3　検流計に流れる電流の向きは，図中の矢印 1 または 2 のいずれか。

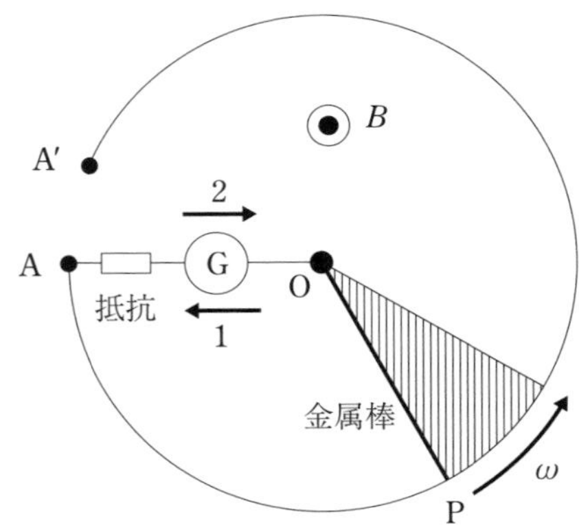

〈筑波大〉

★★★

合格へのゴールデンルート

GR 1 回転導体棒に生じる誘導起電力の正の向きを決めるときは，磁束の変化を妨げる向きに右ねじを回そう。

70 回転する半円形コイル

解答目標時間：10 分

図 1 のように，原点を O とする xy 平面の $x \geqq 0$ の領域のみに紙面に垂直で表から裏の方向に磁束密度 B〔T〕の一様な磁場があり，O の周りに半径 r〔m〕，中心角 π〔rad〕の扇型コイル OPQ が，y 軸に POQ が重なるように置かれている。コイルの抵抗を R〔Ω〕とする。いま，時刻 $t = 0$〔s〕より，O を中心としてコイルを図 1 の矢印の方向に一定の角速度 ω〔rad/s〕で回転させた。ただし，コイルを流れる電流がつくる磁場は無視できるものとする。

問 1　P の速さを求めよ。

問 2　コイルが 1 回転する間のコイルを貫く磁束の時間的変化を表すグラフを図 2 に描け。ただし，磁束の向きは紙面の表から裏へ向かう向きを正の向きとする。

問 3　$0 < \omega t < \pi$ のとき，コイルに発生する誘導起電力の大きさを求めよ。

問 4　コイルが 1 回転する間のコイルに流れる電流の時間的変化を表すグラフを図 3 に描け。ただし，電流の正の向きは Q → O → P の向きを正とする。

問 5　コイルが 1 回転する間に発生するジュール熱の大きさを求めよ。

問 6　$0 < \omega t < \pi$ のとき，コイルの OP 間を流れる電流が磁場から受ける OP に垂直な力の大きさを求めよ。

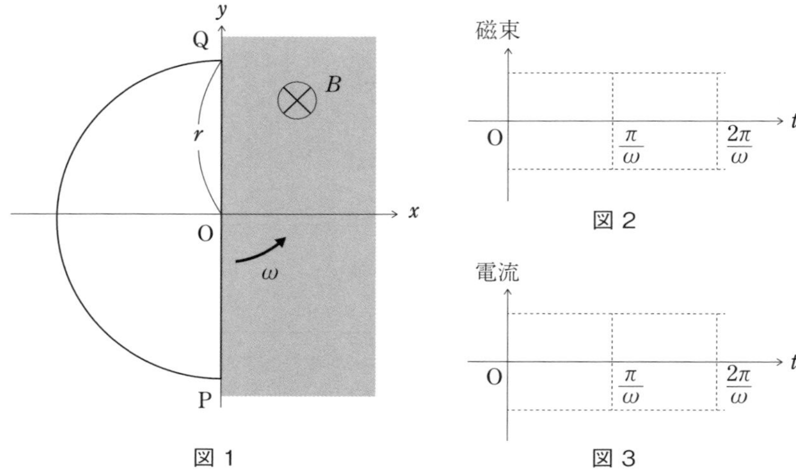

〈福島大・改〉

★★★

合格へのゴールデンルート

GR 1 磁場中を回転するコイルの問題では，時刻によって場合分けする。

71 自己誘導

解答目標時間：10 分

図のように，断面積 S〔m^2〕，長さ l_1〔m〕，巻き数 N_1 の密に巻かれた円筒状のコイル1がある。コイル1には電流の大きさと向きを変化させることができる電源と抵抗値 R_1〔Ω〕の抵抗 R_1 がつながれている。l_1 はコイルの直径に比べて十分長い。コイルの巻線は絶縁体で被覆されており，巻線の抵抗値は無視できる。コイル内の磁場は一様で，コイル以外に流れる電流による磁場は無視できる。コイルは空気中にあり，空気の透磁率は μ〔N/A^2〕として，(a)〜(f)に適当な数式を入れよ。

コイル1に図の矢印の向きに電流が流れており，その電流は矢印の向きを正として，I_1〔A〕である。このとき，コイル1の内部には強さ［ (a) ］〔A/m〕の磁場が［(b)：P から Q，Q から P］の向きに生じる。コイル1内部の磁束密度の大きさは［ (c) ］〔T〕である。

コイル1の電流を微小時間 Δt〔s〕間に I_1 から ΔI_1〔A〕（$I_1 > 0$）だけわずかに増加させると，コイル1を貫く磁束は［ (d) ］〔Wb〕だけ変化した。ファラデーの電磁誘導の法則より，図の電流の向きを起電力の正の向きとし，コイル1には［ (e) ］〔V〕の誘導起電力が生じ，自己インダクタンスは［ (f) ］〔H〕となる。

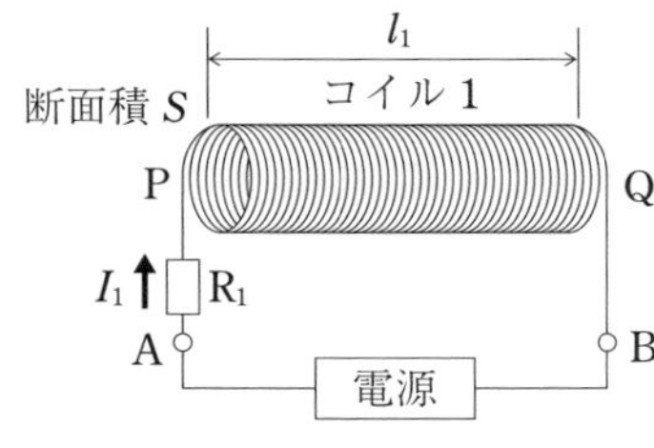

〈信州大〉

★★★

合格へのゴールデンルート

GR 1 ソレノイドコイルのつくる磁場の大きさ H は H =（　　）である。

72 コイルを含む直流回路

解答目標時間：10 分

問

起電力 E〔V〕の電池 E, 自己インダクタンス L〔H〕のコイル, 抵抗値 R_1〔Ω〕, R_2〔Ω〕, の抵抗 1, 2 およびスイッチで図 1 のような回路を組んだ。コイルの抵抗は無視できるものとして以下の問いに答えよ。ただし，コイルに流れる電流 I_L〔A〕およびコイルに生じる起電力 V_L〔V〕の向きは図の I_L の矢印の向きを正の向きとする。

スイッチを入れた。このときの時刻を $t = 0$ とする。

問 1　スイッチを入れた直後，コイルに流れる電流 I_L を求めよ。また，コイルに生じる起電力 V_L を求めよ。

問 2　スイッチを入れて十分時間が経過した後，コイルに流れる電流 I_L を求めよ。また，コイルに生じる起電力 V_L を求めよ。

次に，スイッチを開いた。このときの時刻を $t = t_1$ とする。

問 3　スイッチを開いた直後，コイルに流れる電流 I_L を求めよ。また，コイルに生じる起電力 V_L を求めよ。

問 4　スイッチを開いて十分に時間が経過した後，コイルに流れる電流 I_L を求めよ。またコイルに生じる起電力 V_L を求めよ。

問 5　スイッチを開いてから十分に時間が経過するまでの間に抵抗 2 で発生したジュール熱はいくらか。

問 6　スイッチを入れてから十分に時間が経過するまでの電流 I_L および起電力 V_L の時間変化の様子を図 2 と図 3 に描け。

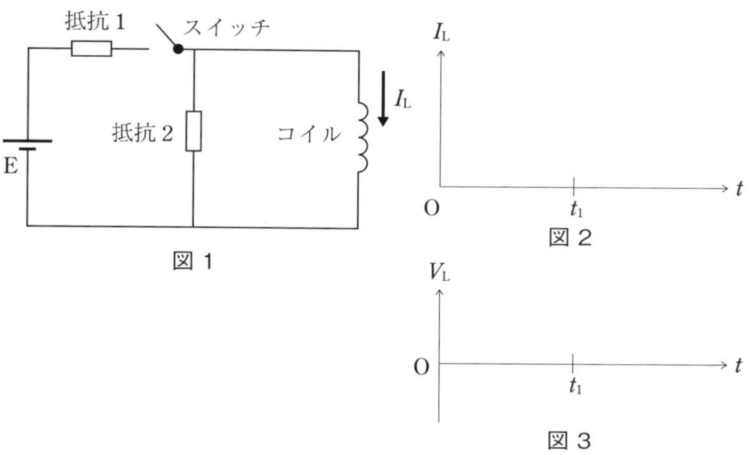

〈オリジナル〉

★★★

合格へのゴールデンルート

GR 1 コイルは
- スイッチを入れた直後 ➡ 直前の電流を保つ
- スイッチを入れて十分時間が経過 ➡ コイルは導線

73 自己誘導・相互誘導

解答目標時間：10 分

問 全長 l_1〔m〕，全巻き数 N_1 回，半径 R_1〔m〕の密に巻かれた中空のソレノイドが空気中に置かれている。空気の透磁率を μ〔N/A^2〕とし，R_1 に比べて l_1 は十分に長いとして，以下の問いに答えよ。

問 1 このソレノイドに I〔A〕の電流を流すと，ソレノイド内に一様な磁場が生じた。次に，この電流を Δt〔s〕の間に一定の割合で I〔A〕から $I+\Delta I$〔A〕まで増加させたところ，ソレノイド内の磁束も一定の割合で増加した。そのときの磁束の変化 $\Delta\phi_1$ はいくらか。

問 2 問 1 の場合にソレノイドに生じる誘導起電力の大きさ V_1 はいくらか。また，このソレノイドの自己インダクタンスを l_1, N_1, R_1, μ を用いて表せ。

問 3 図 1 に示すように，ソレノイド内に全長 l_2〔m〕($l_2 < l_1$)，全巻き数 N_2 回，半径 R_2〔m〕($R_2 < R_1$) のソレノイドを両ソレノイドの軸線が一致するように置く。このとき，両ソレノイドの相互インダクタンスを，N_1, N_2, μ, R_2, l_1 を用いて表せ。

問 4 図 2 のように時間的に変化する電流を外側のソレノイドに流す。このとき，内側のソレノイドに生じる誘導起電力の時間的な変化を，相互インダクタンスを M〔H〕として，図 3 のグラフに示せ。ただし，外側のソレノイドに流す電流は図 1 の矢印 a の向きを正とする。また，内側のソレノイドに生じる誘導起電力は図の矢印 b の向きを正とする。

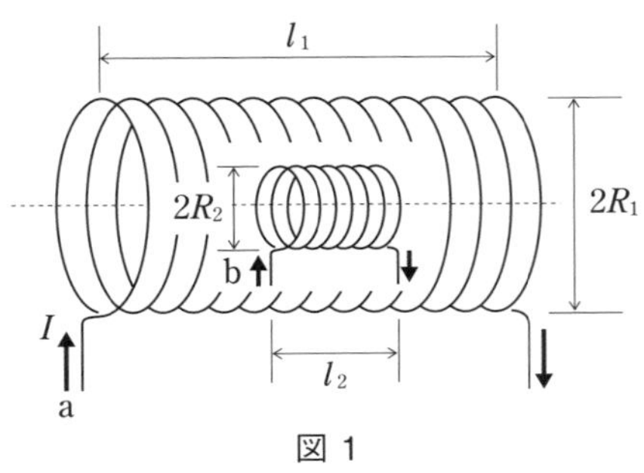

図 1

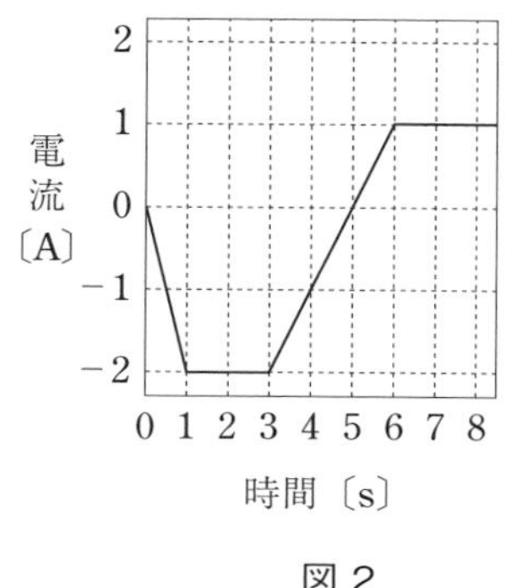

図２

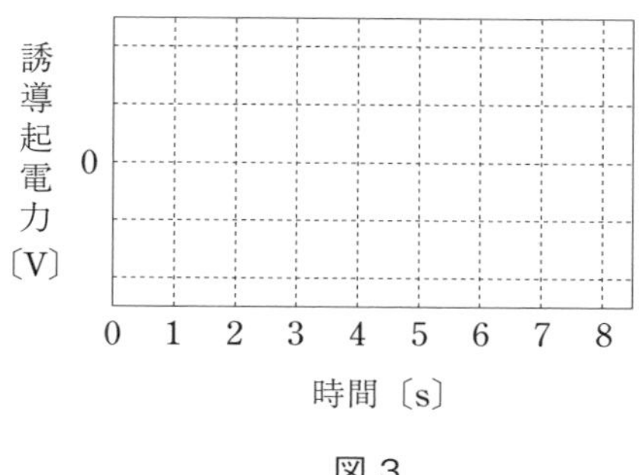

図３

〈京都府立大〉

★★★

合格へのゴールデンルート

GR 1 相互誘導起電力は１次コイル側の電流の変化に注目する。

74 交流の発生

解答目標時間：10 分

一様な磁場（磁束密度 B〔Wb/m^2〕）の中に，図１に示すような端子 E，F をもつ一巻きのコイル HKLM がある。コイルの辺の長さは HK = LM = a〔m〕，KL = MH = b〔m〕であり，コイルの抵抗と太さ，およびコイルから端子 E，F までの引き出し部分の影響は無視できるものとする。いま，コイルを磁場中に垂直な軸周りに一定の角速度 ω〔rad/s〕で，図の矢印の方向に回転させる。図２はコイルを集電ブラシ側から見たものである。時刻 $t = 0$〔s〕のとき，コイルは点線で描かれた位置にあり，コイルがつくる面と磁場は垂直になっている。時刻 t〔s〕で，コイルがつくる面の法線ベクトルと磁場のなす角度は ωt〔rad〕である。次ページの文中の ［(a)］～［(e)］ にあてはまる最も適当な数式を入れよ。

時刻 $t=0$〔s〕のとき，コイルを貫く磁束は $\phi_0=$ [(a)]〔Wb〕である。時刻 t〔s〕のとき，コイルを貫く磁束は $\phi=$ [(b)]〔Wb〕であり，コイルの回転にともなって ϕ〔Wb〕は周期 $T=$ [(c)]〔s〕で変化する。時刻 t〔s〕から $t+\Delta t$〔s〕の間にコイルをつらぬく磁束が $\Delta\phi=$ [(d)] $\times\sin\omega t$〔Wb〕だけ変化する。ただし，Δt が十分小さいとき，$\sin\omega\Delta t\fallingdotseq\omega\Delta t$，$\cos\omega\Delta t\fallingdotseq 1$，となり，$\cos\omega(t+\Delta t)-\cos\omega t\fallingdotseq-\sin\omega t$ と近似できる。端子 F から E を起電力の正として，端子 EF 間に生じる誘導起電力 V〔V〕は B，a，b，ω，t を用いて，$V=$ [(e)]〔V〕と表せる。

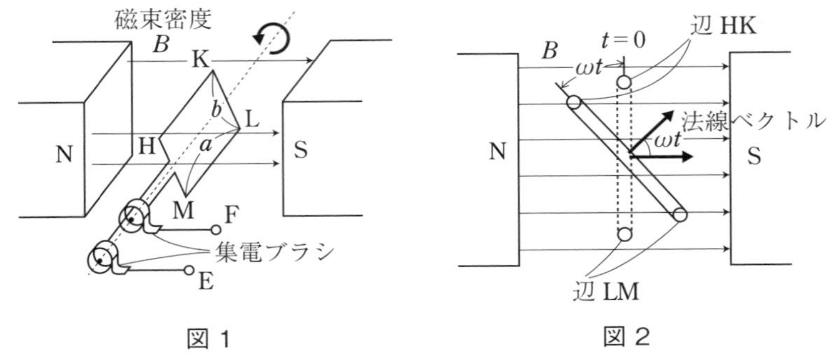

図 1　　図 2

〈広島大〉

★★★

合格へのゴールデンルート

GR 1 磁束を求めるときは磁束密度の向きと面積は垂直にする。

75 電気振動回路

解答目標時間：10 分

問　電気容量 C の平行板コンデンサー，自己インダクタンス L のコイル，起電力 V の電池，スイッチを使って図のような回路を組んだ。回路に抵抗はなく，コンデンサーには電荷は蓄えられていなかったものとする。ただし，数式で解答を表す場合は，C，L，V のみで表せ。

問1　次の文章で［　　］にはその中から適切な言葉を選び，（　　）には適切な数式で答えよ。

スイッチを左側に倒すと，コンデンサーの上の極板は（　①　），下の極板は（　②　）だけの電荷を帯びる。このとき，コンデンサーに蓄えられているエネルギーは，（　③　）である。

その後，スイッチを右側に入れる。この時刻を時刻0とする。

Ⅰ：コンデンサーが放電を始め，コイルに電流が流れ始める。この際，コイル内の磁束の大きさは［④：増加，減少］するので，コイルには電流と［⑤：同じ，逆の］向きの誘導起電力が発生する。

Ⅱ：ある時間の後，コンデンサーは完全に放電して，蓄えられている電荷は0となる。このときには，［⑥：コンデンサーの極板間の電位差，コイルの電位差，コイルに流れる電流］が最大になり，回路のエネルギーは全て［⑦：コンデンサー，コイル，コンデンサーとコイルの両方］に蓄えられている。

Ⅲ：コンデンサーの電荷が0になった後，コイルに流れる電流によって，再びコンデンサーに電荷が蓄えられていく。ある時間の後，コイルに流れる電流がはじめて0になったときには，コンデンサーの上の極板は（　⑧　），下の極板は（　⑨　）だけの電荷を帯びている。このとき，コンデンサーに蓄えられているエネルギーは，（　⑩　）となる。

このような過程が次々と繰り返されるのが，電気振動である。上のⅠからⅢの過程では，振動のちょうど［⑪：4分の1周期，半周期，1周期，2周期］を見たことになる。

問2　ⅠからⅢの過程において，回路に流れている振動電流の最大値を求めよ。また，電流の大きさがはじめて最大となる時刻を求めよ。

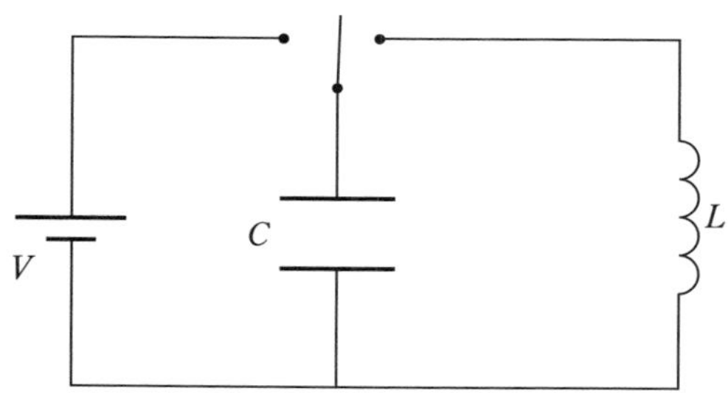

〈学習院大〉

★★★

合格へのゴールデンルート

GR 1 電気振動の周期の公式は？

76 リアクタンス・並列共振

解答目標時間：10 分

問 以下の文中の (a) ～ (h) に当てはまる最も適当な数式または値を入れよ。

図のように，抵抗値 R〔Ω〕の抵抗 R，電気容量 C〔F〕のコンデンサー C，自己インダクタンス L〔H〕のコイル L，スイッチ S_1 からなる回路があり，この回路にスイッチ S_2 を通して交流電源あるいは直流電源を接続することができる。交流電源の角周波数は ω〔rad/s〕であり，直流電源の電圧は V〔V〕である。どちらの電源もその内部抵抗は小さいので無視する。スイッチ S_1 を閉じてから，スイッチ S_2 を端点 d 側に閉じて，回路の直流電源に接続した後，しばらくするとコイルを流れる電流は一定に (a) 〔A〕となった。

このとき，コンデンサー C に蓄えられる電荷は (b) 〔C〕である。その後，スイッチ S_2 を開いて回路を直流電源から切り離すと，L と C には振動電流が流れた。その振動の周期は (c) 〔s〕であり，L に蓄えられる磁場のエネルギーと C に蓄えられる静電エネルギーの和は (d) 〔J〕である。この振動電流は長時間にわたって回路に流れ続けるが，L に含まれるわずかな抵抗によって減衰し，やがて振幅が 0 となった。

次に，スイッチ S_1 を閉じたまま，スイッチ S_2 を端点 e 側に閉じて，回路を交流電源に接続すると，回路には一定の振幅の周期的な電流が流れた。このときの bc 間の電位差を $V_1 \sin\omega t$〔V〕とすると，コンデンサー C に流れる電流は図中の矢印の向きを正として (e) $\times \cos\omega t$〔A〕となり，コイル L に流れる電流は (f) $\times \cos\omega t$〔A〕となる。抵抗 R を流れる電流は C と L を流れる電流の和として計算でき，R の両端の電位差，すなわち，ab 間の電位差は (g) $\times \cos\omega t$〔V〕となる。ここで，ω を変化させると，時間に関係なく抵抗に流れる電流が 0 となった。このときの角周波数は $\omega_0 =$ (h) 〔rad/s〕

であり，コイルとコンデンサーの間で振動電流が流れていることがわかる。

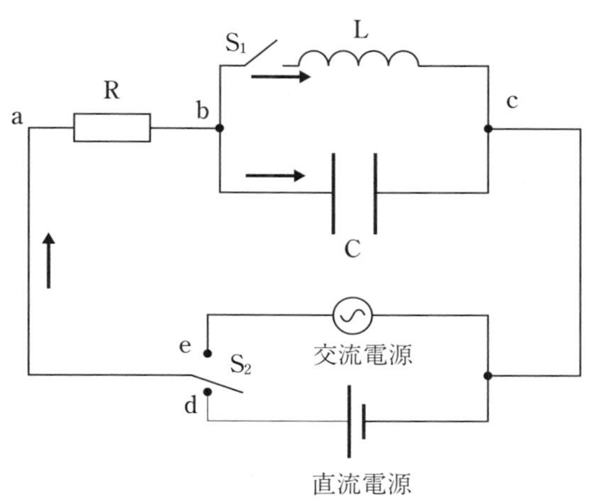

〈同志社大・改〉

★★★

合格へのゴールデンルート

GR 1 電気振動における周期の公式は？

77 インピーダンス

解答目標時間：10 分

図のように，抵抗値 R の抵抗，自己インダクタンス L のコイル，電気容量 C のコンデンサーが交流電源 E に接続されている。この交流電源は出力の角振動数や電流の振幅あるいは電圧の振幅を自由に設定できるものである。以下の問いに答えよ。

まず，時刻 t における矢印の向きの電流の瞬間値が $I = I_0 \sin\omega t$ で与えられるとする。ここで，I_0 は電流の振幅，ω は角振動数である。

問1　時刻 t における，b 点に対する a 点の電位 v_{ab} はどのように表されるか。

問2　時刻 t における，c 点に対する b 点の電位 v_{bc} はどのように表されるか。

問3　時刻 t における，d 点に対する c 点の電位 v_{cd} はどのように表されるか。

問4　時刻 t における，d 点に対する a 点の電位 V は次式で与えられる。

$$V = I_0 \times \boxed{} \times \sin(\omega t + \phi)$$

これは，交流電源の電圧に等しい。空欄の値をインピーダンスといい交流における合成抵抗の働きをする量である。インピーダンスを求めよ。

ただし，ϕ は初期位相を表すものとする。必要であれば，公式

$$\alpha \sin\theta + \beta \cos\theta = \sqrt{\alpha^2 + \beta^2}\sin(\theta + \phi),\quad \tan\phi = \frac{\beta}{\alpha}$$

を用いてよい。

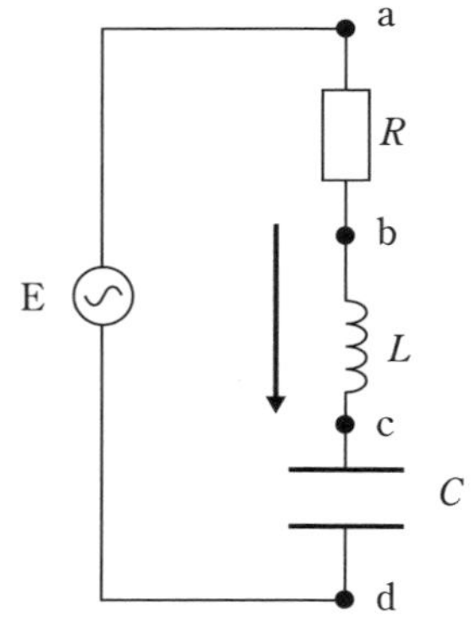

〈オリジナル〉

★★★

合格へのゴールデンルート

GR 1　RLC 直列交流回路では，RLC を流れる電流が共通であることに注目しよう。

CHAPTER 4　電磁気

78 光電効果

解答目標時間：10 分

金属表面に紫外線を当てると表面から電子が飛び出す。これを光電効果といい，飛び出した電子を光電子という。

図 1 は光電効果を調べる回路を示している。光電管の金属板 A と電極 B の間に電圧を加え，すべり抵抗器で正負の電圧を可変できるようになっている。この電圧は電圧計で測定し，金属板に単色光を当てるとき流れる光電流は電流計によって測定する。

図 2 は一定の波長および一定の強さの紫外線を当てながら，金属板 A に対する電極 B の電圧 V を変化させたとき，回路に流れる光電流 I のグラフ（$I-V$ 曲線）である。電圧 V が $-V_0$ より低い電圧では電流は流れず，正で十分大きい場合には，一定の電流 I_0 が流れる。

プランク定数を h，光速を c，電気素量を e として，以下の問いに答えよ。

問 1　紫外線の波長を図 2 の場合と同じにして，光の強さを強くしたときの $I-V$ 曲線の概略を図 2 のグラフに描け。

問 2　紫外線の波長を図 2 の場合より短くしたときの $I-V$ 曲線の概略を図 2 のグラフに描け。

問 3　図 1 の正の電圧領域で光電流が一定になる理由を 20 字程度で答えよ。

問 4　図 2 の電圧 $-V_0$ よりさらに負の電圧を加えるとき，金属板 A から飛び出た光電子はどのような運動をするか 20 字程度で答えよ。

問 5　金属板 A の光電効果の限界波長を λ_0 とするとき，この金属の仕事関数を h，c，λ_0 を用いて表せ。

問 6　波長 λ の紫外線を当てながら電圧を減少させると，$-V_0$ で電流が流れなくなった。このときの波長 λ を h，c，e，λ_0，V_0 を用いて表せ。

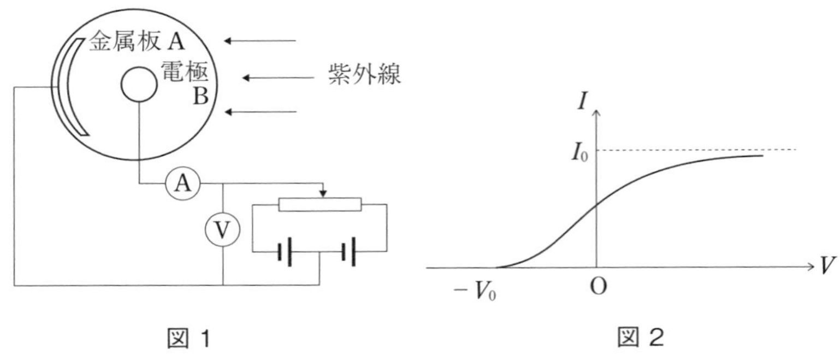

図 1　　　　図 2

〈千葉大〉

★★★

合格へのゴールデンルート

GR 1　光を強くする方法は 2 通りある。その 2 つの方法とは？

79　粒子の波動性

解答目標時間：10 分

問　次の文章中の空欄 (a) ～ (f) に適当な式を入れよ。

ド・ブロイは電子のような粒子と思われているものでも波動性を示すという仮説を提唱した。電子波の波長 λ〔m〕は，質量を m〔kg〕，速さを v〔m/s〕，プランク定数を h〔J・s〕とすると，

$\lambda =$ (a) と表される。

ド・ブロイの仮説にしたがえば，電子線を結晶に当てると回折現象が起こることが期待され，のちにデビソン・ジャーマーの実験によって，この現象は確かめられた。

静止状態の電子（電気素量 e〔C〕）を電位差 V〔V〕で加速したときの電子の運動エネルギー K〔J〕は，

$$K = \frac{1}{2}mv^2 = \text{(b)}$$

である。また，運動量 p〔kg・(m/s)〕は，e，m，V を用いて

$$p = mv = \boxed{\text{(c)}}$$

と表される。

したがって，電子線の波長 λ は　　$\lambda = \boxed{\text{(d)}}$

である。図のように，結晶内の等間隔な距離 d の格子面に波長 λ の電子線をあて，反射したとする。入射電子線の進行方向と格子面とのなす角を θ とすると，

$$\boxed{\text{(e)}} = n\lambda \quad (n = 1,\ 2,\ \cdots)$$

のとき反射電子線の強度は極大になる。

いま，入射電子線および反射電子線の進行方向と格子面のなす角を一定にし，電子差 V を変化させたとき，反射電子線の強度の入射電子線の強度の入射電子線の強度に対する割合が極大になる電位差 V_M は

$$V_M = \boxed{\text{(f)}}$$

で与えられる。

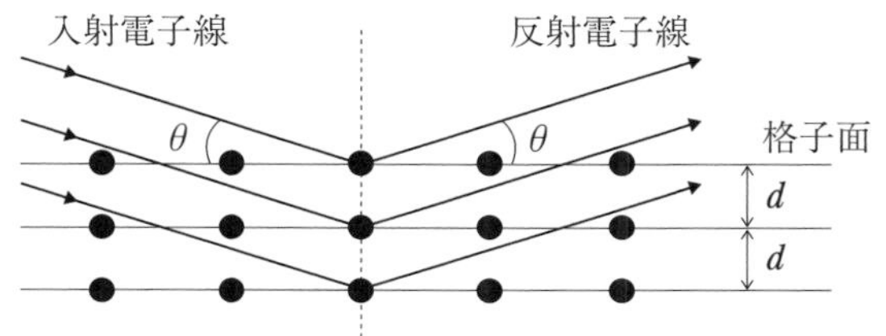

〈岩手大〉

★★★

合格へのゴールデンルート

GR 1 ブラッグの条件式はどんな式であるか？

GOLDEN ROUTE 1 2 3 4 5 GOAL

80 X線

解答目標時間：10分

問 X線に関する以下の問1～問5に答えよ。ただし，電子の電荷は $-e$〔C〕，質量は m〔kg〕，光速は c〔m/s〕，プランク定数は h〔J・s〕とし，高電圧電源の電圧（加速電圧）を V〔V〕とする。

また，フィラメント用電源の電圧はVに対して無視できるほど小さいものとする。

問1　図1はX線発生装置の模式図である。図のX線管の電極端子と2つの電源（フィラメント用電源と光電圧電源）の端子を結線してX線が発生するようにせよ。

問2　初速度0でフィラメントを出た電子が電場で加速されてターゲット（対陰極）に衝突するとして，衝突直前の電子の運動エネルギーはいくらか。また，このとき，電子の速度の大きさはいくらか。

問3　ターゲットに衝突直前の電子の波動性を考えるとき，電子波の波長はいくらか。

問4　図2はX線管で発生したX線の強度と波長の関係（スペクトル）を示す。グラフに見られる2つのピークはターゲットの金属に固有の特性X線である。発生したX線の最短波長λ_{min}を求めよ。

問5　加速電圧を大きくしたとき，最短波長および特性X線のスペクトル はどうなるか。

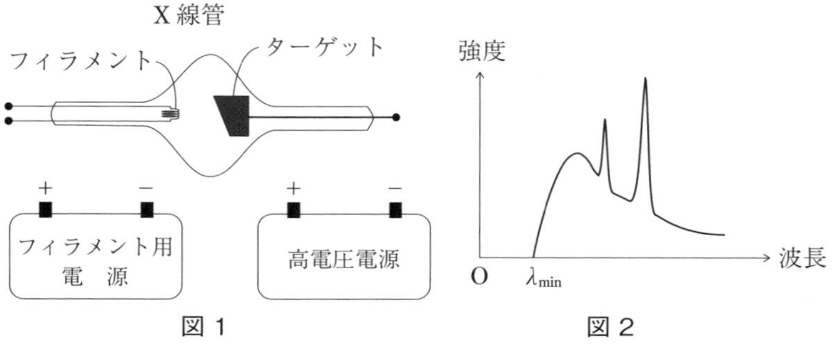

図1　　　　図2

〈鳥取大〉

★★★

合格へのゴールデンルート

GR 1　X線の最短波長を求めるときはエネルギー保存を立てよう。

GOLDEN
ROUTE

QUESTION

GOLDEN ROUTE

ゴールデンルート

大学入試問題集

物理

［物理基礎・物理］

PHYSICS

佐々木 哲　河合塾講師

KADOKAWA

はじめに　INTRODUCTION

この本を手に取っていただき，ありがとうございます。
河合塾で物理の講師をしている佐々木哲といいます。

『ゴールデンルート　物理［物理基礎・物理］標準編』は，厳選した入試頻出問題を80題掲載した問題集となっています。

みなさんは，「公式や物理現象は理解できているはずなのに，何故か模試や過去問になると解けない」といった悩みを持ったことはないですか？
これは当たり前のことなんです。だって，「物理を理解している＝問題を制限時間内に解ける」ではないからです。
例えば，料理（カレーライスとか）の作り方を知っている人であれば，制限時間内に必ずその料理を作ることができるでしょうか？
私だったらできないと思います。
「理解していること」と「問題が解けること」は別のことなんです。

では，問題を解けるようにするためには，どうすれば良いか？
それは，典型問題の解き方を頭に入れ，すばやく取り出す訓練をすることが必要となります。つまり，理解していることを**アウトプットする能力**を鍛える必要があるんですね。
これがわかったみなさんは何をやればいいかもうわかりますね。理解していることを問題演習でアウトプットすれば良いわけです。

『ゴールデンルート』は入試の典型問題を集めてあるので，この80題を頭に入れ，いつでもアウトプットすることができれば，どんな入試問題でも怖くないでしょう。
では，みなさん，この一冊で物理を得意科目にしましょうね。

この問題集の使い方

① 問題を読み，自力で問題にチャレンジしてみる

問題の下に合格へのゴールデンルート㊎が掲載されているので，問題を解くためのヒントとして使ってください。

② 解説を読み，解けなかったところをもう一度解き直す

解説には，問題を解く上で必要な知識，公式が掲載されています。その問題で必要な公式をしっかりと定着させてください。

③ 少し間をおき（１～２週間ほど）もう一度解き直してすべて正解できるようにする

成績 UP の秘訣は復習することです。同じ問題でも 2 回解くと違った視点が得られます。必ず解き直しをしましょう。

注意：この問題集には 80 題掲載されていますが，問題 1 から順番に進めて学習していくとスムーズに定着するように構成しています。なるべく問題 1 から学習を進めていくとよいです。

最後に，この本の執筆に携わってくれた㈱ KADOKAWA 山崎さん，その他僕を支えてくれたみなさんに本当に感謝しております。

河合塾物理科　**佐々木 哲**

本書の特長と使い方

この本は，問題編（別冊）と解答編に分れています。

別冊

問題編

まずは、実戦力を鍛える問題を解こう

QUESTION

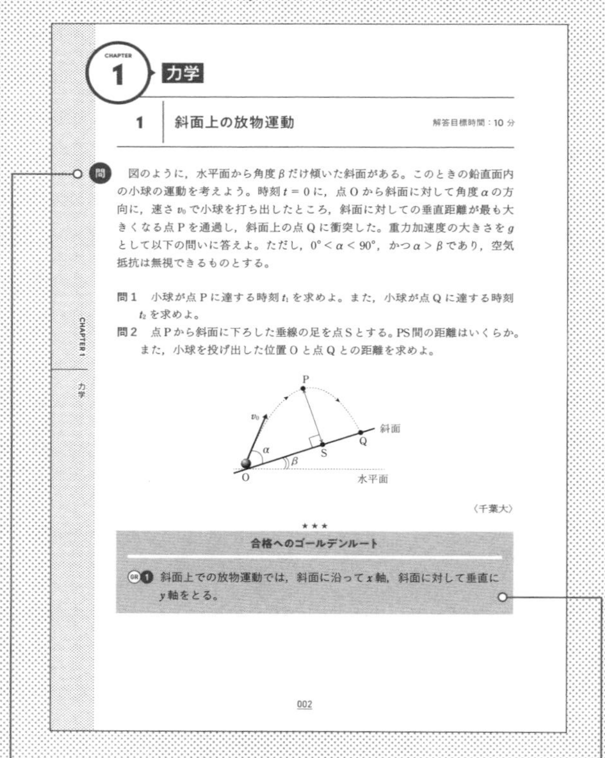

掲載問題

本書は，厳選された80題でGMARCH・関関同立・地方国公立大学合格に必要な実力を身につけるための問題集です。入試頻出テーマを最小限の問題数で効率よく学習し，最後まで挫折せずに終えられることができるのが特長です。苦手な分野やテーマを見つけ出すのにちょうどいい問題集なので，解けなかった問題には再度チャレンジしてみてください。

合格へのゴールデンルート

問題を解くときにポイントになる文章が書かれています。解答や解き方が思い浮かばなかったら，この GR にある空欄を埋めてみましょう。この空欄を埋めることで，物理現象や公式・原理など，忘れていた事項をきちんと定着することができます。次に解くときにはこの GR を見ないで，解答目標時間内で解くように演習しましょう。

GR

「ゴールデンルート」とは

入試頻出テーマを最小限の問題数で効率よく理解することで，合格への道筋が開ける。

ANSWER

本冊

解答編

問題が解けたら、解答・解説を読んでよく理解しよう

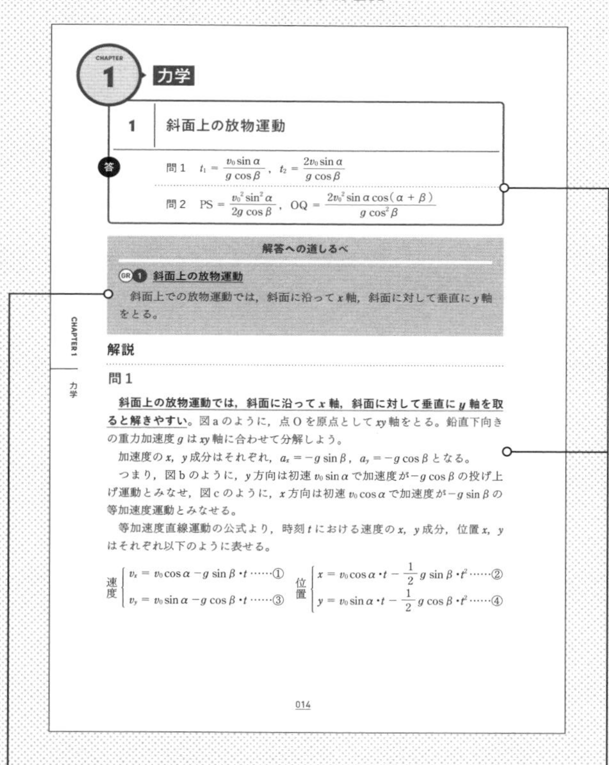

CHAPTER 1 力学

1 斜面上の放物運動

答

問 1　$t_1 = \dfrac{v_0 \sin\alpha}{g\cos\beta}$，$t_2 = \dfrac{2v_0 \sin\alpha}{g\cos\beta}$

問 2　$\mathrm{PS} = \dfrac{v_0^2 \sin^2\alpha}{2g\cos\beta}$，$\mathrm{OQ} = \dfrac{2v_0^2 \sin\alpha\cos(\alpha+\beta)}{g\cos^2\beta}$

解答への道しるべ

GR 1 斜面上の放物運動

斜面上での放物運動では，斜面に沿って x 軸，斜面に対して垂直に y 軸をとる。

解説

問 1

斜面上の放物運動では，斜面に沿って x 軸，斜面に対して垂直に y 軸を取ると解きやすい。図 a のように，点 O を原点として xy 軸をとる。鉛直下向きの重力加速度 g は xy 軸に合わせて分解しよう。

加速度の x，y 成分はそれぞれ，$a_x = -g\sin\beta$，$a_y = -g\cos\beta$ となる。

つまり，図 b のように，y 方向は初速 $v_0 \sin\alpha$ で加速度が $-g\cos\beta$ の投げ上げ運動とみなせ，図 c のように，x 方向は初速 $v_0\cos\alpha$ で加速度が $-g\sin\beta$ の等加速度運動とみなせる。

等加速度直線運動の公式より，時刻 t における速度の x，y 成分，位置 x，y はそれぞれ以下のように表せる。

速度 $\begin{cases} v_x = v_0\cos\alpha - g\sin\beta\cdot t \cdots\cdots ① \\ v_y = v_0\sin\alpha - g\cos\beta\cdot t \cdots\cdots ③ \end{cases}$　位置 $\begin{cases} x = v_0\cos\alpha\cdot t - \dfrac{1}{2}g\sin\beta\cdot t^2 \cdots\cdots ② \\ y = v_0\sin\alpha\cdot t - \dfrac{1}{2}g\cos\beta\cdot t^2 \cdots\cdots ④ \end{cases}$

014

解答への道しるべ

GR で提示された内容について端的にまとめています。入試問題を解くうえで身につけておくべき重要事項ばかりなので，きちんと理解しておきましょう。このまとめは，類似問題を演習するときにも役に立つ情報です。

解答・解説

「解答への道しるべ」に書かれている内容を踏まえて，問題の着眼点，考え方・解き方をていねいに解説しています。また，単に答えがあっているかどうかをチェックするのではなく，正解に至るまでのプロセスが正しいかどうかも含めて，1つずつチェックしてください。模範解答はオーソドックスなものばかりなので，解法をしっかり固めましょう。

GOLDEN ROUTE

物理

物理基礎・物理

標準編

大学入試問題集
ゴールデンルート

解答編

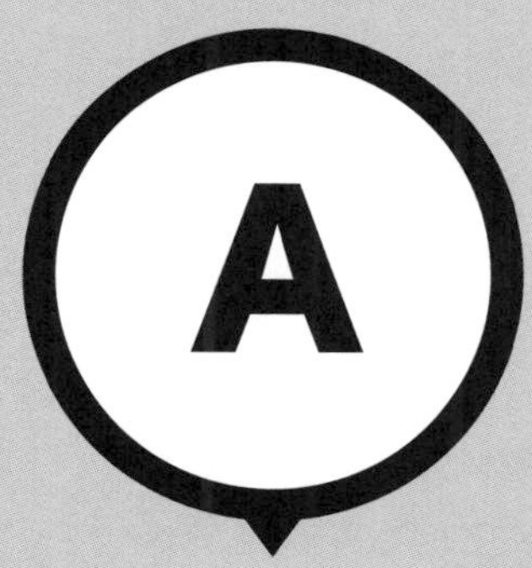

ANSWER

1 » 80

目次・チェックリスト

物理［物理基礎・物理］

標準編

力学

チェックリストの使い方

解けた問題には○，最後まで解けたけれど，解答に間違えがあれば△，途中までしか解けなかったら×，完璧になったら✓など，自分で決めた記号で埋めていきましょう。

番号	タイトル	ページ	1回目	2回目	3回目
14	２体問題①	045			
15	２体問題②	046			
16	２体問題③	048			
17	なめらかな円すい面内での円運動	050			
18	円すい振り子	052			
19	鉛直面内の円運動①	054			
20	鉛直面内の円運動②	056			
21	鉛直面内の円運動③(遠心力の利用)	057			
22	鉛直ばね振り子	059			
23	重ねられた２物体の単振動	064			
24	単振り子	066			
25	浮力による単振動	068			
26	摩擦面上での単振動	070			
27	第２宇宙速度	073			
28	静止衛星	075			

CHAPTER 1 力学

1 斜面上の放物運動

答

問1　$t_1 = \dfrac{v_0 \sin\alpha}{g\cos\beta}$，$t_2 = \dfrac{2v_0 \sin\alpha}{g\cos\beta}$

問2　$\mathrm{PS} = \dfrac{{v_0}^2 \sin^2\alpha}{2g\cos\beta}$，$\mathrm{OQ} = \dfrac{2{v_0}^2 \sin\alpha\cos(\alpha+\beta)}{g\cos^2\beta}$

解答への道しるべ

GR 1 斜面上の放物運動

斜面上での放物運動では，斜面に沿って x 軸，斜面に対して垂直に y 軸をとる。

解説

問1

斜面上の放物運動では，斜面に沿って x 軸，斜面に対して垂直に y 軸を取ると解きやすい。図 a のように，点 O を原点として xy 軸をとる。鉛直下向きの重力加速度 g は xy 軸に合わせて分解しよう。

加速度の x，y 成分はそれぞれ，$a_x = -g\sin\beta$，$a_y = -g\cos\beta$ となる。

つまり，図 b のように，y 方向は初速 $v_0\sin\alpha$ で加速度が $-g\cos\beta$ の投げ上げ運動とみなせ，図 c のように，x 方向は初速 $v_0\cos\alpha$ で加速度が $-g\sin\beta$ の等加速度運動とみなせる。

等加速度直線運動の公式より，時刻 t における速度の x，y 成分，位置 x，y はそれぞれ以下のように表せる。

速度
$$v_x = v_0\cos\alpha - g\sin\beta\cdot t \quad\cdots\cdots①$$
$$v_y = v_0\sin\alpha - g\cos\beta\cdot t \quad\cdots\cdots③$$

位置
$$x = v_0\cos\alpha\cdot t - \frac{1}{2}g\sin\beta\cdot t^2 \quad\cdots\cdots②$$
$$y = v_0\sin\alpha\cdot t - \frac{1}{2}g\cos\beta\cdot t^2 \quad\cdots\cdots④$$

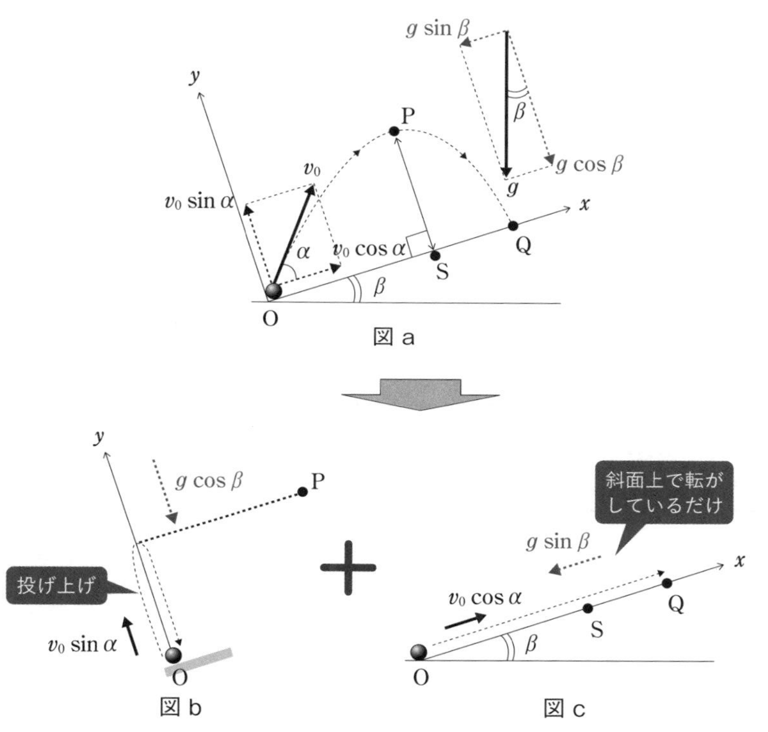

図 a

図 b

図 c

y 軸方向は投げ上げ運動となるので，点 P は投げ上げの最高点となる。したがって，最高点(点 P)では，y 方向の速度 v_y が 0 となる。③式より，

$$0 = v_0\sin\alpha - g\cos\beta \cdot t_1 \quad \therefore \quad t_1 = \frac{v_0\sin\alpha}{g\cos\beta}$$

また，小球が斜面に達した点 Q では，$y = 0$ となるので，④式より，

$$0 = v_0\sin\alpha \cdot t_2 - \frac{1}{2}g\cos\beta \cdot t_2^2 \quad \therefore \quad t_2 = \frac{2v_0\sin\alpha}{g\cos\beta}$$

t_2 は t_1 の 2 倍の値となり，$t_2 = 2t_1$ が成り立つ。

問 2

PS 間の距離を求めるには，問 1 で求めた t_1 を④式に代入すればよい。

$$y = v_0\sin\alpha \cdot \frac{v_0\sin\alpha}{g\cos\beta} - \frac{1}{2}g\cos\beta \cdot \left(\frac{v_0\sin\alpha}{g\cos\beta}\right)^2 = \frac{v_0^2\sin^2\alpha}{2g\cos\beta}$$

1

斜面上の放物運動

また，OQ間の距離は問1で求めた t_2 を②式に代入すればよい。

$$x = v_0\cos\alpha \cdot \frac{2v_0\sin\alpha}{g\cos\beta} - \frac{1}{2}g\sin\beta \cdot \left(\frac{2v_0\sin\alpha}{g\cos\beta}\right)^2$$

$$= \frac{2v_0^2\sin\alpha\cos\alpha}{g\cos\beta} - \frac{2v_0^2\sin^2\alpha\sin\beta}{g\cos^2\beta}$$

$$= \frac{2v_0^2\sin\alpha(\cos\alpha\cos\beta - \sin\alpha\sin\beta)}{g\cos^2\beta} = \underline{\boldsymbol{\frac{2v_0^2\sin\alpha\cos(\alpha+\beta)}{g\cos^2\beta}}}$$

$\cos(\alpha+\beta) = \cos\alpha\cos\beta - \sin\alpha\sin\beta$

2 空中での衝突

答

問1　$x_1 = V_0 t$, $y_1 = h - \frac{1}{2}gt^2$　　問2　$y_2 = V_0 t - \frac{1}{2}gt^2$

問3　$t_3 = \frac{h}{V_0}$, $d = h$, $y_3 = h - \frac{gh^2}{2V_0^2}$

問4　物体：（x 成分）V_0，（y 成分）$-\frac{gh}{V_0}$

弾丸：（x 成分）0，（y 成分）$V_0 - \frac{gh}{V_0}$

問5　$m = \frac{gh}{V_0^2 - gh}M$, $u_0 = \frac{V_0^2 - gh}{V_0}$

解答への道しるべ

GR 1 命中条件

空中での命中条件は，2物体が同じ座標に存在することである。

GR 2 2物体の衝突

衝突前後では運動量保存則が成立する。

解説

問1

物体の運動は水平投射なので，

$$x_1 = \underline{\boldsymbol{V_0 t}},\ y_1 = \underline{\boldsymbol{h - \frac{1}{2}gt^2}} \quad \cdots\cdots ①$$

等加速度直線運動の式
$y = v_0 t + \frac{1}{2}at^2 + y_0$
初速度　初期位置

問2

弾丸の運動は鉛直投げ上げなので，

$$y_2 = \underline{\boldsymbol{V_0 t - \frac{1}{2}gt^2}} \quad \cdots\cdots ②$$

等加速度直線運動の式
$y = v_0 t + \frac{1}{2}at^2 + y_0$
初速度　初期位置

問3

衝突するには2物体が同じ座標であればよいので，$x_1 = d$ かつ $y_1 = y_2$ となる。

$y_1 = y_2$ より，

$$h - \frac{1}{2}gt_3^2 = V_0 t_3 - \frac{1}{2}gt_3^2 \quad \therefore \quad t_3 = \underline{\boldsymbol{\frac{h}{V_0}}}$$

$t = t_3$ のときに，$x_1 = d$ となる。物体は水平方向に速さ V_0 で等速度運動しているので，$d = V_0 t_3 = V_0 \times \dfrac{h}{V_0} = \underline{\boldsymbol{h}}$

$t = t_3$ のときの物体の高さは，①式に t_3 を代入すればよいので，

$$y_3 = h - \frac{1}{2}g\left(\frac{h}{V_0}\right)^2 = \underline{\boldsymbol{h - \frac{gh^2}{2V_0^2}}}$$

問4

衝突直前の物体の速度の x 成分と y 成分をそれぞれ，V_x，V_y とする。物体の運動は水平方向は速さ V_0 の等速度運動であり，鉛直方向は自由落下とみなせるので，

$$V_x = \underline{\boldsymbol{V_0}},\ V_y = 0 - gt_3 = \underline{\boldsymbol{-\frac{gh}{V_0}}}$$

等加速度直線運動の式
$v = v_0 + at$

2
空中での衝突

弾丸の速度の x 成分と y 成分をそれぞれ，v_x，v_y とする。弾丸の運動は鉛直投げ上げなので，$v_x = \underline{\mathbf{0}}$，$v_y = V_0 - gt_3 = \underline{\boldsymbol{V_0 - \dfrac{gh}{V_0}}}$

問5

衝突前後では，運動量保存則が成り立つ。

水平方向の運動量保存則：$MV_x + mv_x = (M+m)u_0$ ……③

鉛直方向の運動量保存則：$MV_y + mv_y = 0$ ……④

衝突後，2物体の速度の鉛直成分は0

④式より，$m = -\dfrac{MV_y}{v_y} = \underline{\boldsymbol{\dfrac{gh}{V_0{}^2 - gh}M}}$

③式より，$u_0 = \dfrac{MV_x + mv_x}{M+m} = \underline{\boldsymbol{\dfrac{V_0{}^2 - gh}{V_0}}}$

3 繰り返し衝突

答

問1 $t_0 = \dfrac{v_0 \sin\alpha}{g}$　問2 $v_{1y} = ev_0 \sin\alpha$

問3 $x_2{}' = \dfrac{(e+1)v_0{}^2 \sin 2\alpha}{g}$

解答への道しるべ

GR 1 なめらかな面での斜め衝突

なめらかな面での斜め衝突は

- 面に対して**平行**な方向：**速度不変**
- 面に対して**垂直**な方向：**衝突直前の速度の $-e$ 倍**

解説

問1

p.20 の図 a のように，最高点では速度の y 成分は 0 となるので，

$$0 = v_0 \sin\alpha - gt_0 \quad \therefore \quad t_0 = \underline{\boldsymbol{\frac{v_0 \sin\alpha}{g}}} \quad \cdots\cdots ①$$

問2

1回目に床に衝突する直前の速度の y 成分は，対称性より，$-v_0 \sin\alpha$ となる。

衝突直後の速度の y 成分 v_{1y} は，床に衝突**直前の速度の $-e$ 倍**となるので，

$$v_{1y} = \underline{\boldsymbol{ev_0 \sin\alpha}}$$

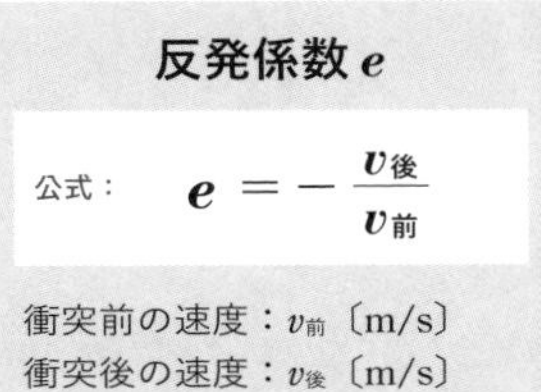

問3

1回目に床に衝突した後，最高点に達するまでの時間 t_1 は①式の初速 $v_0 \sin\alpha$ を $ev_0 \sin\alpha$ に置き換えればよいので，

$$t_1 = \frac{ev_0 \sin\alpha}{g} \ (= et_0)$$

初速が e 倍なので，最高点までの時間も t_0 の e 倍になる！

したがって，落下時間は t_1 の2倍となるので，$2t_1 = \dfrac{2ev_0 \sin\alpha}{g} \ (= 2et_0)$

小球は水平方向に $v_0 \cos\alpha$ で等速度運動しているので，

$$x_2' = v_0 \cos\alpha \,(2t_0 + 2t_1) = v_0 \cos\alpha \left(\frac{2v_0 \sin\alpha}{g} + \frac{2ev_0 \sin\alpha}{g} \right)$$

$$= 2(e+1)\frac{v_0{}^2 \sin\alpha \cos\alpha}{g} = \underline{\boldsymbol{\frac{(e+1)v_0{}^2 \sin 2\alpha}{g}}}$$

2倍角の公式
$\sin 2\alpha = 2\sin\alpha\cos\alpha$

3

繰り返し衝突

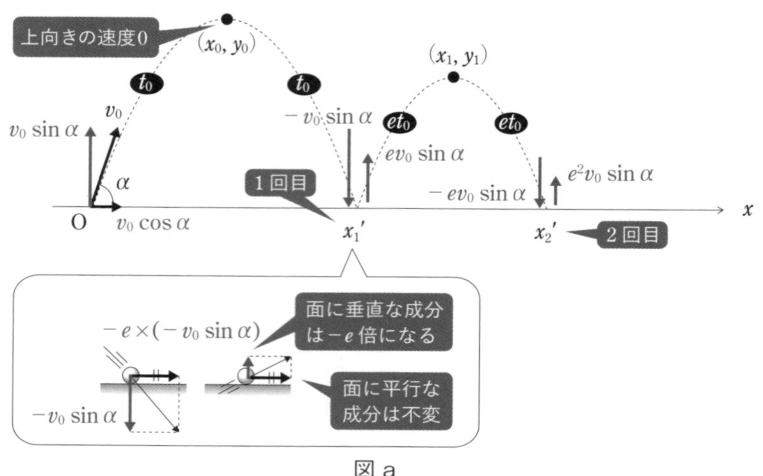

図 a

4 棒のつり合い

答

問1　$F = R\sin 30°$　　問2　$N + R\cos 30° = Mg$

問3　$Mg \times \dfrac{1}{2}l\cos 30° = R \times \dfrac{2}{3}l$　　問4　$\mu \geqq \dfrac{3\sqrt{3}}{7}$

問5　$N_1 = \dfrac{\sqrt{3}}{2}mg$　　問6　$\mu \geqq \dfrac{\sqrt{3}}{2}$

解答への道しるべ

GR 1 剛体の静止を考えるとき

力のつり合いと任意の点のまわりのモーメントのつり合いの式を立てよう。

解説

力のモーメント M〔N・m〕

公式： $M = F \times h$

力：F〔N〕
うでの長さ：h〔m〕

※うでの長さとは回転軸から力の作用線まで下ろした垂線の長さのこと。
モーメントの大きさを求めるときは，①力の分解をする方法と②力の作用線を伸ばす方法がある。

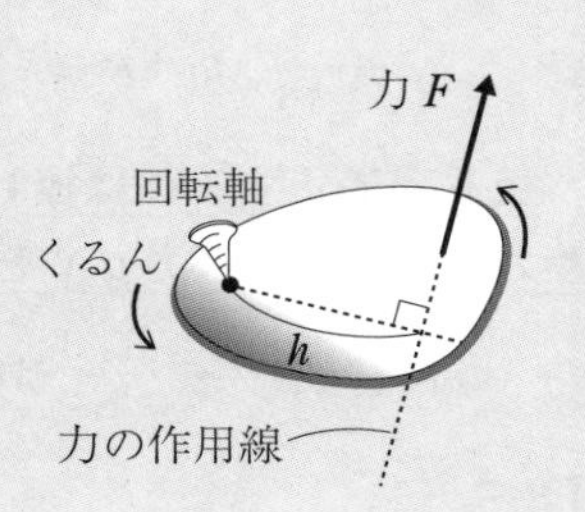

問1

剛体の問題を解くときには，力のつり合いと力のモーメントのつり合いの式を立てよう。

物体に働く力は図 a のようになる。

水平方向の力のつり合い：$F = R\sin 30^\circ$

問2

鉛直方向の力のつり合い：

$$N + R\cos 30^\circ = Mg$$

図 a

問3

図 b で，回転軸を A 点とする。イメージは点 A が時計の中心で板 L を時計の針とみなす。時計の針は 10 分くらいを指していると思えば，Mg が時計回りに回そうとし，R が反時計回りに針を回そうとしている。これらの力のモーメント(回転能力)がつり合っていると考えよう。A まわりの力のモーメントのつり合いは，

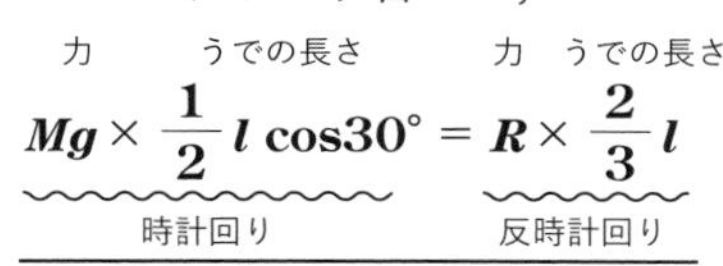

$$Mg \times \frac{1}{2}l\cos 30^\circ = R \times \frac{2}{3}l$$

（左辺：力 × うでの長さ ＝ 時計回り，右辺：力 × うでの長さ ＝ 反時計回り）

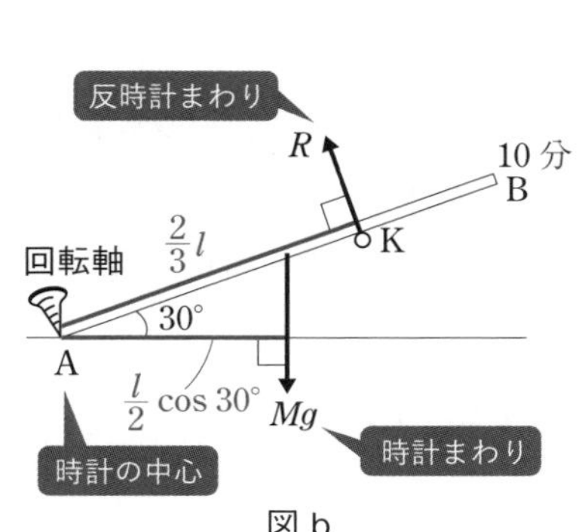

図 b

問4

問1～問3より，

$$N = \frac{7}{16}Mg,\ \ F = \frac{3\sqrt{3}}{16}Mg,\ \ R = \frac{3\sqrt{3}}{8}Mg$$

板Lが静止するには板Lが床に対して滑らなければよい。つまり，静止摩擦力Fが最大摩擦力μNを超えなければよいので，$F \leqq \mu N$を満たせばよい。

$$F \leqq \mu N \rightarrow \frac{3\sqrt{3}}{16}Mg \leqq \mu \times \frac{7}{16}Mg \quad \therefore \quad \underline{\boldsymbol{\mu \geqq \frac{3\sqrt{3}}{7}}}$$

問5

小物体Pの板Lに垂直な方向の力のつり合いより，

$$N_1 = mg\cos 30^\circ \quad \therefore \quad N_1 = \underline{\boldsymbol{\frac{\sqrt{3}}{2}mg}}$$

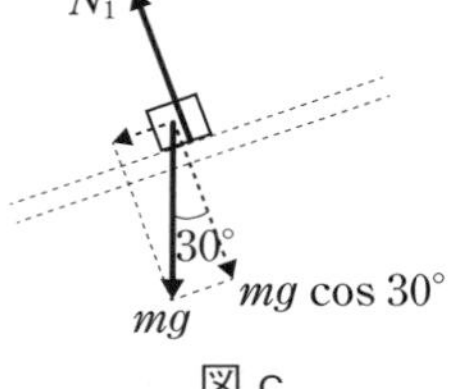

図c

問6

点Bまで小物体Pが到達したときは，最大摩擦力μNが最も小さくなっている。最大摩擦力が最も小さくなってしまった点Bでも板が床に対して滑らなければよい。板Lに働く力は，図dのようになる。

板Lに働く力のつり合いより，

水平方向：$F + N_1\sin 30^\circ = R\sin 30^\circ$ ……①

鉛直方向：$N + R\cos 30^\circ$

$= 10\,mg + N_1\cos 30^\circ$ ……②

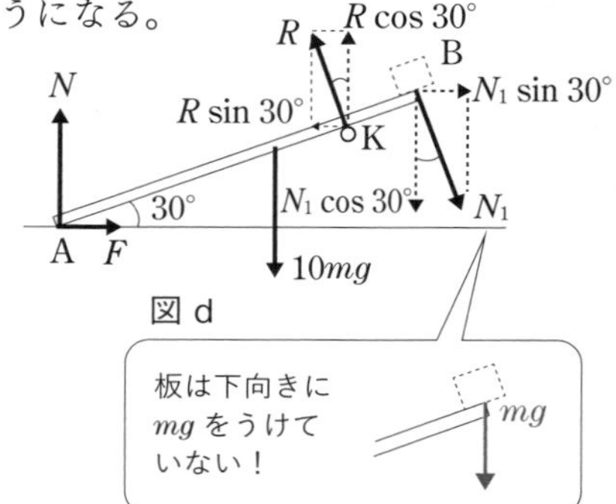

図d

POINT

小物体Pは板から垂直抗力N_1を受けていて，板はその反作用の力を板に垂直な方向に受けている

板LのAまわりの力のモーメントのつり合いより，

$$\overset{\text{時計回り}}{10mg\cos 30^\circ \times \frac{1}{2}l + N_1 \times l} = \overset{\text{反時計回り}}{R \times \frac{2}{3}l}$$

……③

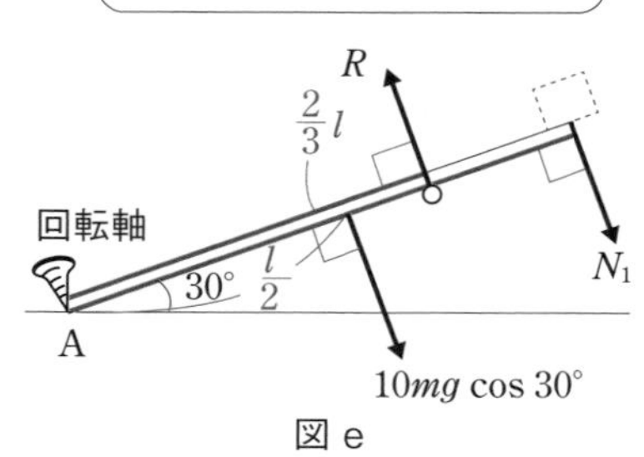

図e

CHAPTER 1 力学

③式に $N_1 = \dfrac{\sqrt{3}}{2}mg$ を代入すると，$R = \dfrac{9\sqrt{3}}{2}mg$

②式に $R = \dfrac{9\sqrt{3}}{2}mg$ を代入すると，$N = 4\,mg$

①式に $R = \dfrac{9\sqrt{3}}{2}mg$ を代入すると，$F = 2\sqrt{3}\,mg$

板Lが**床に対して滑らない条件**は

$\boldsymbol{F \leqq \mu N}$ ― 摩擦力 F が最大値 μN をこえなければよい

$2\sqrt{3}\,mg \leqq \mu \cdot 4mg$ ∴ $\boldsymbol{\mu \geqq \dfrac{\sqrt{3}}{2}}$

5 剛体の転倒

答

問1 $f = mg\sin\theta$，$N = mg\cos\theta$

問2 $\tan\theta_1 = \dfrac{a}{h}$　問3 $\dfrac{a}{h} < \mu$

5 剛体の転倒

解答への道しるべ

GR 1 斜面上での剛体の転倒を考えるとき

滑り出す直前と倒れる直前の傾きを比べて，

（倒れる直前の傾き）＜（滑り出す直前の傾き）

となれば剛体は転倒する

解説

問1

図aで，力のつり合いより，

x 軸方向：$\boldsymbol{f = mg\sin\theta}$

z 軸方向：$\boldsymbol{N = mg\cos\theta}$

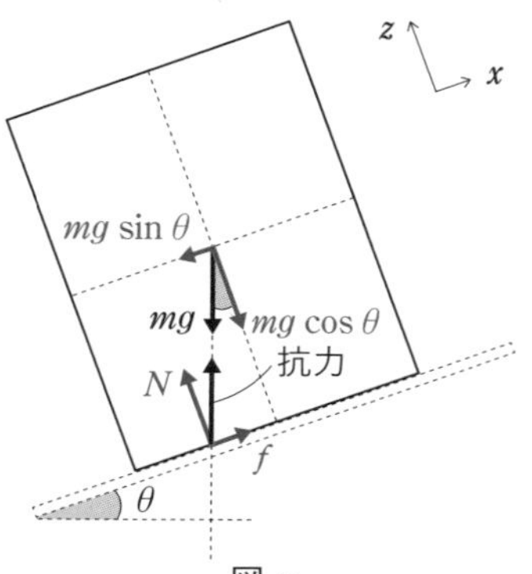

図 a

問 2

図 b は転倒する直前の様子である。転倒する直前における y 軸まわりのモーメントのつり合いは,

$$mg\sin\theta_1\times\frac{h}{2}=mg\cos\theta_1\times\frac{a}{2}$$

$$\therefore\quad \tan\theta_1=\underline{\frac{\boldsymbol{a}}{\boldsymbol{h}}}$$

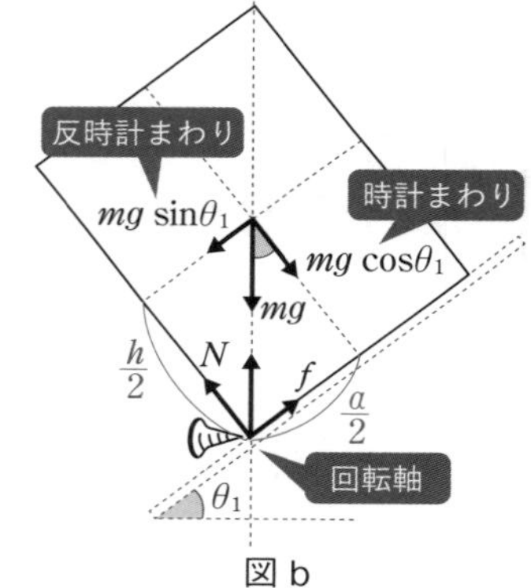

図 b

問 3

レンガが滑り出す直前を考える。滑り出す直前における板の傾斜角を θ_2 とする。滑り出す直前では，レンガと板に働く摩擦力は最大となるので,

$$f=\mu N=\mu mg\cos\theta_2$$

x 軸方向の力のつり合いより,

$$mg\sin\theta_2=\mu mg\cos\theta_2$$

$$\therefore\quad \tan\theta_2=\mu$$

レンガが滑り出す前に，倒れ始めるには，図 c のように，角度 θ を大きくしていったときに，滑り出す角度 θ_2 より，先に倒れる角度 θ_1 に出会えばよい。よって，$\theta_1<\theta_2$ であればよいから, $\tan\theta_1<\tan\theta_2$ となる。したがって,

$$\underline{\frac{\boldsymbol{a}}{\boldsymbol{h}}<\mu}$$

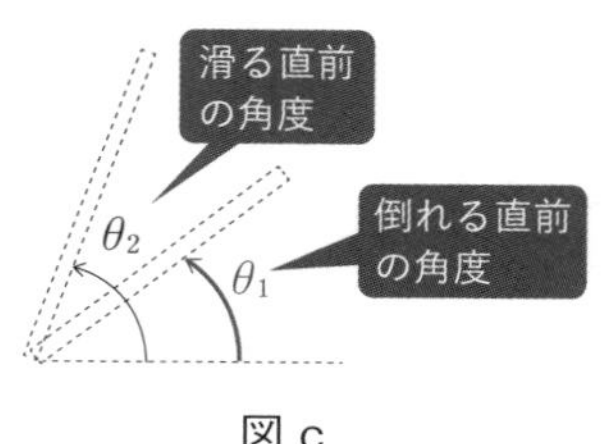

図 c

6　糸で結ばれた2物体の運動

答

問1　$M = m$　　問2　$\frac{a}{2} = b$　　問3　$b = \frac{M-m}{M+4m}g$

問4　$T = \frac{5Mmg}{2(M+4m)}$　　問5　$\sqrt{\frac{2(M+4m)h}{(M-m)g}}$

解答への道しるべ

GR 1　動滑車を介した運動

滑車を用いると，物体を持ち上げる力は2倍になる。

解説

問1

図aで，Aに働く張力の大きさをSとする。力のつり合いを物体A，物体Bについてそれぞれ立てると，

物体A：$S = mg\sin 30°$

物体B：$2S = Mg$

2式より，Sを消去して，

$$\underline{\boldsymbol{M = m}}$$

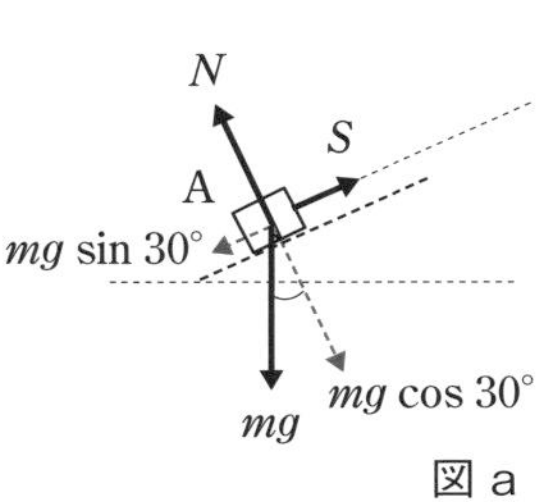

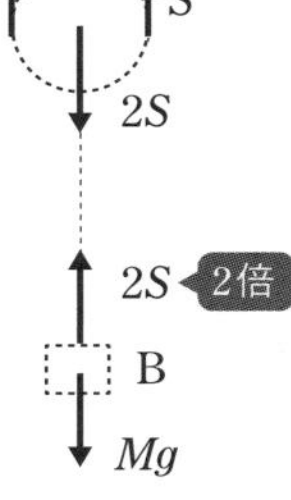

図a

問2

Aと滑車の動きに着目してみよう。まず，Aが斜面と平行に距離xだけ運動したとする。同じ時間に滑車が鉛直下向きに移動した距離をyとすると，xとyの関係は$\frac{x}{2} = y$となる。等加速度運動の式を用いて，

$$\frac{x}{2} = y \rightarrow \frac{1}{2}\left(\frac{1}{2}at^2\right) = \frac{1}{2}bt^2 \rightarrow \underline{\boldsymbol{\frac{a}{2} = b}} \quad \cdots\cdots①$$

POINT

糸の長さが不変なことに注目する。滑車を固定して考えてみよう。Aが距離xだけ動けば，ひもがxだけたるむことになる。たるんだ長さxのひもが滑車に分け与えられるので，**Aが動いた距離の半分だけ滑車は動く**。

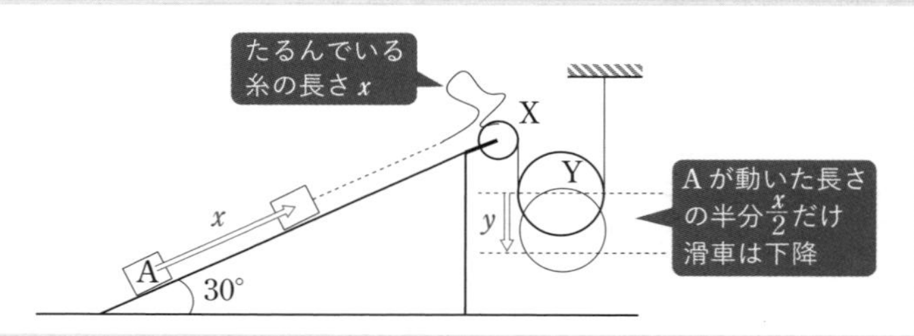

問3・4

AとBに働く力は図bとなる。

AとBのそれぞれの運動方程式は，

A：$ma = (+)\,T\,(-)\,mg\sin30°$ ……②

（＋：加速度と同じ向きならプラス　－：加速度と逆向きならマイナス）

B：$Mb = +Mg - 2T$ ……③

①～③式より，

$$b = \frac{M-m}{M+4m}g,\quad T = \frac{5Mmg}{2(M+4m)}$$

運動方程式

公式：$ma = F$

力：F〔N〕
加速度：a〔m/s^2〕
質量：m〔kg〕

※右辺の力を書くときは，加速度方向の力を＋として符号をつけて書いていくこと。

問5

Bは初速0で，下向きに加速度bで下降する。求める時間をt_0として，

$$h = \frac{1}{2}bt_0^2$$

$$\therefore\quad t_0 = \sqrt{\frac{2h}{b}} = \sqrt{\frac{2(M+4m)h}{(M-m)g}}$$

図b

7　重ねられた物体の運動

答

問1　(a)　$\dfrac{F_1}{3m}$　(b)　AB 間：$\dfrac{F_1}{3}$，BC 間：$\dfrac{F_1}{3}$　(c)　$v=\sqrt{\dfrac{2F_1d}{3m}}$

問2　$F_2=3\mu mg$

問3　$\alpha=\mu' g$,　$\beta=\dfrac{F_3}{m}-3\mu' g$,　$\gamma=2\mu' g$

解答への道しるべ

GR 1　2物体間での摩擦力の向きの判定

摩擦力の向きを判定するときは，2物体のうちはじめにどちらの物体がはじめに動き出すかをチェックする。

摩擦力の向き

AとBがどちらが先に動き出すかチェックする➡Bが先に動き出す➡摩擦面を拡大図する➡AはBから押される➡作用・反作用より，BはAから押し返される。

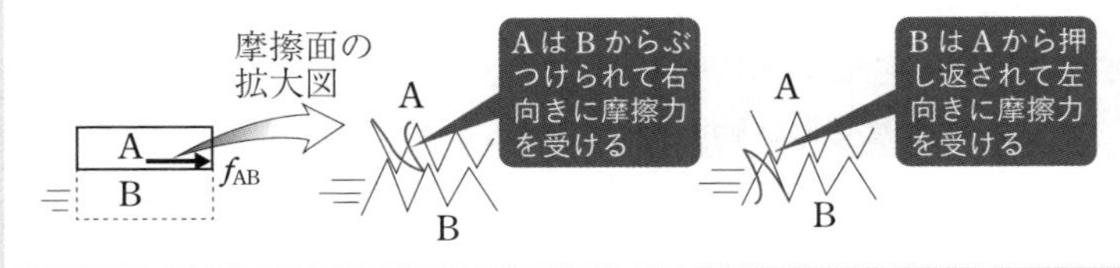

解説

問1

(a)(b)　AB 間および BC 間の摩擦力の大きさをそれぞれ，f_{AB}，f_{BC} として A，B，C のそれぞれの運動方程式は，

A：$ma_1 = f_{AB}$ ……①

B：$ma_1 = F_1 - f_{AB} - f_{BC}$ ……②

C：$ma_1 = f_{BC}$ ……③

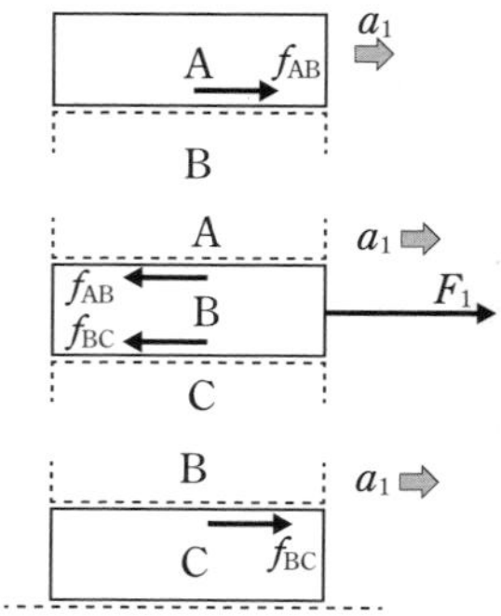

①＋②＋③より，$3ma_1 = F_1$ ∴ $a_1 = \underline{\boldsymbol{\dfrac{F_1}{3m}}}$ (a)

a_1を①に代入して，①より，$f_{AB} = ma_1 = \underline{\boldsymbol{\dfrac{F_1}{3}}}$ (b)

③より，$f_{BC} = ma_1 = \underline{\boldsymbol{\dfrac{F_1}{3}}}$ (b)

(c) $v^2 - v_0{}^2 = 2a_1x$ より，$v^2 - 0^2 = 2 \cdot \dfrac{F_1}{3m} \cdot d$ ∴ $v = \underline{\boldsymbol{\sqrt{\dfrac{2F_1d}{3m}}}}$

問2

AとBの間で滑り出す直前を考えればよい。つまり，AとBの間の摩擦力は最大摩擦力になる。AとBとCの加速度の大きさをa_2として，

A：$ma_2 = \mu mg$ ……④

B：$ma_2 = F_2 - \mu mg - f_B$ ……⑤

C：$ma_2 = f_{BC}$ ……⑥

④より，$a_2 = \mu g$

⑥より，$f_{BC} = ma_2 = \mu mg$

④＋⑤＋⑥より，$3ma_2 = F_2$ ∴ $F_2 = \underline{\boldsymbol{3\mu mg}}$

> Aに働く摩擦力は最大摩擦力なのでμmg

> BC間で滑りが生じていないので静止摩擦力である。最大値ではないのでμNと書いてはいけない。

> BC間の最大摩擦力は$\mu N_{BC} = \mu \cdot 2mg$なのでBC間にはすべりは生じていない。

問3

A, B, Cのそれぞれの加速度の大きさを，α，β，γとする。**AとBおよびBとCの間で働く摩擦力は動摩擦力であることに注意**する。AB間に働く動摩擦力は$\mu' mg$，BC間に働く動摩擦力は$\mu' \cdot 2mg$である。運動方程式より，

A：$m\alpha = \mu' mg$ ……⑦

B：$m\beta = F_3 - \mu' mg - \mu' \cdot 2mg$ ……⑧

C：$m\gamma = \mu' \cdot 2mg$ ……⑨

⑦より，$\alpha = \underline{\boldsymbol{\mu' g}}$

⑧より，$\beta = \underline{\boldsymbol{\dfrac{F_3}{m} - 3\mu' g}}$

⑨より，$\gamma = \underline{\boldsymbol{2\mu' g}}$

8 電車内での物体の運動

答

問 1 $\dfrac{2v_1\sin\phi}{g}$　問 2 $\phi = 45°$，$d_1 = \dfrac{{v_1}^2}{g}$

問 3 $a < g\tan\theta$　問 4 $v_2 = \sqrt{2h\left(g - \dfrac{a}{\tan\theta}\right)}$

問 5 $\tan\phi = \dfrac{g}{a}$　問 6 $l = \dfrac{{v_2}^2\sin\phi}{2g}$

解答への道しるべ

GR 1 慣性力が働くとき

加速度運動する観測者から物体を見たときに慣性力が働いて見える。

GR 2 見かけの重力

慣性力と重力の合力＝見かけの重力

解説

［1］ $t_1 < t < t_2$ のとき，電車は**等速直線運動をしているだけなので，慣性力は働かない**。

問 1

図 a

落下時間を T_1 とすると，最高点までの時間は $\dfrac{T_1}{2}$ なので，

$$0 = v_1\sin\phi - g\frac{T_1}{2} \quad \therefore \quad T_1 = \boldsymbol{\frac{2v_1\sin\phi}{g}}$$

問 2

水平方向は $v_1\cos\phi$ の等速度運動をする。d_1 は，

$$d_1 = v_1\cos\phi \cdot T_1 = \frac{2{v_1}^2\sin\phi\cos\phi}{g} = \frac{{v_1}^2\sin 2\phi}{g}$$

2倍角の公式
$\sin 2\phi = 2\sin\phi\cos\phi$

よって，d_1 を最大にするには $\sin 2\phi$ が最大であればよい。

よって，$\sin 2\phi = 1$ より，$\phi =$ **45°**

このときの d_1 の最大値 d_{m} は，

$$d_1 = \frac{{v_1}^2\sin(2\times 45°)}{g} = \boldsymbol{\frac{{v_1}^2}{g}}$$

［2］ 問3

電車は左向きに進行中に**減速**したことから，**電車の加速度は右向き**であることがわかる。**電車内の観測者から見れば，観測者の加速度の向きと逆向きに慣性力が働く**。小球が静止しているとすれば，力のつり合いより，

水平方向：$N\sin\theta = ma$

鉛直方向：$N\cos\theta = mg$

$$\therefore \quad N = \frac{mg}{\cos\theta},\ a = g\tan\theta$$

図 b

$a = g\tan\theta$ のとき，小球は斜面上で静止していられるので，斜面上で小球が下方へ滑り出す条件は，

$$\boldsymbol{a < g\tan\theta}$$

［ 別解 ］

見かけの重力を利用してみる。

慣性力と重力の合力を**見かけの重力**と呼ぶ。見かけの重力を考えると，図cのようになる。小球が静止しているのは見かけの重力によって斜面に張り付けられていると思えばよい。したがって，力のつり合いは斜面に垂直な方向を考えて，$N = mg'$ と考えてよい。図cから見かけの重力の大きさ mg' は，

$$mg' = m\sqrt{g^2 + a^2}$$

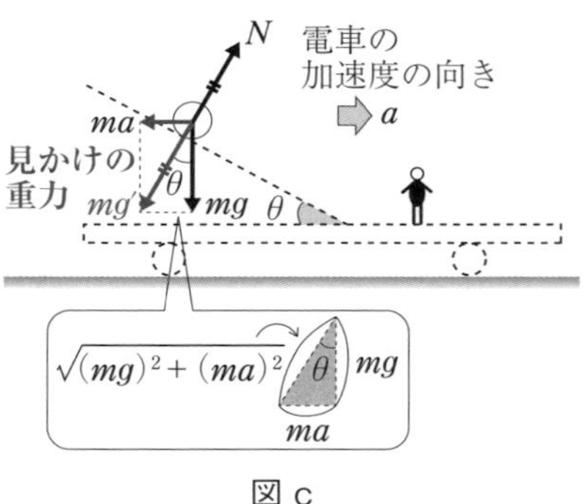

図 c

また，傾きに注目して，

$$\tan\theta = \frac{ma}{mg} = \frac{a}{g}$$

$$\therefore \quad a = g\tan\theta$$

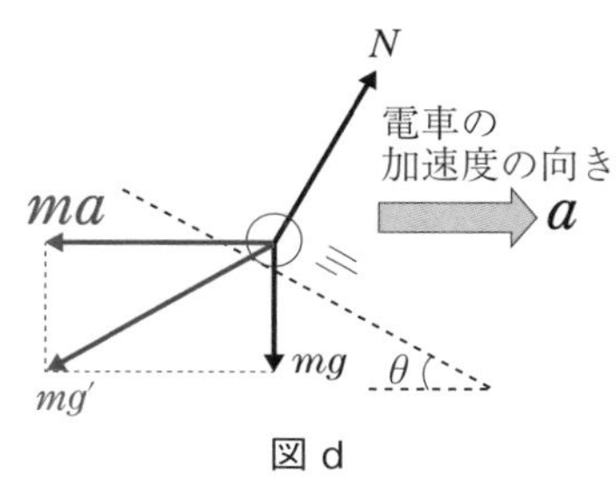

図 d

仮に，加速度の大きさ a を大きくしてみると，図 d のように，小球は斜面を上っていくであろう。また，加速度の大きさ a を小さくすると，図 e のように，小球は斜面を下っていくことがすぐにわかる。

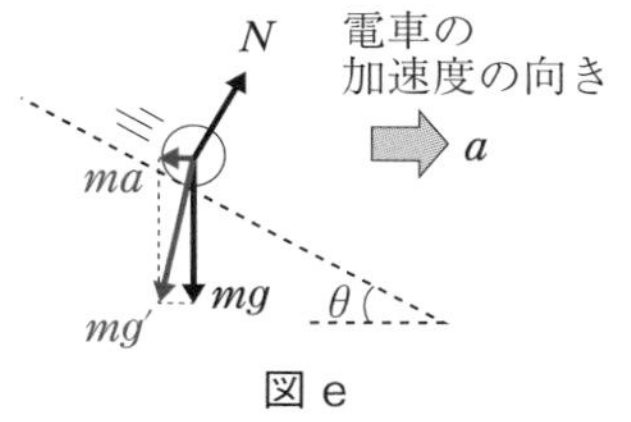

図 e

$a = g\tan\theta$ のとき，小球は斜面上で静止していられるので，斜面上で小球が下方へ滑り出す条件は，$\boldsymbol{a < g\tan\theta}$

問 4

小球が運動しているときの力は図 f のようになる。斜面方向の運動方程式より，

$$m\beta = +mg\sin\theta - ma\cos\theta$$

$$\therefore \quad \beta = g\sin\theta - a\cos\theta$$

等加速度直線運動の式より，

$v^2 - v_0{}^2 = 2ax$

$$v_2{}^2 - 0^2 = 2(g\sin\theta - a\cos\theta) \times \frac{h}{\sin\theta}$$

$$\therefore \quad v_2 = \boldsymbol{\sqrt{2h\left(g - \frac{a}{\tan\theta}\right)}}$$

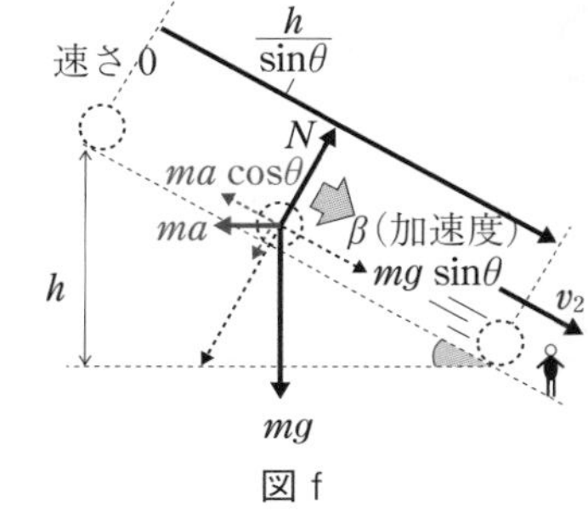

図 f

問 5

小球が B 点から飛び出し，B 点に戻ってくることから，図 g のように，**見かけの重力が小球の飛び出す向きと逆向きに加わっていればよい**。したがって，小球が飛び出すときの傾き $\tan\phi$ は

$$\therefore \quad \boldsymbol{\tan\phi = \frac{g}{a}}$$

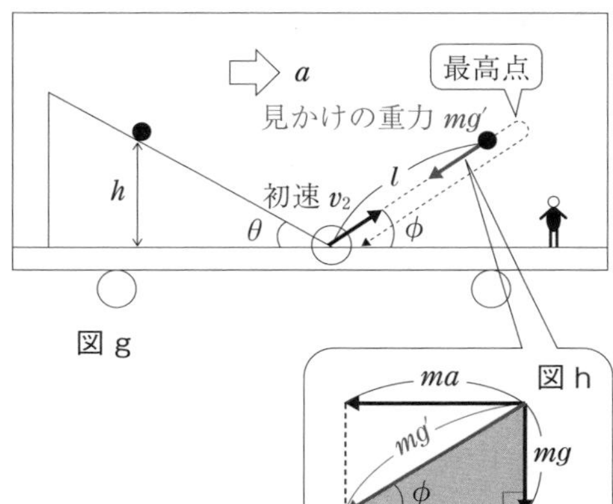

図 g

図 h

問6

点Bから g' の方向に小球の投げ上げ運動だと考えればよいので，等加速度運動の公式($v^2 - v_0^2 = 2ax$)より，

$$\underset{\text{最高点}}{\underset{\sim}{0^2}} - \underset{\text{はじめ}}{\underset{\sim}{v_2^2}} = 2g'\,l$$

ここで図hより，$\sin\phi = \dfrac{mg}{mg'}$ となり $g' = \dfrac{g}{\sin\phi}$ となるので，

$$0^2 - v_2^2 = 2\left(-\frac{g}{\sin\phi}\right)l \qquad \therefore \quad l = \underline{\boldsymbol{\frac{v_2^2 \sin\phi}{2g}}}$$

9　動く三角台上での物体の運動

答

(a)　$g\sin\theta$　　(b)　$mg\cos\theta$

(c)　$\dfrac{N_2}{M}\sin\theta$　　(d)　$g\sin\theta + \beta\cos\theta$

(e)　$m(g\cos\theta - \beta\sin\theta)$

解答への道しるべ

GR 1　2物体が異なる加速度運動をしているとき

2物体が異なる加速度で運動しているとき，慣性力を考える。

解説

(a)　小物体の斜面方向の運動方程式より，$m\alpha_1 = mg\sin\theta$

$\therefore \quad \alpha_1 = \underline{\boldsymbol{g\sin\theta}}$

(b)　斜面に平行な力のつり合いより，$N_1 = \underline{\boldsymbol{mg\cos\theta}}$

CHAPTER 1　力学

(c)　図 a のように，床に静止している観測者から観測する。**静止している観測者からは慣性力は働いているようには見えない**。ブロックは小物体から大きさ N_2 の力で斜面に垂直に押されている。N_2 の水平成分である $N_2 \sin\theta$ により，ブロックは水平方向に大きさ β の加速度で運動する。

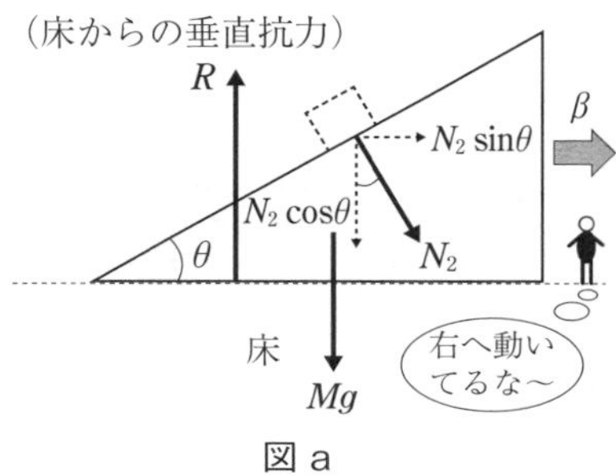

図 a

ブロックの水平方向の運動方程式は，

$$M\beta = N_2 \sin\theta \quad \therefore \quad \beta = \frac{N_2}{M}\sin\theta$$

(d)　図 b のように，ブロックとともに運動する観測者から見ると，小物体には水平方向左向きに大きさ $m\beta$ の慣性力が働くので，斜面方向の運動方程式は，

$$m\alpha_2 = mg\sin\theta + m\beta\cos\theta$$

$$\therefore \quad \alpha_2 = g\sin\theta + \beta\cos\theta$$

(e)　斜面に垂直な方向の力のつり合いより，

$$N_2 + m\beta\sin\theta = mg\cos\theta$$

$$\therefore \quad N_2 = m(g\cos\theta - \beta\sin\theta)$$

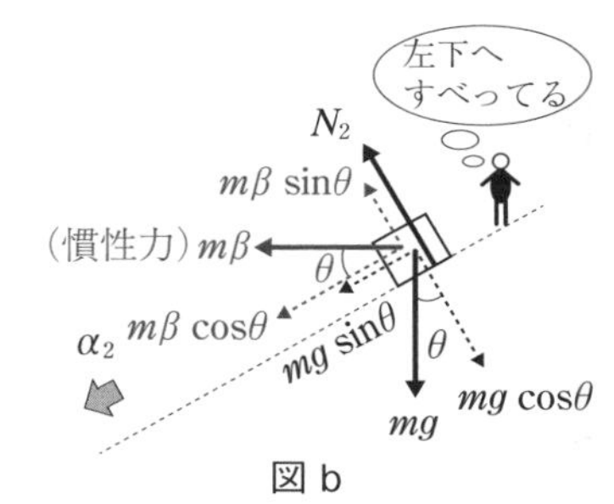

図 b

10
相対運動

10　相対運動

答

問 1　$\frac{1}{2}g$　　問 2　$3Mg$

問 3　A：$M\alpha = T_1 - Mg$　B：$3M\beta = 3Mg - T_1$

C：$4M\gamma = 4Mg - T_2$

問 4　$\alpha - \beta = 2\gamma$　　問 5　$T_1 = \frac{12}{7}Mg$

解答への道しるべ

GR 1 2物体が異なる加速度で運動するとき

2物体が異なる加速度で運動するとき，相対加速度を考える。

解説

問1

AとBの間に働く糸の張力の大きさをS_1，おもりAとBの加速度の大きさをaとして，AとBの運動方程式は，

A：$Ma = S_1 - Mg$ ……①

B：$3Ma = 3Mg - S_1$ ……②

①+②より，$a = \mathbf{\frac{1}{2}g}$

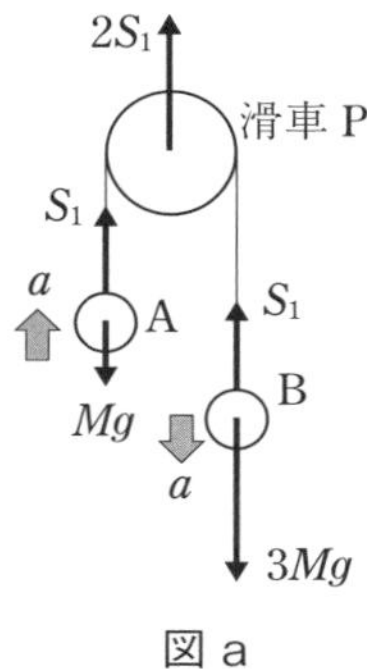

図a

問2

$a = \frac{1}{2}g$を①あるいは②式に代入して，$S_1 = \frac{3}{2}Mg$

滑車Pには大きさ$2S_1$の張力が働くので，$2S_1 = \mathbf{3Mg}$

問3

A，B，Cのそれぞれの運動方程式は，

A：$\boldsymbol{M\alpha = T_1 - Mg}$ ……③

B：$\boldsymbol{3M\beta = 3Mg - T_1}$ ……④

C：$\boldsymbol{4M\gamma = 4Mg - T_2}$ ……⑤

滑車P：$0\times\gamma = T_2 - 2T_1$ ……⑥

※⑥式は動滑車についての運動方程式である。動滑車は**軽く質量が0**とみなせるので，⑥式の左辺は0となっている。これにより，運動している滑車に対しても**力のつり合い$\boldsymbol{T_2 = 2T_1}$**が成り立つことになる。

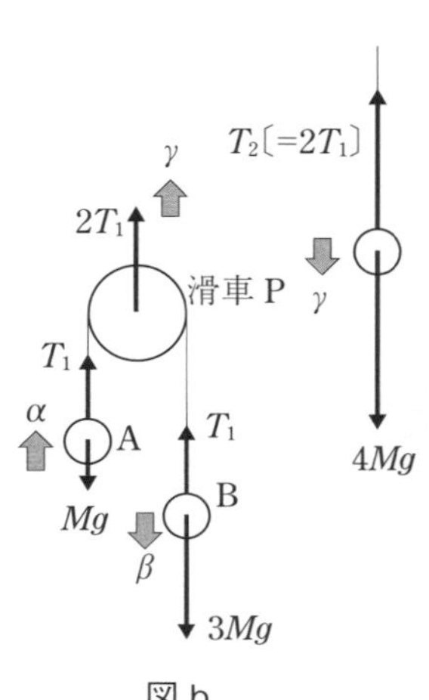

図b

問4

2物体が異なる運動をするときは慣性力あるいは相対加速度を考えればよい。今回は，滑車PからAとBの運動を観測し，相対加速度を考えてみる。図cのように，滑車Pから観測すると，AよりもBの方が質量が大きいので，Aは上昇し，Bは下降するように見える。このとき，**観測者から見たAとBの加速度は等しく見える**。図cのように，加速度の正の向きを定め，観測者から見たAの相対加速度は，$\alpha-\gamma$であり，Pから見たBの加速度は$\beta-(-\gamma)$であり，これらは等しいので，

$$\alpha-\gamma=\beta-(-\gamma)$$

$$\therefore\quad \boldsymbol{\alpha-\beta=2\gamma}\quad \cdots\cdots⑦$$

相対加速度 a_r

公式： $a_r = a_{相手} - a_{自分}$

観測者の加速度：$a_{自分}$
観測している物体の加速度：$a_{相手}$

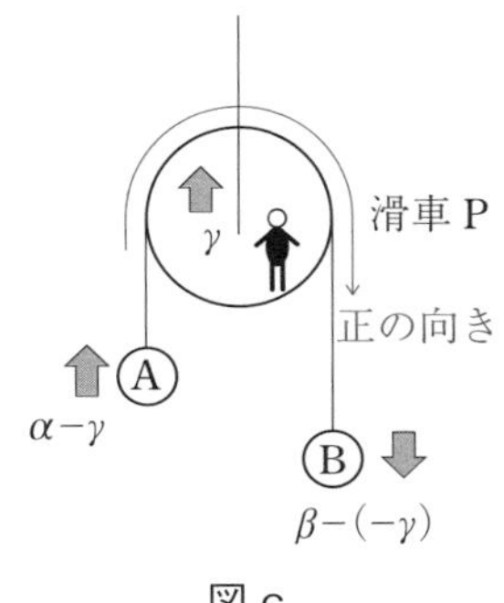

図c

問5

⑦式に③，④，⑤を代入して，

$$⑦：\left(\frac{T_1}{M}-g\right)-\left(g-\frac{T_1}{3M}\right)=2\left(g-\frac{T_2}{4M}\right)$$

⑥式より，$T_2=2T_1$となるので，

$$\left(\frac{T_1}{M}-g\right)-\left(g-\frac{T_1}{3M}\right)=2\left(g-\frac{2T_1}{4M}\right)$$

$$\therefore\quad T_1=\boldsymbol{\frac{12}{7}Mg}$$

※慣性力を用いても張力T_1を求めることができるのでやってみよう♪

11　2球の衝突

答

問1　$m_1v_0 = m_1v_1 + m_2v_2$　　問2　$v_1 - v_2 = -ev_0$

問3　$v_1 = \dfrac{m_1 - em_2}{m_1 + m_2}v_0$,　$v_2 = \dfrac{m_1(1+e)}{m_1+m_2}v_0$

問4　$\Delta E = -\dfrac{(1-e^2)m_1m_2{v_0}^2}{2(m_1+m_2)}$

解答への道しるべ

GR 1　2物体の衝突

2物体の衝突では，運動量保存則と反発係数の式を立てよう。

解説

運動量保存則

図①のように，質量 m_1，速度 v_1 の球1が質量 m_2，速度 v_2 の球2に衝突し，衝突後，球1と2の速度がそれぞれ v_1'，v_2' になったとする。球1と2が衝突したときにはたらく物体間の平均の力の大きさを F とし，衝突している時間を t とする。球1と2の運動量と力積の関係はそれぞれ以下のように表せる。

球1：$m_1v_1 - F\cdot t = m_1v_1'$

＋）球2：$m_2v_2 + F\cdot t = m_2v_2'$

$$m_1v_1 + m_2v_2 = m_1v_1' + m_2v_2'$$

衝突前の運動量の和　　衝突後の運動量の和

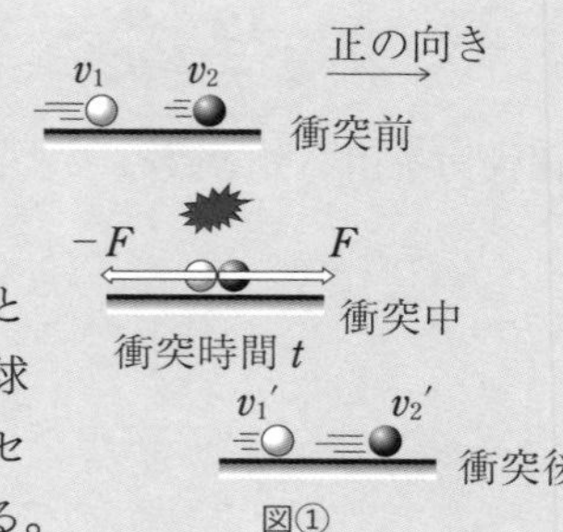

図①

球1と2は互いに逆向きに力積を与えることで，それぞれの運動量は変化するが，物体系（球1と2の両方）に注目すると，力積はキャンセルされ，物体系の運動量の和が保存されている。

運動量保存則

物体系に注目したときに力がはたらいていても，その力が内力であれば，物体系の運動量の和は変化しない。

$$\underbrace{m_1v_1 + m_2v_2}_{\text{衝突前の運動量の和}} = \underbrace{m_1v_1' + m_2v_2'}_{\text{衝突後の運動量の和}}$$

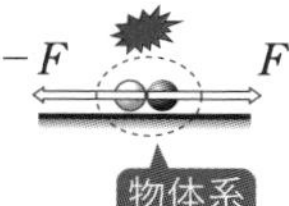

内力とは…物体系に注目したときに，お互いを押し合う力 F のこと

問 1

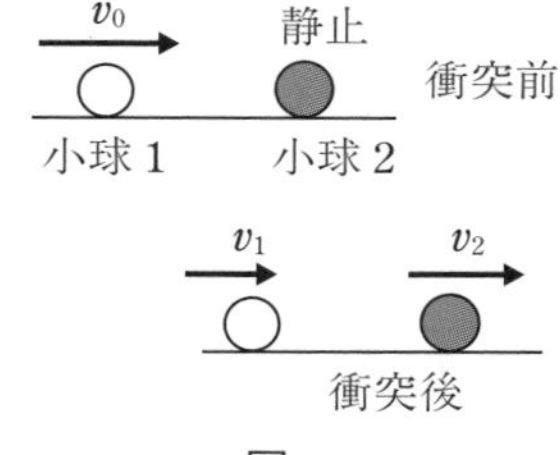

図 a

水平方向の運動量保存則より，

$$\underbrace{m_1v_0 + m_2 \cdot 0}_{\text{衝突前の運動量の和}} = \underbrace{m_1v_1 + m_2v_2}_{\text{衝突後の運動量の和}}$$

$$\therefore \quad \boldsymbol{m_1v_0 = m_1v_1 + m_2v_2} \quad \cdots\cdots①$$

問 2

2 物体衝突における反発係数 e

公式：$$\underbrace{v_1' - v_2'}_{\text{衝突後の相対速度}} = -e\underbrace{(v_1 - v_2)}_{\text{衝突前の相対速度}}$$

衝突前 球 1 の速度：v_1 球 2 の速度：v_2

衝突後 球 1 の速度：v_1' 球 2 の速度：v_2'

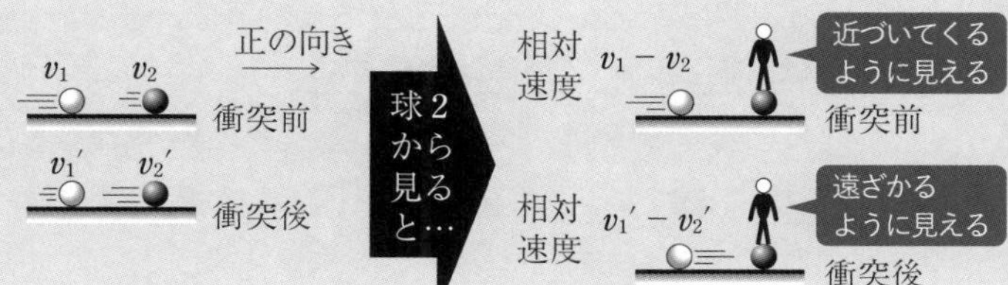

$e = 1$ ： 弾性衝突（エネルギーが保存する）

$e = 0$ ： 完全非弾性衝突（衝突後合体する）

11

2 球の衝突

小球2から見た小球1の衝突前の相対速度は $v_0 - 0$ であり，衝突後の相対速度は $v_1 - v_2$ である。反発係数の式は，

$$\underbrace{v_1 - v_2}_{\text{衝突後の相対速度}} = -e \cdot \underbrace{(v_0 - 0)}_{\text{衝突前の相対速度}} \quad \therefore \quad \boldsymbol{v_1 - v_2 = -ev_0} \quad \cdots\cdots②$$

問3

①式と②式を連立するときは以下のように計算すると楽である。

$$
\begin{array}{rl}
\text{①式}: & m_1v_1 + m_2v_2 = m_1v_0 \\
+)\ \text{②式} \times m_2: & m_2v_1 - m_2v_2 = -em_2v_0 \\
\hline
& (m_1+m_2)v_1 = (m_1 - em_2)v_0
\end{array}
\quad \therefore \quad v_1 = \boldsymbol{\frac{m_1 - em_2}{m_1+m_2}v_0}
$$

同様にして，①式－②式×m_1 をすれば，$v_2 = \boldsymbol{\frac{m_1(1+e)}{m_1+m_2}v_0}$

POINT

反発係数 e の値を変えてみよう。

問3で得られた小球1と2の速度はそれぞれ，

$$v_1 = \frac{m_1 - em_2}{m_1+m_2}v_0,\quad v_2 = \frac{m_1(1+e)}{m_1+m_2}v_0 \quad \text{である。}$$

【$e = 0$ の場合】

小球1：$v_1 = \dfrac{m_1 - 0 \cdot m_2}{m_1+m_2}v_0 = \dfrac{m_1}{m_1+m_2}v_0$

小球2：$v_2 = \dfrac{m_1(1+0)}{m_1+m_2}v_0 = \dfrac{m_1}{m_1+m_2}v_0$

一致している

$e = 0$ の場合では，衝突後，2物体は合体する

【$e = 1$ かつ等質量($m_1 = m_2$)の場合】

小球1：$v_1 = \dfrac{m_1 - 1 \cdot m_1}{m_1+m_1}v_0 = 0$　　小球2：$v_2 = \dfrac{m_1(1+1)}{m_1+m_1}v_0 = v_0$

速度が交換されている

$e = 1$ かつ等質量の場合では，衝突後，2物体の速度が交換される

v_0 静止 $e=1$ 静止 v_0

小球1 小球2 小球1 小球2

問4

力学的エネルギーの変化ΔEは，運動エネルギーの 後－前 をすればよい。

$$\Delta E = \underbrace{\left[\frac{1}{2}m_1\left(\frac{m_1-em_2}{m_1+m_2}v_0\right)^2+\frac{1}{2}m_2\left\{\frac{m_1(1+e)}{m_1+m_2}v_0\right\}^2\right]}_{\text{あと}}-\underbrace{\frac{1}{2}m_1{v_0}^2}_{\text{まえ}}$$

$$=\frac{{v_0}^2}{2(m_1+m_2)^2}\{m_1(m_1-em_2)^2+{m_1}^2m_2(1+e)^2-m_1(m_1+m_2)^2\}$$

$$=\frac{{v_0}^2}{2(m_1+m_2)^2}\{m_1({m_1}^2-2e\,m_1m_2+e^2{m_2}^2)+{m_1}^2m_2(1+2e+e^2)$$
$$-m_1({m_1}^2+2m_1m_2+{m_2}^2)\}$$

$$=\frac{{v_0}^2}{2(m_1+m_2)^2}\{{m_1}^3-2e\,{m_1}^2m_2+e^2m_1{m_2}^2+{m_1}^2m_2+2e\,{m_1}^2m_2+e^2{m_1}^2m_2$$
$$-({m_1}^3+2{m_1}^2m_2+m_1{m_2}^2)\}$$

$m_1m_2e^2$でくくる

$$=\frac{{v_0}^2}{2(m_1+m_2)^2}\{m_1m_2e^2(m_1+m_2)-m_1m_2(m_1+m_2)\}$$

$$\therefore\quad \Delta E=-\frac{(1-e^2)m_1m_2{v_0}^2}{2(m_1+m_2)}$$

仮に，**$e=1$であれば，力学的エネルギーは保存される**。確認のため，ΔEの式に$e=1$を代入してみると$\Delta E=0$となる。つまり，力学的エネルギーが保存していることを示している。

12 エネルギー保存則・運動量保存則

問 1　$v_A = \sqrt{gl\left(1 + \dfrac{\sqrt{3}}{2} - 2\cos\theta\right)}$

問 2　$v_B = \dfrac{2}{3}(1+e)v_A$,　力積：$\dfrac{1+e}{3}Mv_A$

問 3　$a = -\dfrac{1+\sqrt{3}\,\mu}{2}g$　　問 4　$\cos\theta = \dfrac{12\sqrt{3}-1}{48}$

解答への道しるべ

GR 1 力積の求め方

2 物体衝突における力積は運動量の変化から求めればよい。

解説

問 1

力学的エネルギー保存則より,

$$Mg\left\{l\cos30° - l\cos\theta + \frac{l}{2}(1-\cos30°)\right\}$$

$$= \frac{1}{2}Mv_A{}^2$$

$$\therefore\quad v_A = \underline{\sqrt{\boldsymbol{gl\left(1+\frac{\sqrt{3}}{2}-2\cos\theta\right)}}}\quad \cdots\cdots①$$

図 a

問 2

衝突直後の小球 A の速度を $v_A{}'$ とする。
右向きを正として運動量保存則より,

$$Mv_A = Mv_A{}' + \frac{M}{2}v_B$$

はね返り係数の式より,

$$v_A{}' - v_B = -e(v_A - 0)$$

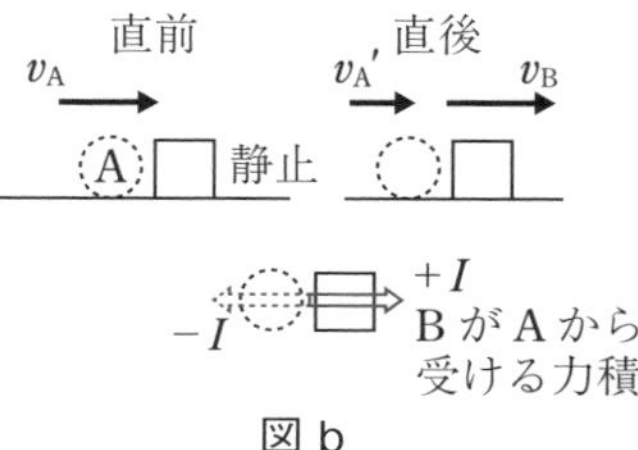

図 b

この2式より，

$$\therefore\quad v_{\mathrm{B}} = \underline{\boldsymbol{\frac{2(1+e)}{3} v_{\mathrm{A}}}} \quad \cdots\cdots②$$

※運動量と力積の関係を考えてみよう。

衝突における力積の大きさを I として，運動量と力積の関係は

$$\left.\begin{array}{l} \mathrm{A}:\underbrace{Mv_{\mathrm{A}}}_{\text{前}}\ \underbrace{-I}_{\text{力積}} = \underbrace{Mv_{\mathrm{A}}'}_{\text{後}} \\ \mathrm{B}:\dfrac{M}{2}\cdot 0 + I = \dfrac{M}{2}v_{\mathrm{B}} \end{array}\right\} \text{2式を足すと}\quad \underbrace{Mv_{\mathrm{A}} = Mv_{\mathrm{A}}' + \frac{M}{2}v_{\mathrm{B}}}_{\text{運動量保存則}}$$

Bの運動量と力積の関係を変形すると，

$$\text{力積}\ I = \underbrace{\frac{M}{2}v_{\mathrm{B}}}_{\text{後}} - \underbrace{\frac{M}{2}\cdot 0}_{\text{前}} = \underline{\boldsymbol{\frac{1+e}{3} M v_{\mathrm{A}}}}$$

力積の求め方

①力が一定の場合 ➡（力積）＝ F（力）× t（時間）

②力がわからないときあるいは力が一定ではない場合 ➡ 運動量の変化分

問3

斜面SUを運動中の様子は図cのようになる。運動方程式より，

$$\frac{M}{2}\cdot a = -\frac{M}{2}g\sin30^\circ - \mu\frac{M}{2}g\cos30^\circ \quad \therefore\quad a = \underline{\boldsymbol{-\frac{1+\sqrt{3}\,\mu}{2} g}}$$

問4

力学的エネルギーと仕事の関係より，

$$\underbrace{\frac{1}{2}\cdot\frac{M}{2}v_{\mathrm{B}}{}^2}_{\text{はじめの力学的エネルギー}} \underbrace{-\mu\frac{M}{2}g\cos30^\circ\times\frac{l}{2}}_{\text{摩擦力の仕事}} = \underbrace{\frac{1}{2}\cdot\frac{M}{2}\cdot 0^2 + \frac{M}{2}g\frac{l}{2}}_{\text{点Tの力学的エネルギー}}$$

$e = \dfrac{4}{5}$，$\mu = \dfrac{1}{\sqrt{3}}$ および①式と②式を代入して，$\cos\theta = \underline{\boldsymbol{\dfrac{12\sqrt{3}-1}{48}}}$

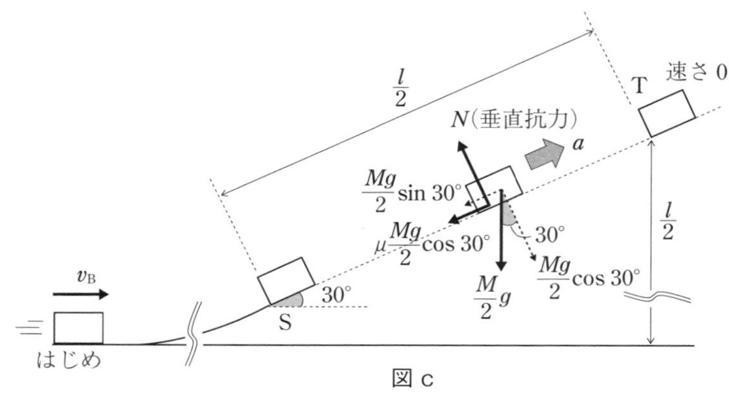

図 c

13　2物体の力学的エネルギーと仕事の関係

答

問 1　$-\frac{1}{2}mgH$　　問 2　$\sqrt{\frac{2(M-m)gH}{M+m}}$

問 3　$\frac{2mMgH}{M+m}$　　問 4　$\frac{M-m}{M+m}H$

解答への道しるべ

GR 1 仕事の求め方

力がわからないときの仕事は，力学的エネルギーの変化分を考える。

解説

問 1

物体 A と B にそれぞれ働く力を図示したのが図 a である。物体 A に働く動摩擦力の大きさは,

$$\mu N = \frac{1}{\sqrt{3}} \cdot mg\cos30° = \frac{1}{2}mg$$

仕事 W〔J〕

公式：　$W = F \cdot s$

力：F〔N〕　変位：s〔m〕

※力の向きと運動する向きが同じ向きの場合は$W > 0$

※力の向きと運動する向きが逆向きの場合は$W < 0$

したがって，動摩擦力の仕事 W_f は，

$$W_f = -\frac{1}{2}mg \cdot H = \underline{-\frac{\mathbf{1}}{\mathbf{2}}\boldsymbol{mgH}}$$

問2

物体AとBのそれぞれについて力学的エネルギーと仕事の関係を立ててみる。図bのように，重力の位置エネルギーの基準はAとBが動き始める位置を基準とする。また，垂直抗力の仕事を $W_N(=0)$，物体AとBに張力がする仕事をそれぞれ W_{TA}，W_{TB} とする。

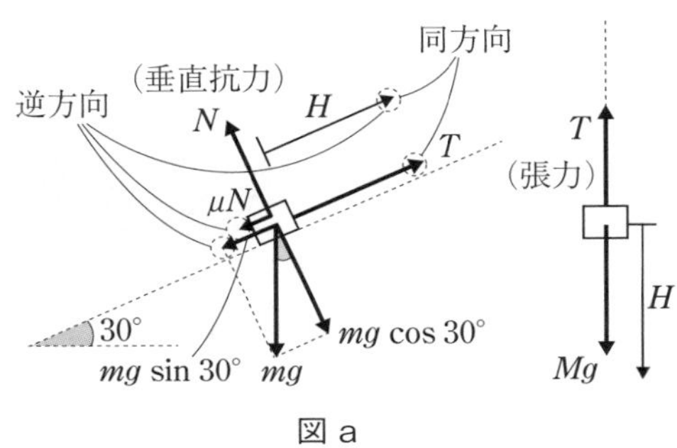

図a

物体A：$\underbrace{\frac{1}{2}m \cdot 0^2}_{\text{運動エネルギー}} + \underbrace{mg \cdot 0}_{\text{位置エネルギー}} + \underbrace{W_N + W_f + W_{TA}}_{\text{非保存力の仕事の和}} = \underbrace{\frac{1}{2}mv^2}_{\text{運動エネルギー}} + \underbrace{mg \cdot H\sin 30°}_{\text{位置エネルギー}}$

はじめの力学的エネルギー　　おわりの力学的エネルギー

$$\frac{1}{2}m \cdot 0^2 + mg \cdot 0 + 0 + \left(-\frac{1}{2}mgH\right) + T \cdot H = \frac{1}{2}mv^2 + mg \cdot H\sin 30° \quad \cdots\cdots①$$

物体B：$\underbrace{\frac{1}{2}M \cdot 0^2}_{\text{運動エネルギー}} + \underbrace{Mg \cdot 0}_{\text{位置エネルギー}} + \underbrace{W_{TB}}_{\text{非保存力の仕事}} = \underbrace{\frac{1}{2}Mv^2}_{\text{運動エネルギー}} + \underbrace{Mg \cdot (-H)}_{\text{位置エネルギー}}$

はじめの力学的エネルギー　　おわりの力学的エネルギー

$$\frac{1}{2}M \cdot 0^2 + Mg \cdot 0 + \left(-T \cdot H\right) = \frac{1}{2}Mv^2 + Mg \cdot (-H) \cdots\cdots②$$

①式＋②式より，物体系に注目した力学的エネルギーと仕事の関係は，

$$\frac{1}{2}m \cdot 0^2 + mg \cdot 0 + 0 + \left(-\frac{1}{2}mgH\right) + \cancel{T \cdot H} = \frac{1}{2}mv^2 + mg \cdot H\sin 30°$$

$$+)\quad \frac{1}{2}M \cdot 0^2 + Mg \cdot 0 \qquad -\cancel{T \cdot H} = \frac{1}{2}Mv^2 + Mg \cdot (-H)$$

$$0 + \left(-\frac{1}{2}mgH\right) = \frac{1}{2}Mv^2 + \frac{1}{2}mv^2 + mg \cdot H\sin 30° + Mg \cdot (-H)$$

張力がAとBになす仕事は符号が逆なので，物体系に注目すれば，張力の仕事はキャンセルされることになる。この式を v について解く。

$$\frac{1}{2}(M+m)v^2=-\frac{1}{2}mgH-mg\cdot H\sin30^\circ-Mg\cdot(-H)$$

$$\therefore\quad v=\sqrt{\frac{\boldsymbol{2(M-m)gH}}{\boldsymbol{M+m}}}$$

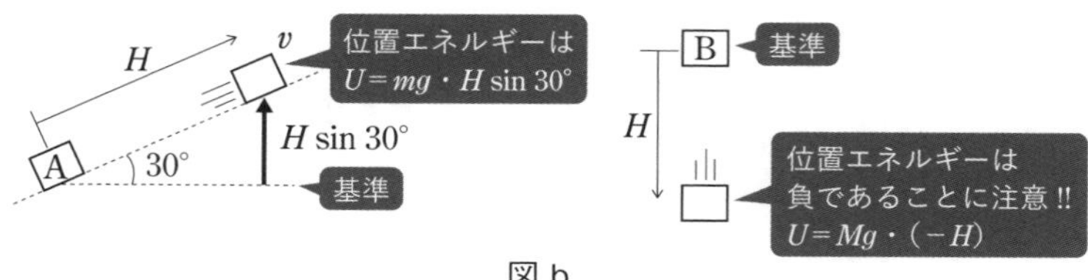

図 b

問3

仕事の求め方

①力が一定の場合

➡ (仕事)$=F$(力)$\times s$(変位)

②力がわからないときあるいは力が一定ではない場合

➡ エネルギーの変化分

張力の大きさは求まっていないので，力は不明である。よって，力学的エネルギーと仕事の関係を用いればよい。①式より，

W_{TA}のこと

$$T\cdot H=\frac{1}{2}mv^2+mg\cdot H\sin30^\circ+\frac{1}{2}mgH=\frac{\boldsymbol{2mMgH}}{\boldsymbol{M+m}}$$

問4

物体Bが地面に達した後，糸がたるみ，張力は働かない。Bが地面に達した直後は，Aの速さが v であることに注意しよう。Aに注目して，最高点に達するまでに斜面を移動した距離を x として，力学的エネルギーと仕事の関係より，

$$\frac{1}{2}mv^2+mg\cdot0+\left(-\frac{1}{2}mgx\right)=\frac{1}{2}m\cdot0^2+mg\cdot x\sin30^\circ$$

運動エネルギー　位置エネルギー　→ はじめの力学的エネルギー

動摩擦力の仕事

運動エネルギー　位置エネルギー　→ おわりの力学的エネルギー

$$\therefore \quad x = \underline{\boldsymbol{\frac{M-m}{M+m}H}}$$

（動摩擦力）
$\frac{1}{2}mg$
x
速さ 0
位置エネルギーは $U = mg \cdot x\sin 30°$
v
A
30°
$x\sin 30°$
基準

14	2体問題①

答

問1　$\sqrt{2gr}$　　問2　小球：$\dfrac{|m-M|}{M+m}\sqrt{2gr}$，台：$\dfrac{2m}{M+m}\sqrt{2gr}$

問3　速さ：$\dfrac{m}{M+m}\sqrt{2gr}$，高さ：$\dfrac{M}{M+m}r$

解答への道しるべ

GR 1　運動量が保存するとき

衝突・分裂・合体のとき，運動量は保存する。

解説

問1

突起Dに衝突する直前の小球の速さを v_0 として，力学的エネルギー保存則より，

$$mgr = \frac{1}{2}mv_0^{\,2} \quad \therefore \quad v_0 = \underline{\boldsymbol{\sqrt{2gr}}}$$

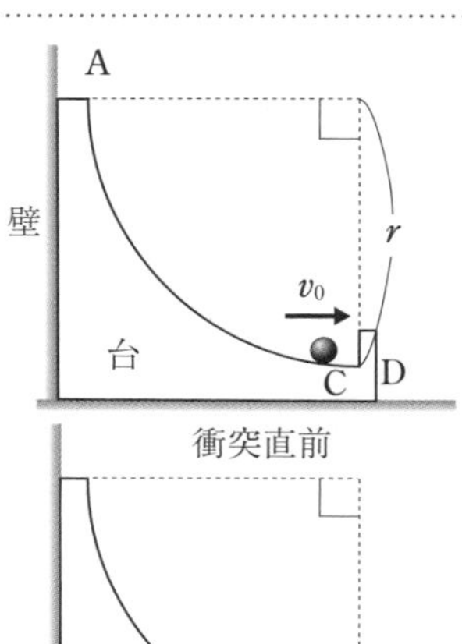

衝突直前
衝突直後

問2

衝突直後の小球と台の速度をそれぞれ，v，V として，水平方向の運動量保存則は，図の右向きを正として，

$$mv_0 + M\cdot 0 = mv + M\cdot V \quad \cdots\cdots①$$

また，反発係数の式より，

$$v - V = -1\cdot(v_0 - 0) \quad \cdots\cdots②$$

2式を連立して，

$$\therefore \quad v = \frac{m-M}{M+m}\sqrt{2gr}, \quad V = \frac{2m}{M+m}\sqrt{2gr}$$

小球の**速さ**（大きさ）は問題文に M と m の大小関係が示されていないので，絶対値をつけておこう。

$$|v| = \boldsymbol{\frac{|m-M|}{M+m}\sqrt{2gr}}, \quad V = \boldsymbol{\frac{2m}{M+m}\sqrt{2gr}}$$

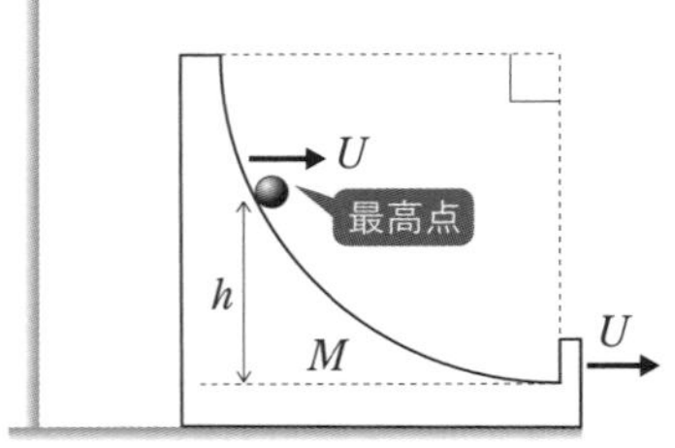

問3

小球が最高点に達したときは台と小球の速度は等しい（つまり，**合体**しているとみなす）。この速度を U とする。水平方向の運動量保存則より，

$$mv_0 = (M+m)U \quad \therefore \quad U = \frac{m}{M+m}v_0 = \boldsymbol{\frac{m}{M+m}\sqrt{2gr}}$$

また，小球が最高点に達したときの点Cから測った高さを h とする。**摩擦などの熱が発生していない**ので，**力学的エネルギーは保存される**。力学的エネルギー保存則より，

$$\underset{\text{はじめ}}{mgr} = \frac{1}{2}(m+M)U^2 + mgh \quad \therefore \quad h = \boldsymbol{\frac{M}{M+m}r}$$

15　2体問題②

答

問1　$h_P = \dfrac{v^2}{2g}$　　問2　①（b）　②（c）

問3　$V = \dfrac{m}{M+m}v$　　問4　$\dfrac{M}{M+m}$ 倍

解答への道しるべ

GR 1 運動量が保存するとき

衝突・分裂・合体のときは運動量が保存される。

CHAPTER 1 力学

解説

問1

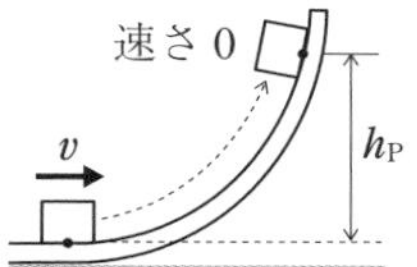

力学的エネルギー保存則より，

$$\frac{1}{2}mv^2 = mgh_P \quad \therefore \quad h_P = \underline{\boldsymbol{\frac{v^2}{2g}}}$$

問2

板が動くと，小物体のBQ間の運動は床から見た場合に円運動にならない。板の上を小物体が運動しているので，小物体の軌道は下図のような点線の軌道になる。**点線の軌道は，小物体に働く垂直抗力と常に垂直にはなっていない**ので，板から受ける垂直抗力は小物体を減速させるように仕事をする。また，作用・反作用より，板にも小物体に働く垂直抗力と同じ大きさで反対向きに垂直抗力が働き，この力は板を加速させるように仕事をする。**小物体のみで考えれば，板から受ける垂直抗力が仕事をすることで力学的エネルギーが減少し，h_P まで上ることができない**。

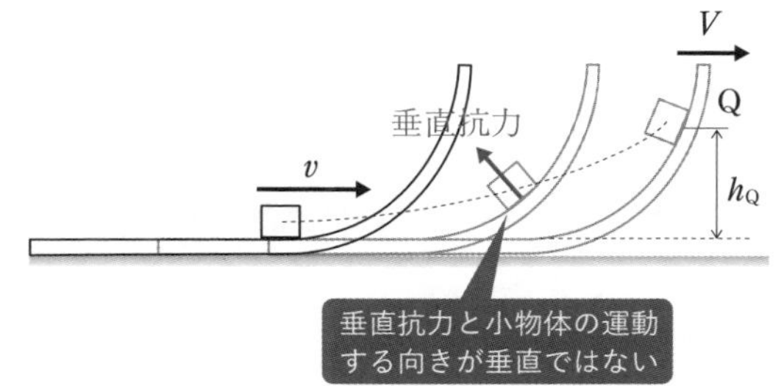

答え：①：**(b)**　②：**(c)**

問3

小物体が板の上で静止したとき，小物体と板は同じ速さになる(つまり，**合体**とみなせる)。小物体と板の物体系の水平方向の運動量保存則は，

$$mv + M \cdot 0 = (M+m) \cdot V \quad \therefore \quad V = \underline{\boldsymbol{\frac{m}{M+m}v}}$$

問4

小物体あるいは板のみで考えれば，垂直抗力が仕事をすることで力学的エネルギーは保存しないが，**物体系（小物体と板）で考えれば，力学的エネルギー**

15

2体問題②

は保存する。物体系の力学的エネルギー保存則より，

$$\frac{1}{2}mv^2 = \frac{1}{2}(m+M)V^2 + mgh_Q \quad \therefore \quad h_Q = \frac{Mv^2}{2g(M+m)}$$

したがって，h_Q/h_P は，

$$\frac{h_Q}{h_P} = \frac{Mv^2}{2g(M+m)} \div \frac{v^2}{2g} = \underline{\boldsymbol{\frac{M}{M+m}}}\,(<1)$$

この値は1より小さいので，$h_Q < h_P$ であることがわかり，板が動く場合，小物体の運動エネルギーは重力の位置エネルギーに全て使われるのではなく，板の運動エネルギーに分配されていることを示している。

16　2体問題③

答　問1　$\frac{1}{2}v$　問2　$v\sqrt{\frac{m}{2k}}$　問3　v

解答への道しるべ

GR 1 運動量が保存するとき

外力が働かない物体系において運動量は保存される。

解説

問1

ばねが最も縮んだとき，AとBの速さは等しくなる。この速さを U とする。Aには弾性力が左向きに働くことで，Aは徐々に減速し，Bには弾性力が右向きに働くことでBは加速する。**AとBの物体系で考えれば，弾性力は内力となるので，物体系の運動量は保存される**。水平方向の運動量保存則より，

$$\underbrace{mv + m\cdot 0}_{\text{図a}} = \underbrace{(m+m)\cdot U}_{\text{図c}} \quad \therefore \quad U = \underline{\boldsymbol{\frac{1}{2}v}}$$

問2

運動中に摩擦などの熱エネルギーの損失はないので，力学的エネルギーは保存する。AとBが速さUで運動しているときのばねの縮みをxとして，力学的エネルギー保存則より，

$$\underbrace{\frac{1}{2}mv^2}_{\text{図a}} = \underbrace{\frac{1}{2}(m+m)U^2 + \frac{1}{2}kx^2}_{\text{図c}} \quad \therefore \quad x = \boldsymbol{v\sqrt{\frac{m}{2k}}}$$

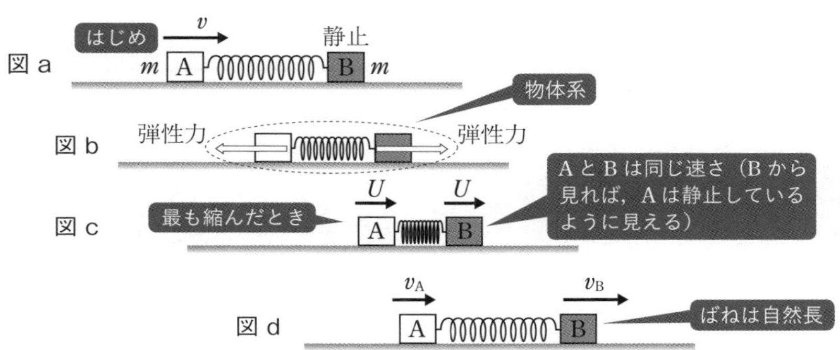

問3

自然長になったときのAとBの速度をそれぞれv_A，v_Bとする。水平方向の運動量保存則より，

$$\underbrace{mv}_{\text{図a}} = \underbrace{mv_A + mv_B}_{\text{図d}}$$

力学的エネルギー保存則より，

$$\underbrace{\frac{1}{2}mv^2}_{\text{図a}} = \underbrace{\frac{1}{2}mv_A{}^2 + \frac{1}{2}mv_B{}^2}_{\text{図d}}$$

Bは弾性力を右向きに受け続けているので，$v_B > 0$となることに注意しよう。
2式より，$v_B = \boldsymbol{v}$，$v_A = 0$

※等質量かつ弾性衝突($e = 1$)のように速度交換されていることがわかる。速度交換は**問題11**参照。

16

2体問題③

17　なめらかな円すい面内での円運動

答

問1　$N = \dfrac{mg}{\sin\theta}$　　問2　$v = \sqrt{gh}$

問3　$T = 2\pi \tan\theta \sqrt{\dfrac{h}{g}}$　　問4　$m\dfrac{v^2}{h\tan\theta}$

問5　$N = \dfrac{mg}{\sin\theta}$

解答への道しるべ

GR 1 遠心力が働くとき

観測者が物体とともに円運動しながら観測したときに見える力。

解説

[A]　問1

図aのように，**静止している観測者から小球の運動を見ると，等速円運動しているように見え，遠心力は働かない**。よって，小球に働く力は大きさ mg の重力と大きさ N の垂直抗力である。**等速円運動では，円の中心向きに加速度が生じる**。小球の速さを v とすると，その**加速度の大きさは $\dfrac{v^2}{h\tan\theta}$** となる。

向心加速度 a〔m/s²〕

公式：$$\boldsymbol{a} = \boldsymbol{r}\boldsymbol{\omega}^2 = \frac{\boldsymbol{v}^2}{\boldsymbol{r}}$$

半径：r〔m〕
速さ：v〔m/s〕
角速度：ω〔rad/s〕

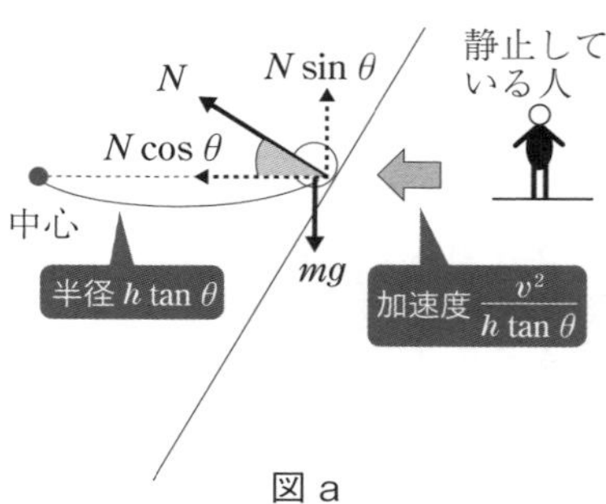

図a

鉛直方向の力のつり合いより，

$$N\sin\theta = mg \quad \therefore \quad N = \underline{\frac{\boldsymbol{mg}}{\boldsymbol{\sin\theta}}}$$

重力を分解して，
$N = mg\sin\theta$ としてはダメ!!
図bの遠心力で考えればすぐわかる。

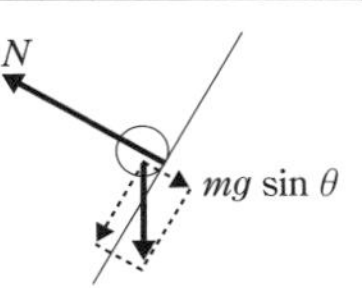

問2

中心方向の運動方程式より，

$$m \cdot \underbrace{\frac{v^2}{h\tan\theta}}_{\text{加速度}} = \underbrace{+N\cos\theta}_{\text{中心方向の力}}$$

$$= \frac{mg}{\sin\theta} \cdot \cos\theta \quad \therefore \quad v = \underline{\sqrt{\boldsymbol{gh}}}$$

問3

周期の公式：$T = \dfrac{2\pi}{\omega} = \dfrac{2\pi r}{v}$ より，

$$T = \frac{2\pi h\tan\theta}{v} = \frac{2\pi h\tan\theta}{\sqrt{gh}} = \underline{\boldsymbol{2\pi\tan\theta\sqrt{\frac{h}{g}}}}$$

［B］ 図bのように，**小球とともに回転している観測者から見るとき，遠心力が働いているように見える**。この場合，小球は静止して見える。

遠心力 F〔N〕

公式：$\boldsymbol{F = mr\omega^2 = m\dfrac{v^2}{r}}$

半径：r〔m〕
速さ：v〔m/s〕
角速度：ω〔rad/s〕

遠心力は物体とともに円運動している観測者から見える見かけの力。
向き：中心から遠ざかる向き

問4

遠心力の大きさ：$\underline{\boldsymbol{m\dfrac{v^2}{h\tan\theta}}}$

問5

斜面に垂直な方向の力のつり合いは，

$$N = mg\sin\theta + m\frac{v^2}{h\tan\theta} \times \cos\theta \quad \cdots\cdots①$$

遠心力が働くので，$N = mg\sin\theta$ は不成立！

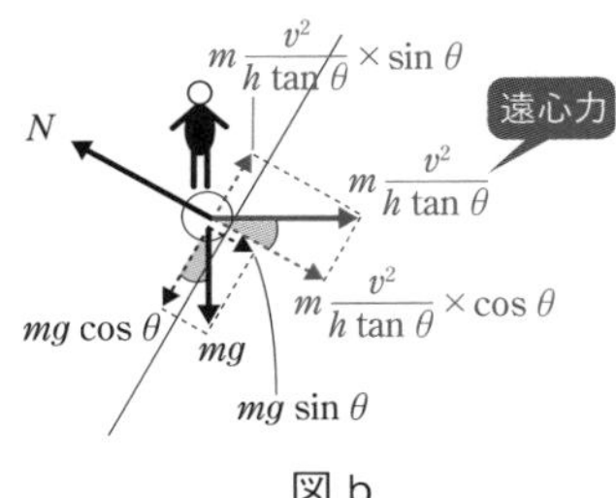

図b

斜面に平行な方向は，

$$mg\cos\theta = m\frac{v^2}{h\tan\theta}\times\sin\theta \quad \cdots\cdots②$$

②式より，$v=\sqrt{gh}$ と求まり，この v を①に代入して，

$$N = mg\sin\theta + m\frac{gh}{h\tan\theta}\times\cos\theta = mg\sin\theta + m\frac{g\cos^2\theta}{\sin\theta}$$

$$= mg\left(\frac{\sin^2\theta+\cos^2\theta}{\sin\theta}\right) = \frac{mg}{\sin\theta} \quad \therefore \quad N = \underline{\boldsymbol{\frac{mg}{\sin\theta}}}$$

18 円すい振り子

答

問1 $2\pi\sqrt{\dfrac{L\cos\theta}{g-A}}$　問2 $\sin\theta\sqrt{\dfrac{(g-A)L}{\cos\theta}}$

問3 $\sqrt{\dfrac{2H}{g-A}}$　問4 $\sin\theta\sqrt{\dfrac{2HL}{\cos\theta}}$

解答への道しるべ

GR 1 加速度運動するエレベーター内の物体の運動

加速度運動するエレベーター内での物体の運動は，慣性力を用いる。

解説

問1

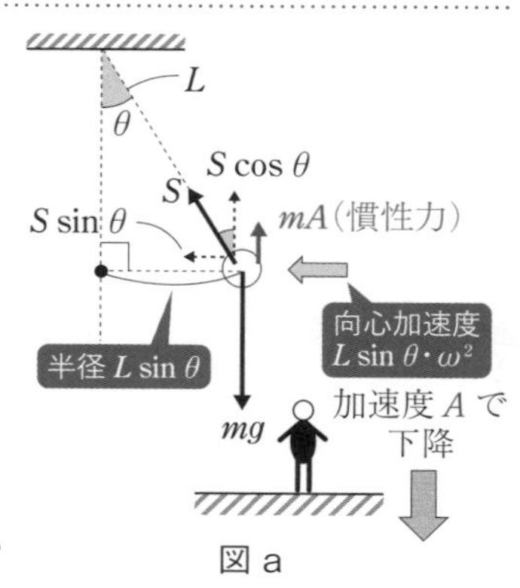

図 a

小球に働く力は重力，張力があり，**エレベーター内で観測すれば，慣性力が働く**。エレベーターは下向きに大きさ A の加速度で運動しているので，小球には慣性力が鉛直上向きに働く。また，小球は**等速円運動しているので，中心向きに加速度が生じる**。小球の角速度を ω とすると，向心加速度は $L\sin\theta\cdot\omega^2$ と表せる。張力の大きさを S として，鉛直方向の力のつり合いより，

$$S\cos\theta + mA = mg \quad \cdots\cdots ①$$

中心方向の運動方程式より，

$$m(\underbrace{L\sin\theta\cdot\omega^2}_{\text{加速度}}) = +S\sin\theta \quad \cdots\cdots ②$$

①式より，$S = \dfrac{m(g-A)}{\cos\theta}$

②式より，$mL\sin\theta\cdot\omega^2 = \dfrac{m(g-A)}{\cos\theta}\times\sin\theta \quad \therefore \quad \omega = \sqrt{\dfrac{g-A}{L\cos\theta}}$

したがって，周期の公式より，

$$T = \frac{2\pi}{\omega} = 2\pi \div \sqrt{\frac{g-A}{L\cos\theta}} = \underline{\boldsymbol{2\pi\sqrt{\frac{L\cos\theta}{g-A}}}}$$

［ **別解** ］

エレベーター内では大きさ $m(g-A)$ の見かけの重力が働くと考えてもよい。

問2

エレベーター内は見かけの重力加速度 $g-A$ が生じている空間だと思えばよい。糸を離れた瞬間は円軌道の接線方向に速さ $L\sin\theta\cdot\omega$ である。小球が糸から離れた後は図 b と図 c のように，**水平方向は速さ $L\sin\theta\cdot\omega$ の等速度運動であり，鉛直方向は下向きに加速度 $g-A$ で落下すると考えればよい**。

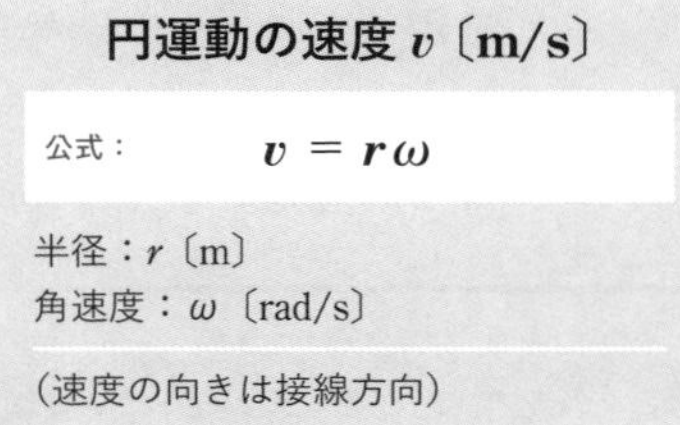

円運動の速度 v〔m/s〕

公式： $v = r\omega$

半径：r〔m〕
角速度：ω〔rad/s〕

（速度の向きは接線方向）

$$\underbrace{L\sin\theta\cdot\omega}_{\text{速さ}} = L\sin\theta\times\sqrt{\frac{g-A}{L\cos\theta}}$$

$$= \underline{\boldsymbol{\sin\theta\sqrt{\frac{(g-A)L}{\cos\theta}}}}$$

図 b：真上から見た図

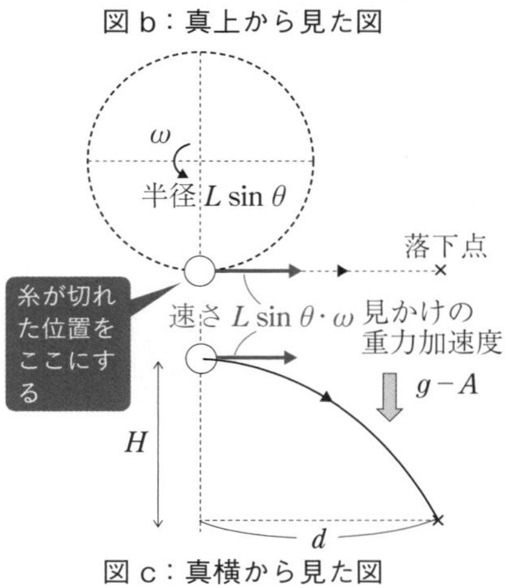

図 c：真横から見た図

問3

鉛直方向は鉛直下向きに加速度 $g-A$ で落下するので，落下するまでの時間を t として，

$$H=\frac{1}{2}(g-A)t^2 \quad \therefore \quad t=\underline{\sqrt{\frac{\boldsymbol{2H}}{\boldsymbol{g-A}}}}$$

問4

水平方向は速さ $\sin\theta\sqrt{\frac{(g-A)L}{\cos\theta}}$ で等速直線運動するので，距離 d は，

$$d=\sin\theta\sqrt{\frac{(g-A)L}{\cos\theta}}\times\sqrt{\frac{2H}{g-A}}=\underline{\boldsymbol{\sin\theta}\sqrt{\frac{\boldsymbol{2HL}}{\boldsymbol{\cos\theta}}}}$$

19 鉛直面内の円運動①

答

問1　$v_1=\sqrt{{v_0}^2+2gl(1-\cos\theta_0)}$

問2　$S=\dfrac{m{v_0}^2}{l}+mg(3-2\cos\theta_0)$

問3　張力：$\dfrac{m{v_0}^2}{l}-mg(3+2\cos\theta_0)$　$v_0\geqq\sqrt{gl(3+2\cos\theta_0)}$

解答への道しるべ

GR 1 鉛直面内の円運動の問題の解き方

力学的エネルギー保存則を立てて，速さを求める。
中心方向の運動方程式を立てて力を求める。

解説

問1

最下点における速さを v_1 とし，力学的エネルギー保存則より，

$$\frac{1}{2}m{v_1}^2=\frac{1}{2}m{v_0}^2+mgl(1-\cos\theta_0)$$

$$\therefore \quad v_1=\underline{\sqrt{\boldsymbol{v_0}^2+\boldsymbol{2gl(1-\cos\theta_0)}}}$$

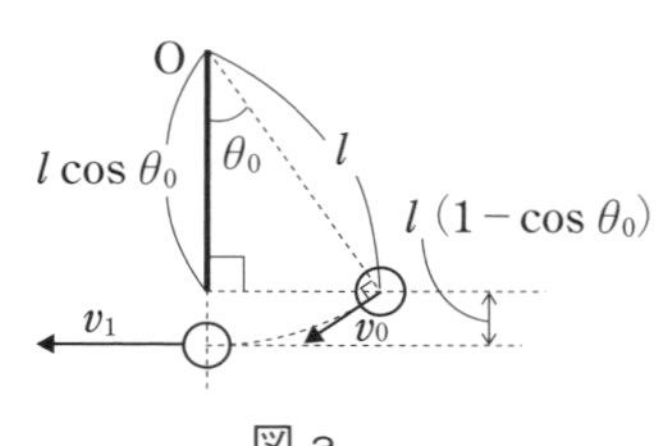

図 a

問2

最下点における張力を S として，中心方向の運動方程式より，

$$m \cdot \underbrace{\frac{v_1^2}{l}}_{\text{加速度}} = S - mg$$

$$S = m\frac{v_1^2}{l} + mg$$

$$= m \cdot \frac{v_0^2 + 2gl(1-\cos\theta_0)}{l} + mg$$

$$\therefore \quad \boldsymbol{S = \frac{mv_0^2}{l} + mg(3 - 2\cos\theta_0)}$$

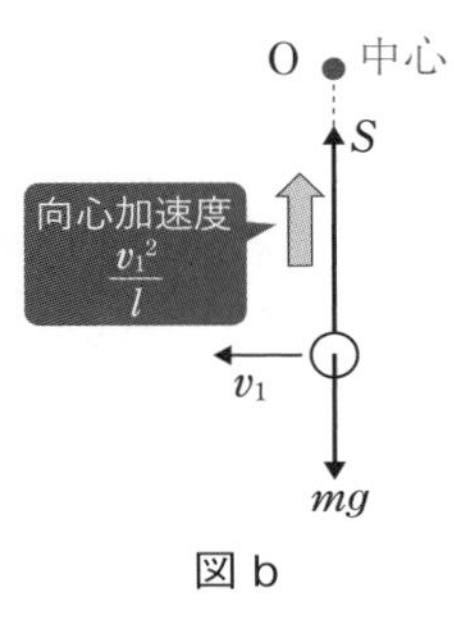

図 b

問3

最高点における小球の速さを v_2，張力の大きさを T とする。
力学的エネルギー保存則より，

$$\underbrace{\frac{1}{2}mv_0^2 + mgl(1 - \cos\theta_0)}_{\text{はじめ}} = \underbrace{\frac{1}{2}mv_2^2 + 2mgl}_{\text{最高点}}$$

また，中心方向の運動方程式より，

$$m \cdot \underbrace{\frac{v_2^2}{l}}_{\text{加速度}} = T + mg$$

2式より，v_2 を消去して，

$$\boldsymbol{T = \frac{mv_0^2}{l} - mg(3 + 2\cos\theta_0)}$$

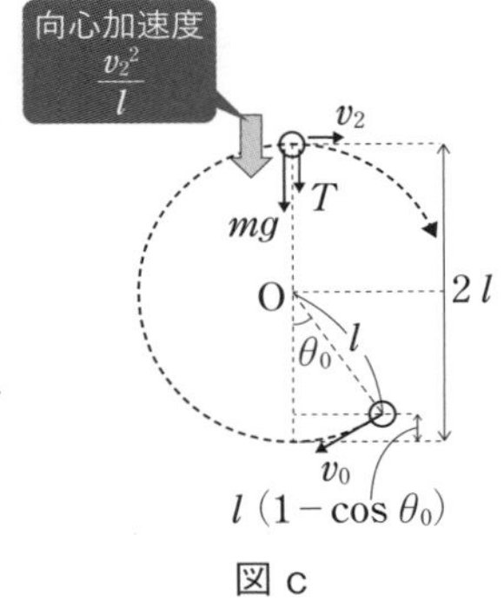

図 c

最高点では，張力 T が最も小さい。張力が最小のところで糸がたるまなければ，1回転することができる。したがって，**糸がたるまずに円運動するためには $T \geqq 0$ であればよい**。

$$T = \frac{mv_0^2}{l} - mg(3 + 2\cos\theta_0) \geqq 0 \quad \therefore \quad \boldsymbol{v_0 \geqq \sqrt{gl(3 + 2\cos\theta_0)}}$$

19 鉛直面内の円運動①

20 鉛直面内の円運動②

答

問1　$v = \sqrt{2ga(1 - \cos\theta)}$　　問2　$N = mg(3\cos\theta - 2)$

問3　$\cos\theta_0 = \dfrac{2}{3}$　　問4　$v_S = 2\sqrt{ga}$

解答への道しるべ

GR 1 鉛直面内の円運動の解き方

力学的エネルギー保存則と中心方向の運動方程式を立てる。

解説

問1

力学的エネルギー保存則より,

$$mga(1 - \cos\theta) = \frac{1}{2}mv^2$$

$$\therefore\quad v = \underline{\boldsymbol{\sqrt{2ga(1-\cos\theta)}}}$$

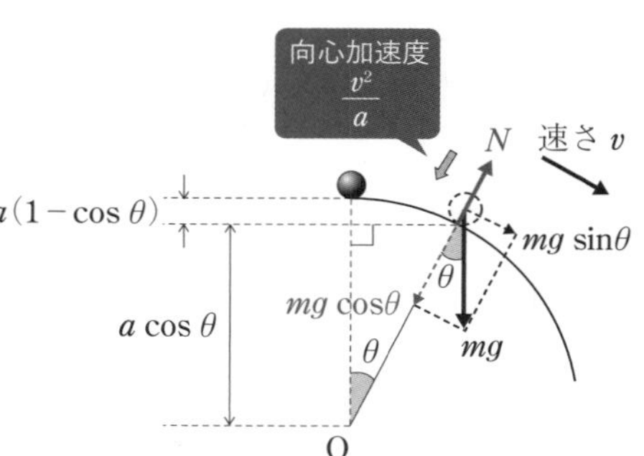

問2

中心方向の運動方程式より,

$$m\cdot\underbrace{\frac{v^2}{a}}_{\text{加速度}} = mg\cos\theta - N$$

$$N = mg\cos\theta - m\cdot\frac{v^2}{a}$$

$$= mg\cos\theta - m\cdot\frac{2ga(1-\cos\theta)}{a}$$

$$\therefore\quad N = \underline{\boldsymbol{mg(3\cos\theta - 2)}}$$

問3

<u>**点 P_0 で離れることから，$\theta = \theta_0$ で**</u>
<u>**$N = 0$**</u> とすればよい。問2より，

$$0 = mg(3\cos\theta_0 - 2)$$

$$\therefore \quad \cos\theta_0 = \underline{\mathbf{\frac{2}{3}}}$$

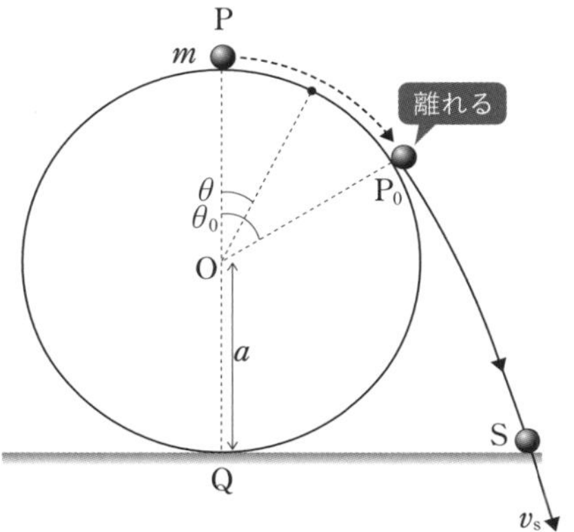

問4

点Pと点Sの間での力学的エネルギー保存則より，

$$mg \cdot 2a = \frac{1}{2}mv_S{}^2$$

$$\therefore \quad v_S = \underline{\mathbf{2\sqrt{ga}}}$$

21　鉛直面内の円運動③（遠心力の利用）

答

問1　$v_p = \sqrt{v_0{}^2 - 2gr\cos\theta}$　　問2　$N = 3mg\cos\theta - m\dfrac{v_0{}^2}{r}$

問3　$\sqrt{2gr} < v_0 \leqq \sqrt{3gr\cos\theta}$

解答への道しるべ

GR 1 鉛直面内の円運動の解き方

外周りの円運動で，面から離れるときは遠心力を利用する。

解説

問1

力学的エネルギー保存則より，

$$\frac{1}{2}mv_0{}^2 = \frac{1}{2}mv_p{}^2 + mgr\cos\theta$$

$\therefore \quad v_{\mathrm{P}} = \underline{\sqrt{v_0{}^2 - 2gr\cos\theta}}$

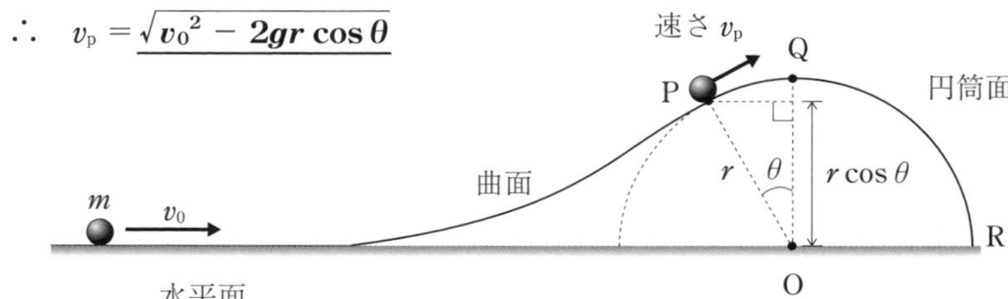

問2

中心方向の運動方程式より，

$$m \cdot \frac{v_{\mathrm{P}}{}^2}{r} = mg\cos\theta - N$$

$$N = mg\cos\theta - m \cdot \frac{v_{\mathrm{P}}{}^2}{r}$$

$$= mg\cos\theta - m \cdot \frac{v_0{}^2 - 2gr\cos\theta}{r}$$

$$\therefore \quad N = \underline{3mg\cos\theta - m\frac{v_0{}^2}{r}} \quad \cdots\cdots①$$

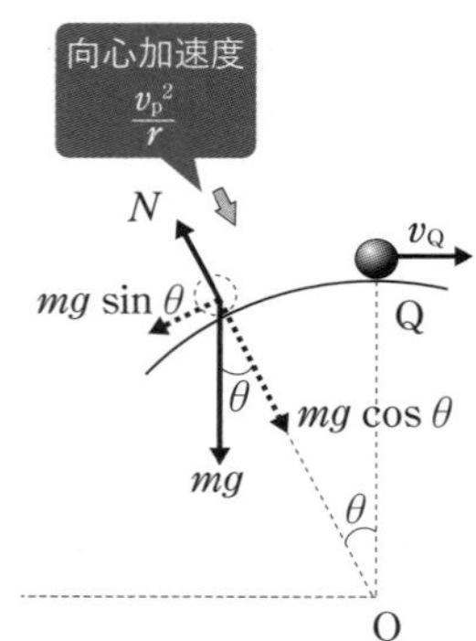

問3

小球が円筒面から離れずに最高点Qを通過する条件は，点Pで離れずに，点Qを通過すればよい。

まず，**点Qを通過する条件は，点Qでの運動エネルギーが正であればよい**ので，力学的エネルギー保存則より，

$$\frac{1}{2}mv_0{}^2 = \frac{1}{2}mv_{\mathrm{Q}}{}^2 + mgr$$

$$\underbrace{\frac{1}{2}mv_{\mathrm{Q}}{}^2}_{\text{点Qにおける運動エネルギー}} = \frac{1}{2}mv_0{}^2 - mgr > 0$$

$$\therefore \quad v_0 > \sqrt{2gr}$$

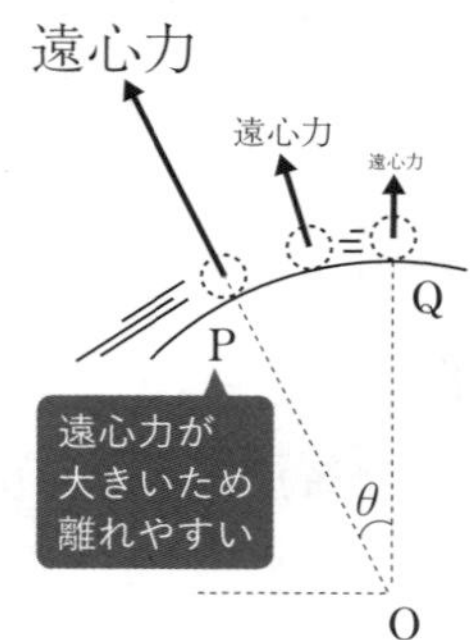

また，**点Pで離れない条件は，$N \geqq 0$であればよい**ので，①式より，

$$N = 3mg\cos\theta - m\cdot\frac{{v_0}^2}{r} \geqq 0$$

$$\therefore \quad v_0 \leqq \sqrt{3gr\cos\theta}$$

以上より，小球が円筒面から離れずに点Qを通過する v_0 の条件は，

$$\underline{\boldsymbol{\sqrt{2gr} < v_0 \leqq \sqrt{3gr\cos\theta}}}$$

注意　**よくあるミスとして，点Qで離れなければよいと勘違いしてしまいやすい**。遠心力で考えればわかりやすくなる。点Qは点Pに比べて遠心力が小さい。つまり，点Qは点Pよりも離れにくい点である。**点Pから点Qにかけての小球の運動では点Pが最も遠心力が大きく離れやすい点となる**。この点Pで離れなければ，点Qまでは絶対に離れないことがわかる。

22　鉛直ばね振り子

答

問1　$d = \dfrac{mg}{k}$　　問2　$ma = -kx + mg$

問3　中心：$x = \dfrac{mg}{k}$，周期：$2\pi\sqrt{\dfrac{m}{k}}$，振幅：$\dfrac{mg}{k}$

問4　速さ：$g\sqrt{\dfrac{m}{k}}$　　問5　時刻：$\dfrac{2\pi}{3}\sqrt{\dfrac{m}{k}}$，速さ：$\dfrac{g}{2}\sqrt{\dfrac{3m}{k}}$

解答への道しるべ

GR 1　単振動の問題の解き方

ある位置 x における運動方程式を立てよう。

GR 2　ある位置 x を通過するときの時刻の求め方

ある位置 x を通過するときの時刻を求めるときは，等速円運動の射影で考える。

解説

まず，つり合いの状態が図 a−1 となる。図 a−2 は静かにはなした位置で**振動の端**となる。図 a−3 はある位置 x における振動中の状態である。図 a−3 において，運動方程式を立てると，

$$ma = -kx + mg$$

$$ma = -\underset{\text{くくる}}{k}\left(x - \frac{mg}{k}\right)$$

$$a = -\underset{\omega^2}{\frac{k}{m}}\left(x - \underset{\text{振動中心}}{\frac{mg}{k}}\right)$$

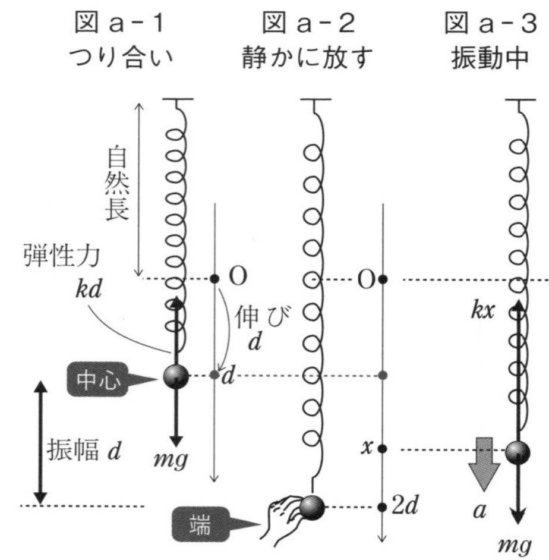

単振動の加速度 a〔m/s²〕

公式：$a = -\omega^2(x - x_0)$

角振動数：ω〔rad/s〕
位置：x〔m〕
振動中心の位置：x_0〔m〕

※加速度を上のような形に変形すると，角振動数と振動の中心がわかるようになっている。単振動の問題では必ず，加速度をこの形に変形しよう。

したがって，角振動数は $\omega = \sqrt{\frac{k}{m}}$ と求まり，振動中心の位置は，

$$x = \frac{mg}{k}$$

問 1

図 a−1 において，力のつり合いより，$kd = mg$ ∴ $d = \frac{mg}{k}$

問 2

運動方程式は，$ma = -kx + mg$

CHAPTER 1 力学

問 3

振動中心の位置は，$x = \boldsymbol{\frac{mg}{k}}$

また，**静かにはなした $x = 2d$ が振動の端**で，**中心の座標は $x = d$** である。

振幅は中心と端の差となるので，$A = d = \boldsymbol{\frac{mg}{k}}$

$$\omega = \sqrt{\frac{k}{m}} \text{ より，周期は，} T = \frac{2\pi}{\omega} = \boldsymbol{2\pi\sqrt{\frac{m}{k}}}$$

問 4

速さが最大となるのは，振動の中心であり，その大きさは，

$$v_{\max} = A\omega = d\sqrt{\frac{k}{m}}$$

$$= \frac{mg}{k}\sqrt{\frac{k}{m}} = \boldsymbol{g\sqrt{\frac{m}{k}}}$$

振動中心の速さ v〔m/s〕

公式： $\boldsymbol{v_{\max} = A\omega}$

角振動数：ω〔rad/s〕
振幅：A〔m〕

問 5

図 b のように，単振動を等速円運動の射影として捉える。おもりが $x = \frac{d}{2}$ を通過する時刻は円運動では，120° 回転していることになる。360° を 1 周期と考えて，120° 回転したときの時刻は，

$$t = \frac{120°}{360°}T = \frac{T}{3}$$

$$= \boldsymbol{\frac{2\pi}{3}\sqrt{\frac{m}{k}}}$$

また，このときの速さ v は，

$$v = d\omega\cos 30°$$

$$= \frac{mg}{k}\sqrt{\frac{k}{m}} \times \frac{\sqrt{3}}{2}$$

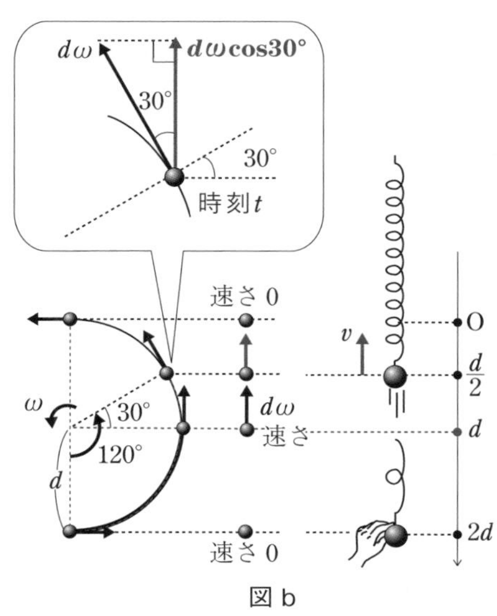

図 b

22
鉛直ばね振り子

$$\therefore\quad v=\frac{g}{2}\sqrt{\frac{3m}{k}}$$

［問５の別解①］

力学的エネルギー保存則を用いてみる。**最下点である $x=2d$ を重力の位置エネルギーの基準**として，力学的エネルギー保存則を立てると，

$$\underbrace{\frac{1}{2}m\cdot 0^2+mg\cdot 0+\frac{1}{2}k(2d)^2}_{\text{最下点}(x=2d)}$$

$$=\underbrace{\frac{1}{2}mv^2+mg\cdot\frac{3}{2}d+\frac{1}{2}k\left(\frac{d}{2}\right)^2}_{\text{求める位置}\ (x=d/2)}$$

$d=\dfrac{mg}{k}$ を代入して，

$$\therefore\quad v=\frac{g}{2}\sqrt{\frac{3m}{k}}$$

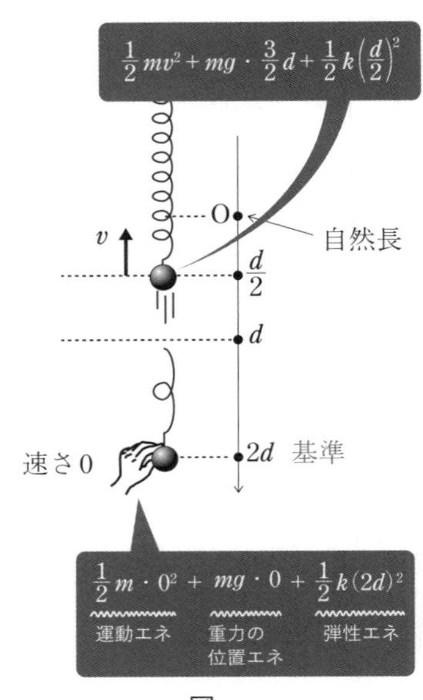

図 c

［問５の別解②］

復元力の位置エネルギーを用いる。

復元力とは単振動における物体に働く合力のことである。図 d のように，ある位置 x における合力 F を考えてみる。

$$F=+mg-kx$$

$$=-k\cdot\left(x-\frac{mg}{k}\right)$$

$$=-\boxed{k}\cdot\underbrace{(x-d)}_{\text{中心からのずれ}}$$

比例定数

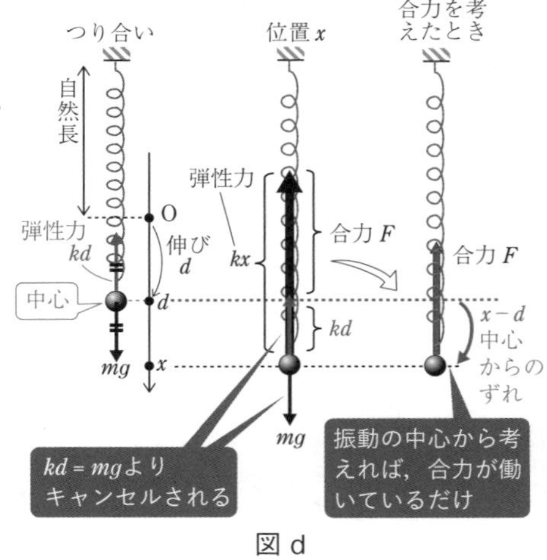

図 d

結局，重力と弾性力の２つの力が働いている単振動では複雑に見えるので，重力と弾性力を１本化して合力のみが働いている単振動とみなす。

合力 F は，

$$F = -K \times (\text{中心からのズレ})$$

と表すことができる。このときの **F を復元力**といい，**K を復元力の比例定数**という。また，復元力はばねの周期と弾性エネルギーと同等の扱いができる。よって，以下の式も定義できる。

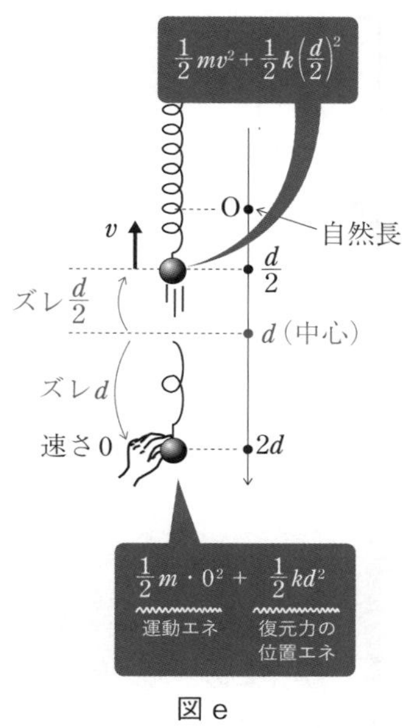

図 e

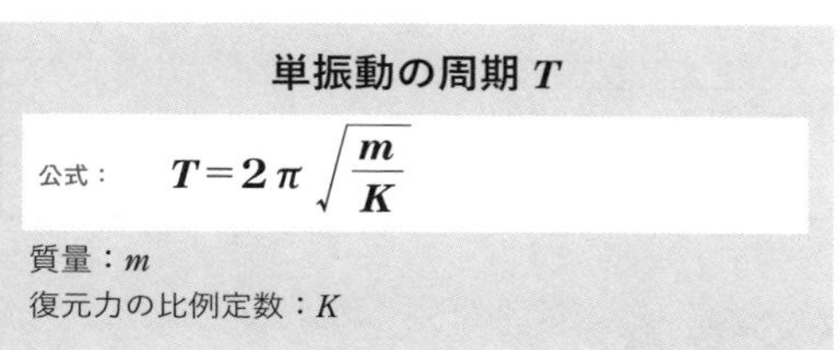

単振動の周期 T

公式：　$T = 2\pi\sqrt{\dfrac{m}{K}}$

質量：m
復元力の比例定数：K

復元力の位置エネルギー U

公式：　$U = \dfrac{1}{2}K \times (\text{中心からのズレ})^2$

復元力の比例定数：K

復元力の位置エネルギーは振動の中心からのズレに注意しよう。復元力の位置エネルギーを用いたエネルギー保存則より，

$$\underbrace{\frac{1}{2}m \cdot 0^2 + \frac{1}{2}kd^2}_{\text{最下点}(x=2d)} = \underbrace{\frac{1}{2}mv^2 + \frac{1}{2}k\left(\frac{d}{2}\right)^2}_{\text{求める位置}\left(x=\frac{d}{2}\right)}$$

復元力の位置エネルギー
$U = \frac{1}{2}K \square^2$（□：ズレ）

$d = \dfrac{mg}{k}$ を代入して，　∴　$v = \dfrac{g}{2}\sqrt{\dfrac{3m}{k}}$

23 重ねられた2物体の単振動

答

問1　$d = \dfrac{Mg}{k}$　　問2　$v_0 = \sqrt{2gh}$，$v_1 = \dfrac{m}{M+m}\sqrt{2gh}$

問3　$(M+m)a = mg - kx$　　問4　$x_0 = \dfrac{mg}{k}$，$T = 2\pi\sqrt{\dfrac{M+m}{k}}$

問5　$x_1 = \dfrac{mg}{k} + \sqrt{\dfrac{(M+m){v_1}^2}{k} + \left(\dfrac{mg}{k}\right)^2}$

解答への道しるべ

GR 1 単振動のエネルギー保存

単振動の中心の位置を基準にすると，エネルギー保存則

$$\frac{1}{2}mv^2 + \frac{1}{2}K\times(\text{中心からのズレ})^2 = \text{一定}$$

が成り立つ。(K：復元力の比例定数)

解説

問1

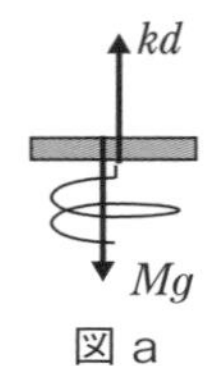

図 a

力のつり合いより，$kd = Mg$　∴　$\boldsymbol{d = \dfrac{Mg}{k}}$

問2

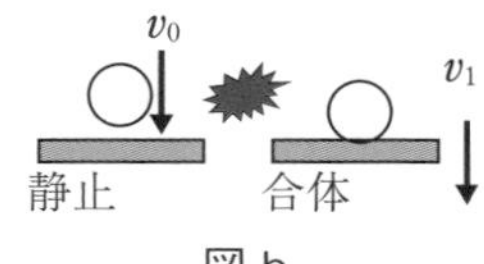

図 b

力学的エネルギー保存則より，

$$mgh = \frac{1}{2}m{v_0}^2 \quad ∴\quad v_0 = \boldsymbol{\sqrt{2gh}}$$

衝突後，円板と粘土塊が合体したので，運動量が保存する。運動量保存則より，

$$\underbrace{mv_0}_{\text{衝突前}} = \underbrace{(M+m)v_1}_{\text{衝突後}} \quad ∴\quad v_1 = \boldsymbol{\frac{m}{M+m}\sqrt{2gh}}$$

問3・問4

位置 x に円板と粘土塊があるとき，粘土塊と円板との間に働く垂直抗力の大きさを N として，それぞれに働く力は図cのようになる。
円板と粘土塊の x 軸方向の運動方程式は，それぞれ

粘土塊：$ma = mg - N$ ……①

円板：$Ma = Mg + N - k(d+x)$ ……②

①＋②式より，

$$(M+m)a = (M+m)g - k(d+x)$$

$$(M+m)a = Mg + mg - kd - kx$$

問1より，$kd = Mg$

$$\underline{\boldsymbol{(M+m)a = mg - kx}}$$ 問3

$$= -k\left(x - \frac{mg}{k}\right)$$

復元力 $F = -K\cdot(x - x_0)$

$$\therefore\quad a = -\frac{k}{M+m}\left(x - \frac{mg}{k}\right)$$

ω^2　振動中心

単振動の加速度と比較
$a = -\omega^2\cdot(x - x_0)$
ω：角振動数

振動中心の位置は $x_0 = \underline{\boldsymbol{\dfrac{mg}{k}}}$ 問4

また，角振動数 ω は，$\omega = \sqrt{\dfrac{k}{M+m}}$ となり，周期の公式より，

$$T = \frac{2\pi}{\omega} = \underline{\boldsymbol{2\pi\sqrt{\frac{M+m}{k}}}}$$ 問4

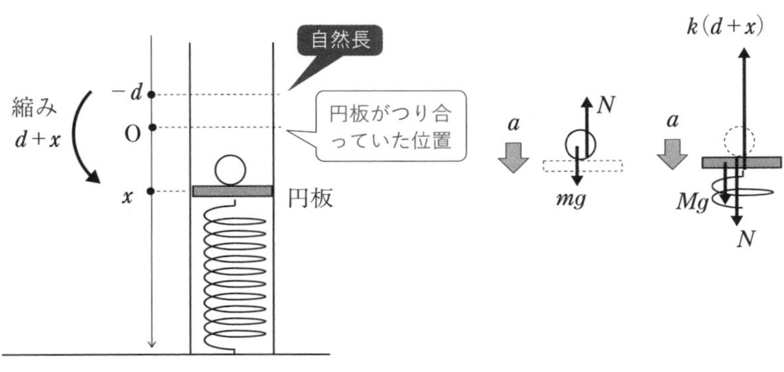

図c

23

重ねられた2物体の単振動

問 5

復元力の位置エネルギーを用いたエネルギー保存則より，

$$\underbrace{\frac{1}{2}(M+m){v_1}^2+\frac{1}{2}k{x_0}^2}_{\text{前}}=\underbrace{\frac{1}{2}(M+m)\cdot 0^2+\frac{1}{2}k(x_1-x_0)^2}_{\text{後}}$$

復元力の位置エネルギー
$U=\frac{1}{2}K\square^2$（□：ズレ）

$$(x_1-x_0)^2=\frac{(M+m){v_1}^2}{k}+{x_0}^2$$

$$x_1-x_0=\sqrt{\frac{(M+m){v_1}^2}{k}+{x_0}^2}$$

$$\therefore\quad x_1=\underline{\frac{mg}{k}+\sqrt{\frac{(M+m){v_1}^2}{k}+\left(\frac{mg}{k}\right)^2}}$$

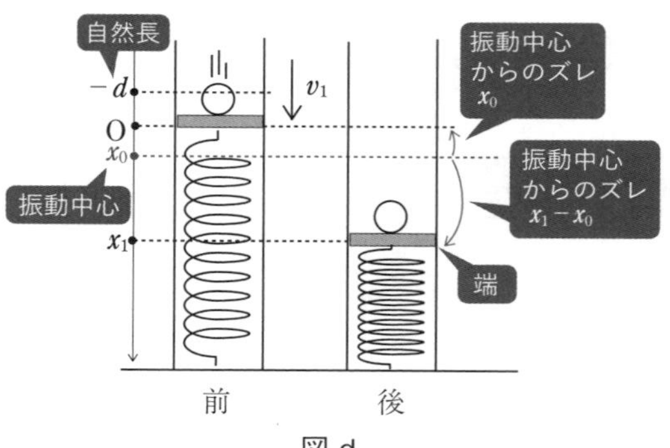

図 d

24 単振り子

答

① 復元力　② $-mg\sin\theta$　③ $\dfrac{x}{l}$

④ $-\dfrac{mg}{l}x$　⑤ $T=2\pi\sqrt{\dfrac{l}{g}}$　⑥ 等時性

解答への道しるべ

GR 1 復元力

単振動において，振動の中心に戻そうとする力を復元力という。振動中心からの変位 x，復元力を F として，

$F = -Kx$（K：復元力の比例定数）

質量 m の物体の単振動の周期 T は以下のように表せる。

$$T = 2\pi\sqrt{\frac{m}{K}}$$

おもりに働く力は図 a のようになる。重力の x 成分は $-mg\sin\theta$ であり，この力が復元力となる。復元力は $F = -Kx$ の形になるので，以下で導いてみよう。

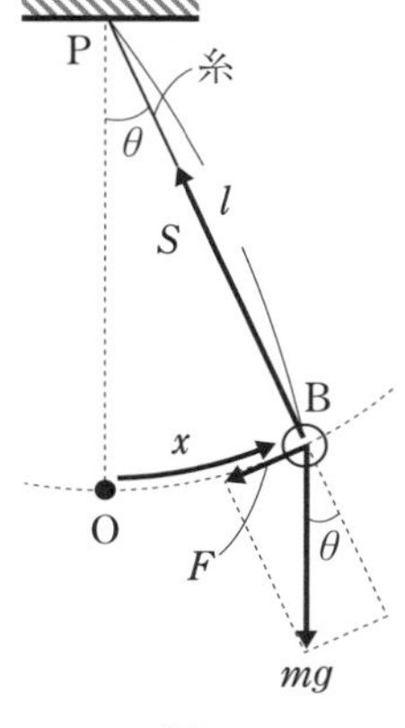

図 a

復元力は $F = -mg\sin\theta$ である。ここで，θ が**十分小さいとき**，図 b のように，**変位 x と $l\sin\theta$ がほぼ等しい**ので，

$$x \fallingdotseq l\sin\theta \quad \therefore \quad \sin\theta \fallingdotseq \frac{x}{l}$$

復元力は，

$$F = -mg\sin\theta \fallingdotseq -mg\frac{x}{l}$$

$$F = -\frac{mg}{l}x$$

復元力　$F = -Kx$
K：復元力の比例定数

ここで，復元力の比例定数 K は，$K = \dfrac{mg}{l}$ となり，周期の公式より，

$$T = 2\pi\sqrt{\frac{m}{K}} = 2\pi\sqrt{\frac{l}{g}}$$

（K に代入）

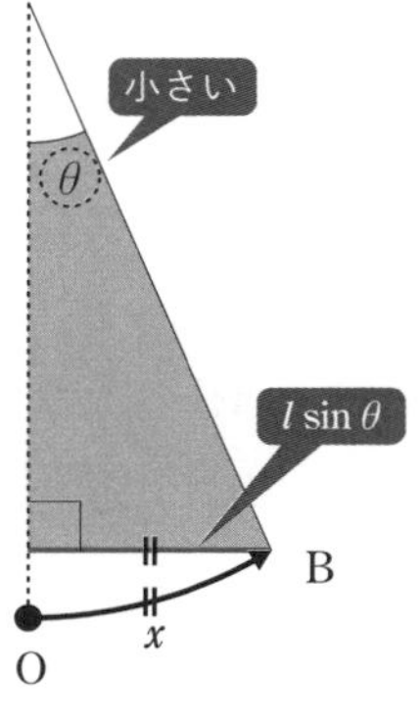

図 b

① **復元力**　② $\boldsymbol{F = -mg\sin\theta}$　③ $\boldsymbol{\sin\theta \fallingdotseq \dfrac{x}{l}}$

④ $\boldsymbol{F \fallingdotseq -\dfrac{mg}{l}x}$　⑤ $\boldsymbol{T = 2\pi\sqrt{\dfrac{l}{g}}}$　⑥ **等時性**

24
単振り子

25 浮力による単振動

答

問1　$\rho_0 > \rho$　　問2　$h_0 = \dfrac{\rho_0 - \rho}{\rho_0} h$

問3　$V_0 = \dfrac{M - \rho_0 Sd}{\rho_0}$　　問4　$T = 2\pi\sqrt{\dfrac{\rho h}{\rho_0 g}}$

解答への道しるべ

GR 1 浮力

浮力を考える場合は，液体に入っている部分の体積に注目する。

解説

問1

浮力 F〔N〕

公式：　$F = \rho_0 Vg$

まわりの液体の密度：ρ_0〔kg/m³〕
まわりの液体を押しのけた体積：V〔m³〕

円柱の質量を m とする。

$$m\,〔\mathrm{kg}〕 = \rho\,〔\mathrm{kg/m^3}〕\times Sh\,〔\mathrm{m^3}〕$$

と表せるので，円柱に働く重力は，$mg(=\rho Shg)$となる。図aのように，円柱が完全に水中に沈んでいるときに働く浮力が，円柱の重力よりも大きければ浮くことができるので，

$$\rho_0 Shg > mg \quad \therefore \quad \underline{\boldsymbol{\rho_0 > \rho}}$$

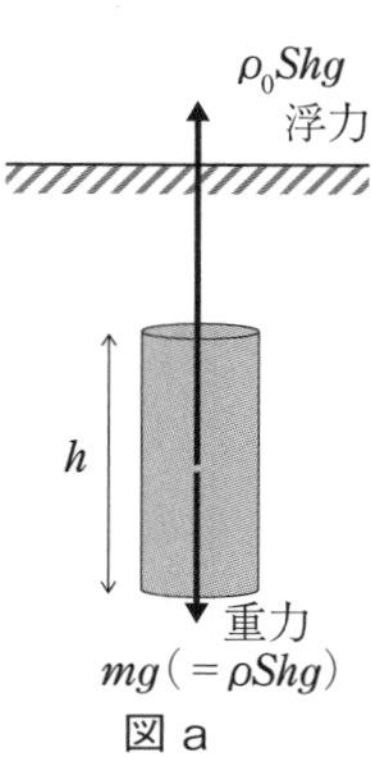

図 a

問2

図bのように，円柱に働く浮力は$\rho_0 S(h-h_0)g$となるので，円柱の力のつり合いより，

$$\rho_0 S(h-h_0)g = mg \cdots\cdots ①$$

$$\therefore \quad h_0 = \underline{\boldsymbol{\frac{\rho_0 - \rho}{\rho_0} h}}$$

問3

図cのように，円柱と物体に働く力は，重力 $mg+Mg$ と，円柱の浮力 $\rho_0 S(h-h_0+d)g$ および物体の浮力 $\rho_0 V_0 g$ なので，これらの力のつり合いより，

$$mg+Mg=\rho_0 S(h-h_0+d)g+\rho_0 V_0 g$$

$$\cancel{mg}+Mg=\cancel{\rho_0 S(h-h_0)g}+\rho_0 Sdg+\rho_0 V_0 g$$

$$Mg=\rho_0 Sdg+\rho_0 V_0 g \quad \therefore \quad V_0=\underline{\frac{\boldsymbol{M-\rho_0 Sd}}{\boldsymbol{\rho_0}}}$$

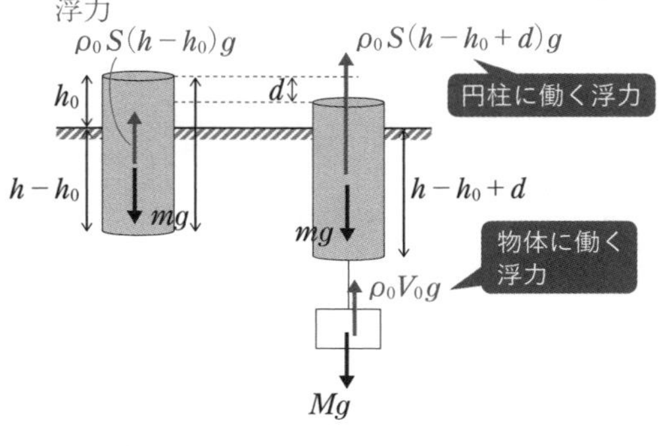

図b　　　　　　図c

問4

図dのように，円柱のみが静止しているときの円柱の上面の位置を基準として，鉛直下向きを正方向とする。円柱がつり合いの位置から x だけ変位しているときを考える。このとき，物体に働く合力 F は，

$$F=+mg-\rho_0 S(h-h_0+x)g$$

$$=-\rho_0 Sg\cdot x$$

復元力　$F=-Kx$
K：復元力の比例定数

復元力の比例定数 K は，

$$K=\rho_0 Sg$$

となるので，周期の公式より，

$$T=2\pi\sqrt{\frac{m}{K}}=2\pi\sqrt{\frac{\rho Sh}{\rho_0 Sg}}$$

$$=\underline{\boldsymbol{2\pi\sqrt{\frac{\rho h}{\rho_0 g}}}}$$

単振動の周期 T

公式：　$\boldsymbol{T=2\pi\sqrt{\frac{m}{K}}}$

質量：m
復元力の比例定数：K

［ **別解** ］

運動方程式を立てて，加速度を求め，角振動数から，周期を求めてもよい。円柱の鉛直下向きの加速度を a とし，運動方程式より，

$$ma = +mg - \rho_0 S(h - h_0 + x)g$$

$$ma = -\rho_0 Sg \cdot x$$

$$\therefore \quad a = -\frac{\rho_0 Sg}{m} \cdot x = -\underbrace{\frac{\rho_0 g}{\rho h}}_{\omega^2} \cdot x$$

単振動の加速度 a〔m/s²〕

公式： $a = -\omega^2 \cdot x$

角振動数：ω〔rad/s〕
振動中心からの変位：x〔m〕

角振動数 ω は，$\omega = \sqrt{\dfrac{\rho_0 g}{\rho h}}$ となり，

周期 T は，

$$T = \frac{2\pi}{\omega} = \underline{\boldsymbol{2\pi\sqrt{\frac{\rho h}{\rho_0 g}}}}$$

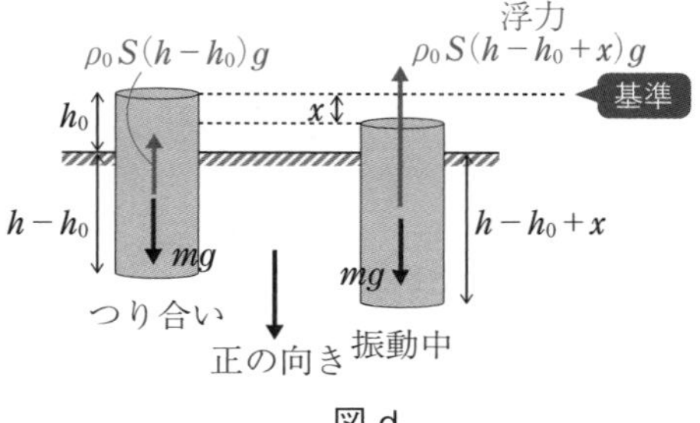

図 d

26 摩擦面上での単振動

答

問 1 (a) $\dfrac{\mu mg}{k}$ (b) $-kx + \mu' mg$

(c) $\dfrac{\mu' mg}{k}$ (d) $-x_0 + \dfrac{2\mu' mg}{k}$

(e) $\dfrac{1}{2}kx_1{}^2 - \dfrac{1}{2}kx_0{}^2$ (f) $-\mu' mg(x_0 - x_1)$

問 2 $x_2 = x_0 - \dfrac{4\mu' mg}{k}$ 問 3 $t_3 = 3\pi\sqrt{\dfrac{m}{k}}$

問 4 解説参照

解答への道しるべ

GR 1 摩擦面上での単振動

一定の外力（重力や摩擦力）が働く単振動では，周期は変化しない。

解説

問1

(a)　弾性力が静止摩擦力の最大値よりも大きければよいので，

$$kx_0 > \mu mg \quad \therefore \quad x_0 > \underline{\frac{\mu mg}{k}}_{\text{(a)}}$$

(b)(c)(d)　物体が $-x$ 方向に運動しているとき，水平方向の力は図 a のようになる。

図 a

運動方程式より，

$$ma = \underline{-kx + \mu' mg}_{\text{(b)}}$$

$$ma = -k\left(x - \frac{\mu' mg}{k}\right)$$

$$a = -\underbrace{\frac{k}{m}}_{\omega^2}\left(x - \underbrace{\frac{\mu' mg}{k}}_{\text{振動中心}}\right)$$

単振動の加速度 a〔m/s²〕

公式：　$a = -\omega^2(x - x_0)$

角振動数：ω〔rad/s〕
位置：x〔m〕
振動中心の位置：x_0〔m〕

角振動数 ω は，$\omega = \sqrt{\dfrac{k}{m}}$ であり，周期の公式より，

$$T = \frac{2\pi}{\omega} = 2\pi\sqrt{\frac{m}{k}}$$

また，振動の中心 $x_{C1} = \underline{\dfrac{\mu' mg}{k}}_{\text{(c)}}$ となる。

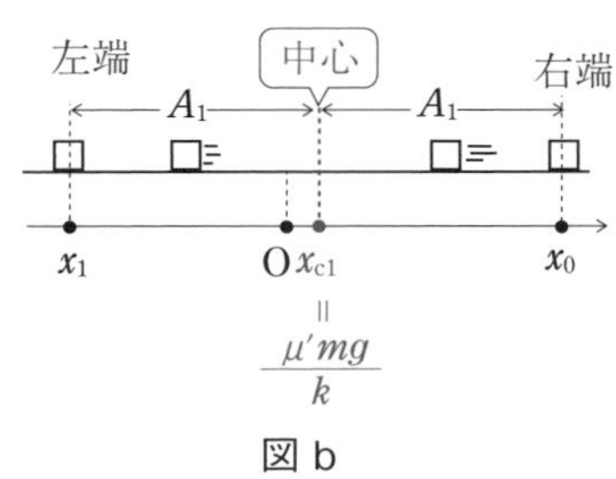

図 b

図 b より，振幅 A_1 は

$$A_1 = x_0 - \frac{\mu' mg}{k}$$

となるので，振動の左端の位置 x_1 は，

$$x_1 = x_0 - 2A_1 = \underline{-x_0 + \frac{2\mu' mg}{k}}_{\text{(d)}}$$

ちなみに，振動の右端から，左端へ移動するのに要する時間 t_1 は，半周期となるため，

$$t_1 = \frac{T}{2} = \pi\sqrt{\frac{m}{k}}$$

(e)(f)　(d)の解答はエネルギーに注目しても求められる。力学的エネルギーと仕事の関係より，

$$\underbrace{\frac{1}{2}kx_0{}^2}_{\text{まえ}}\underbrace{-\mu' mg(x_0 - x_1)}_{\text{摩擦力による仕事}} = \underbrace{\frac{1}{2}kx_1{}^2}_{\text{あと}}$$

$$\frac{1}{2}kx_0{}^2 - \frac{1}{2}kx_1{}^2 = \mu' mg(x_0 - x_1)$$

$$\frac{1}{2}k(x_0{}^2 - x_1{}^2) = \mu' mg(x_0 - x_1)$$

$$\frac{1}{2}k(x_0 - x_1)(x_0 + x_1) = \mu' mg(x_0 - x_1) \quad \therefore \quad x_1 = \underline{\boldsymbol{-x_0 + \frac{2\mu' mg}{k}}}_{\text{(d)}}$$

（別解）

(e)の答：$\underline{\boldsymbol{\frac{1}{2}kx_1{}^2 - \frac{1}{2}kx_0{}^2}}_{\text{(e)}}$　　(f)の答：$\underline{\boldsymbol{-\mu' mg(x_0 - x_1)}}_{\text{(f)}}$

問2

次に折り返して，A が右向きに運動する場合を考える。A に働く水平方向の力は図 c のようになる。A の位置 x が負であることに注意して，ばねの縮みは $-x$ であり，弾性力は右向きに大きさ $k(-x)$ である。

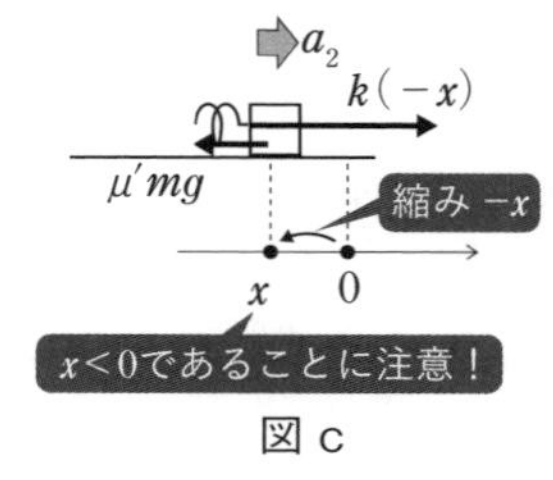

図 c

加速度を a_2 として，運動方程式より，

$$ma_2 = +k(-x) - \mu' mg$$

$$ma_2 = -k\left(x + \frac{\mu' mg}{k}\right)$$

$$a_2 = -\underbrace{\frac{k}{m}}_{\omega^2}\left\{x - \underbrace{\left(-\frac{\mu' mg}{k}\right)}_{\text{振動中心}}\right\}$$

となり，**角振動数 ω は，$\omega = \sqrt{\frac{k}{m}}$ であり，往復運動する際の周期は不変である**ことがわかる。

また，振動の中心 $x_{c2} = -\frac{\mu' mg}{k}$ となる。

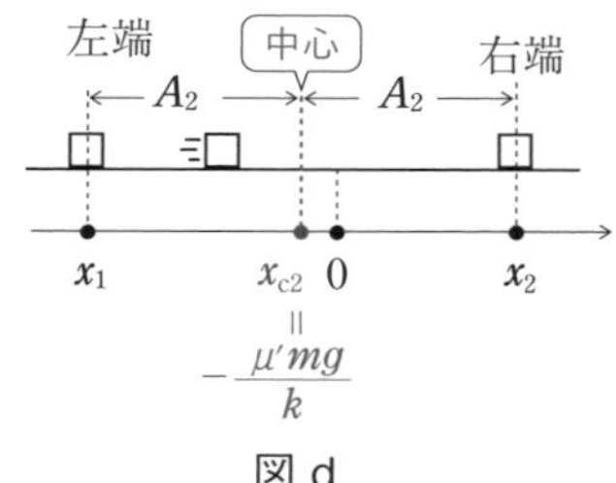

図 d

図 d より，振幅 A_2 は，

$$A_2 = -\frac{\mu' mg}{k} - x_1 = x_0 - \frac{3\mu' mg}{k}$$

となるので，振動の右端の位置 x_2 は，

$$x_2 = x_1 + 2A_2 = \underline{\boldsymbol{x_0 - \frac{4\mu' mg}{k}}}$$

問 3

摩擦力が働いていても周期は往復運動する際に変化はしない。よって，$n = 3$ のときは，

$$t_3 = 3 \times \frac{T}{2} = \underline{\boldsymbol{3\pi\sqrt{\frac{m}{k}}}}$$

問 4

$x - t$ グラフは**図 e**のようになる。

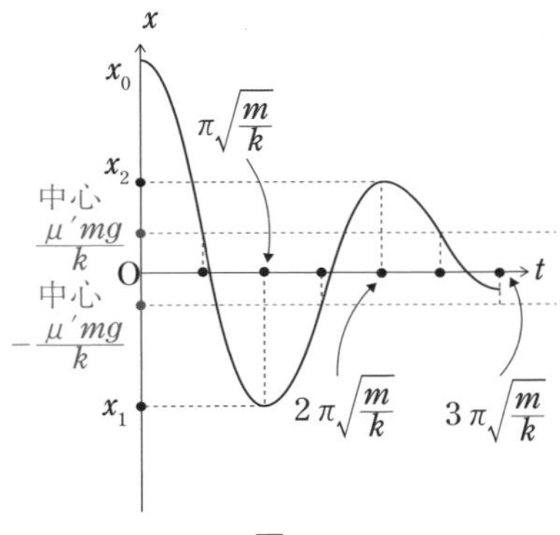

図 e

27	第 2 宇宙速度

答

問 1　$g = \frac{GM}{R^2}$　　問 2　$mr\omega^2 = G\frac{Mm}{r^2}$

問 3　$r = \left(\frac{GMT^2}{4\pi^2}\right)^{\frac{1}{3}}$　　問 4　1.1×10^4 m/s

解答への道しるべ

GR 1 地球の引力圏外へ脱出するための条件

人工衛星のもつ力学的エネルギーが 0 以上であればよい。

解説

問 1

地球の自転は無視できるので，**地表で質量 m の物体に働く重力は万有引力**

に等しい。

$$mg = G\frac{Mm}{R^2} \quad \therefore \quad g = \boldsymbol{\frac{GM}{R^2}}$$

万有引力 F〔N〕

公式： $\boldsymbol{F = G\frac{Mm}{r^2}}$

中心間距離：r〔m〕
万有引力定数：G〔N・m²/kg²〕
惑星の質量：m〔kg〕
地球の質量：M〔kg〕

問2

図aのように，人工衛星は等速円運動しているので，大きさ $r\omega^2$ の向心加速度が生じている。中心方向の運動方程式より，

$$\boldsymbol{mr\omega^2 = G\frac{Mm}{r^2}}$$

向心加速度 a〔m/s²〕

公式： $\boldsymbol{a = r\omega^2 = \frac{v^2}{r}}$

半径：r〔m〕
速さ：v〔m/s〕
角速度：ω〔rad/s〕

問3

問2の結果と周期の公式 $T = \frac{2\pi}{\omega}$ より，

$$mr\left(\frac{2\pi}{T}\right)^2 = G\frac{Mm}{r^2} \quad \therefore \quad r = \boldsymbol{\left(\frac{GMT^2}{4\pi^2}\right)^{\frac{1}{3}}}$$

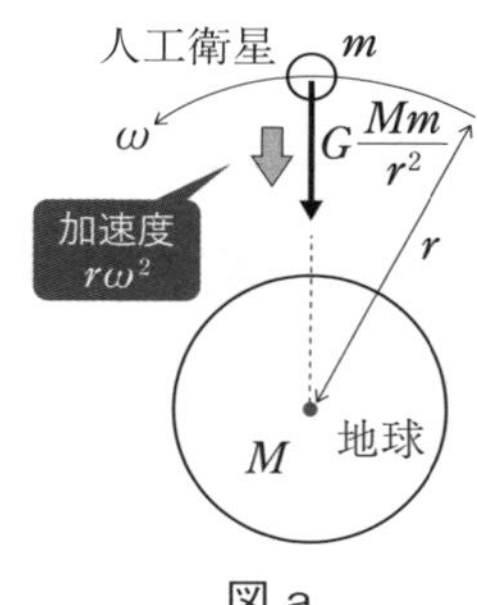

図a

問4

人工衛星が地表から v_0 で打ち上げられ，図bのように，人工衛星の位置が $x = r$ のときの速さを v とする。力学的エネルギー保存則を立てると，

$$\underbrace{\frac{1}{2}mv_0^2 + \left(-G\frac{Mm}{R}\right)}_{\text{はじめ(地球表面)}}$$

$$= \underbrace{\frac{1}{2}mv^2 + \left(-G\frac{Mm}{r}\right)}_{x=r\text{を運動中}}$$

万有引力による位置エネルギー U〔J〕

公式： $\boldsymbol{U = -G\frac{Mm}{r}}$

中心間距離：r〔m〕
万有引力定数：G〔N・m²/kg²〕
惑星の質量：m〔kg〕　地球の質量：M〔kg〕

※無限遠方が位置エネルギーの基準

再び地球に戻らないようにするには，$r \to \infty$ のときに運動エネルギーを持っていればよい。

$$\frac{1}{2}mv_0^2 + \left(-G\frac{Mm}{R}\right) = \frac{1}{2}mv^2 + \left(-G\frac{Mm}{\infty}\right)$$

→ 0とみなす

$r \to \infty$において，運動エネルギーを持つには，$\frac{1}{2}mv^2 \geqq 0$であればよいので，

$$\frac{1}{2}mv^2 = \frac{1}{2}mv_0{}^2 + \left(-G\frac{Mm}{R}\right) \geqq 0$$

$$\frac{1}{2}mv_0{}^2 \geqq G\frac{Mm}{R} \quad \therefore \quad v_0 \geqq \sqrt{\frac{2GM}{R}} = \sqrt{2gR}$$

問1より

$$v_0 = \sqrt{2gR} = \sqrt{2 \times 9.8 \times 6.4 \times 10^6}$$

$$= \sqrt{(0.7 \times 0.8 \times 2 \times 10^4)^2} \fallingdotseq \mathbf{1.1 \times 10^4\ m/s}$$

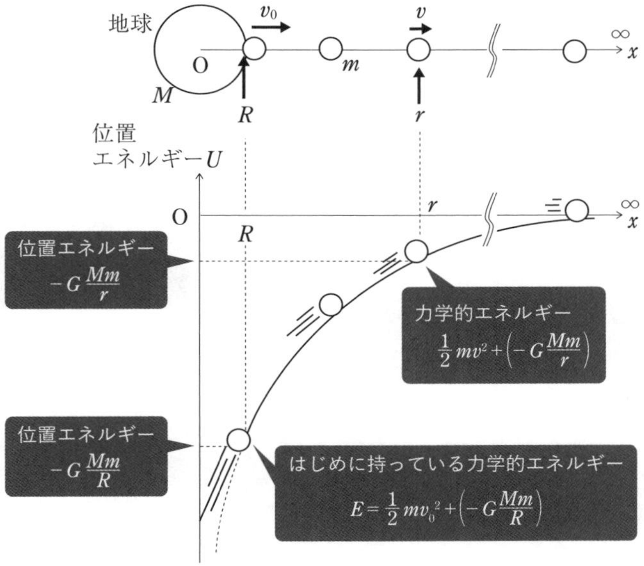

図 b

28　静止衛星

答

問1　$\omega_1 = \frac{2\pi}{T}$　　問2　$\omega_2 = \sqrt{\frac{gR^2}{(R+h)^3}}$

問3　$h = \sqrt[3]{\frac{gR^2T^2}{4\pi^2}} - R$

解答への道しるべ

GR 1 静止衛星の条件

静止衛星であるためには，〔赤道上空を回る〕＋〔地球の自転と衛星の円運動の周期が一致する〕ことが必要である。

解説

地球が自転しているときには，物体に働く重力は万有引力と遠心力の合力となる。点 a，点 b，点 c における合力をそれぞれ，F_a，F_b，F_c とする。点 a では遠心力は働かず，万有引力のみが働くと考えてよく，この万有引力が地球表面上の重力に等しい。したがって，

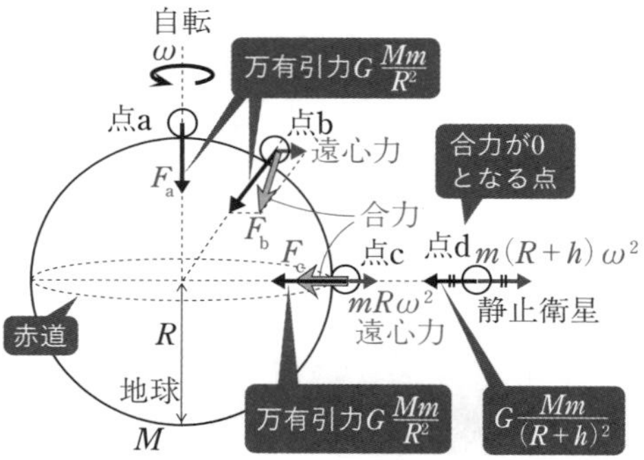

$$F_a = G\frac{Mm}{R^2} = mg$$

$$\therefore\quad g = \frac{GM}{R^2}$$

が成り立つ。赤道上の点 c での重力（合力）F_c は，

$$F_c = G\frac{Mm}{R^2} - mR\omega^2 (> 0)$$

となる。$F_c > 0$ より，万有引力＞遠心力の関係になっている。万有引力は地球から距離が離れると小さくなるが，遠心力は地球から離れるほど力が大きくなる。したがって，**赤道上空では遠心力と万有引力がつり合うような点が存在し，その高さでまわる人工衛星は地球上から見て静止しているように見える。**静止衛星の位置を点 d とすると，**静止衛星に働く合力が 0** となっている。静止衛星の地表からの高さを h（地球の中心からの距離は $R+h$）とすると，

$$F = G\frac{Mm}{(R+h)^2} - m(R+h)\omega^2 = 0$$

が成り立つ。ちなみに，点 b の上空（赤道上空ではないところ）を飛ぶ人工衛星は合力が 0 とならず，静止衛星にはならない。

問1

地球の自転の周期 T は，$T=\dfrac{2\pi}{\omega_1}$　∴　$\omega_1=\underline{\boldsymbol{\dfrac{2\pi}{T}}}$

問2

遠心力 $\boldsymbol{F}$〔N〕

公式： $\boldsymbol{F=mr\omega^2=m\dfrac{v^2}{r}}$

半径：r〔m〕
速さ：v〔m/s〕
角速度：ω〔rad/s〕

遠心力は物体とともに円運動している観測者から見える見かけの力。
向き：中心から遠ざかる向き

万有引力定数を G として，点 d における中心方向の力のつり合いより，

$$m(R+h)\omega_2{}^2=G\frac{Mm}{(R+h)^2}$$

$$\therefore\quad \omega_2=\sqrt{\frac{GM}{(R+h)^3}}$$

ここで，G は用いてはいけないので，G と g の関係式を作ろう。点 a に質量 m_1 の物体が地球表面上にあると考えて，この物体に働く重力 m_1g と万有引力 $G\dfrac{Mm_1}{R^2}$ が等しいことより，

$$m_1g=G\frac{Mm_1}{R^2}\quad\therefore\quad GM=gR^2$$

の関係式が得られる。したがって，角速度 ω_2 は，

$$\omega_2=\sqrt{\frac{GM}{(R+h)^3}}=\underline{\boldsymbol{\sqrt{\frac{gR^2}{(R+h)^3}}}}$$

問3

<u>**静止衛星は地球から見て静止しているように見えるので，問1と問2で求めた角速度が等しくなる。$\boldsymbol{\omega_1=\omega_2}$**</u> より，

$$\frac{2\pi}{T}=\sqrt{\frac{gR^2}{(R+h)^3}}$$

両辺を二乗して，

$$\left(\frac{2\pi}{T}\right)^2=\frac{gR^2}{(R+h)^3}$$

$$(R+h)^3=gR^2\cdot\left(\frac{T}{2\pi}\right)^2$$

$$R+h=\sqrt[3]{\frac{gR^2T^2}{4\pi^2}}\quad\therefore\quad h=\underline{\boldsymbol{\sqrt[3]{\frac{gR^2T^2}{4\pi^2}}-R}}$$

28
静止衛星

29 楕円運動

答

問1 $V_0 = \sqrt{\dfrac{GM}{r}}$　問2 $T_0 = 2\pi\sqrt{\dfrac{r^3}{GM}}$

問3 $\dfrac{1}{2}mV_A{}^2 - \dfrac{GMm}{r} = \dfrac{1}{2}mV_B{}^2 - \dfrac{GMm}{R}$

問4 $V_B = \dfrac{r}{R}V_A$　問5 $V_A = \sqrt{\dfrac{2GMR}{r(R+r)}}$

問6 $\dfrac{V_A}{V_0} = \sqrt{\dfrac{2R}{R+r}}$　問7 3乗　問8 $\dfrac{T}{T_s} = \left(\dfrac{R+r}{2R}\right)^{\frac{3}{2}}$

解答への道しるべ

GR 1 楕円運動の問題の解き方

面積速度一定の法則＋力学的エネルギー保存則を連立する。
（ケプラーの第2法則）

GR 2 楕円運動の周期を問われたら

楕円の周期を問われたら，ケプラーの第3法則を用いる。

解説

問1

中心方向の運動方程式より，

$$m\cdot\frac{V_0{}^2}{r} = G\frac{Mm}{r^2}\quad\therefore\quad V_0 = \underline{\sqrt{\frac{GM}{r}}}$$

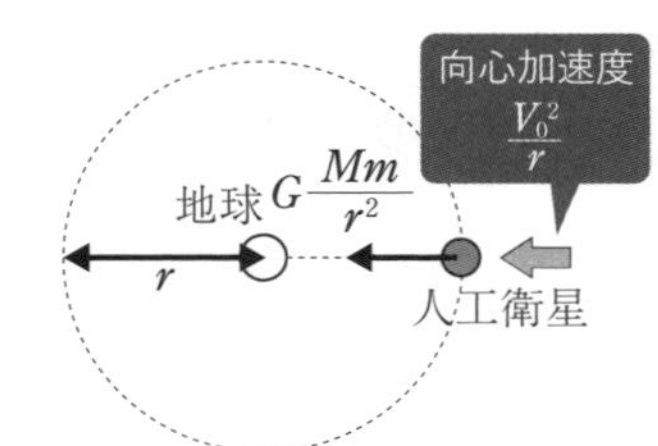

問2

$$T_0 = \frac{2\pi r}{V_0} = \underline{2\pi\sqrt{\frac{r^3}{GM}}}$$

問3

楕円運動の問題は力学的エネルギー保存則と面積速度一定の法則（ケプラーの第2法則）を立てよう。

力学的エネルギー保存則より，

$$\underline{\frac{1}{2}mV_{\mathrm{A}}{}^2+\left(-G\frac{Mm}{r}\right)=\frac{1}{2}mV_{\mathrm{B}}{}^2+\left(-G\frac{Mm}{R}\right)}$$

万有引力による位置エネルギー

問4

面積速度一定の法則より，

$$\frac{1}{2}rV_{\mathrm{A}}=\frac{1}{2}RV_{\mathrm{B}}\quad\therefore\quad V_{\mathrm{B}}=\underline{\frac{r}{R}V_{\mathrm{A}}}$$

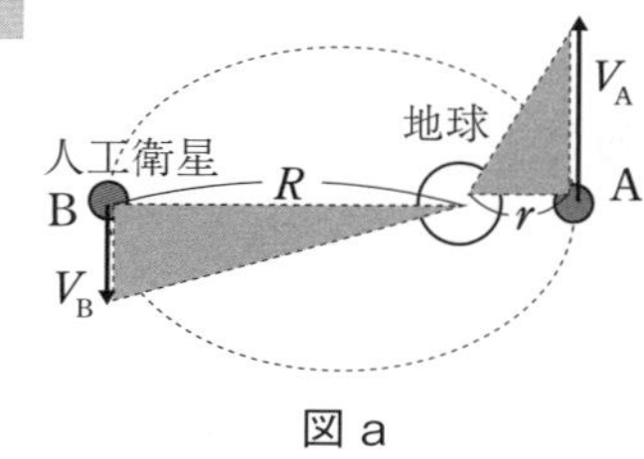

図 a

面積速度 s〔$\mathrm{m^2/s}$〕

公式： $s=\dfrac{1}{2}rv\sin\theta$

太陽（あるいは地球）と惑星を結ぶ線分の長さ：r〔m〕
惑星の速度の大きさ：v〔m/s〕
線分と速度のなす角度：θ〔rad〕

※近地点，遠地点であれば，θ は $\frac{\pi}{2}$

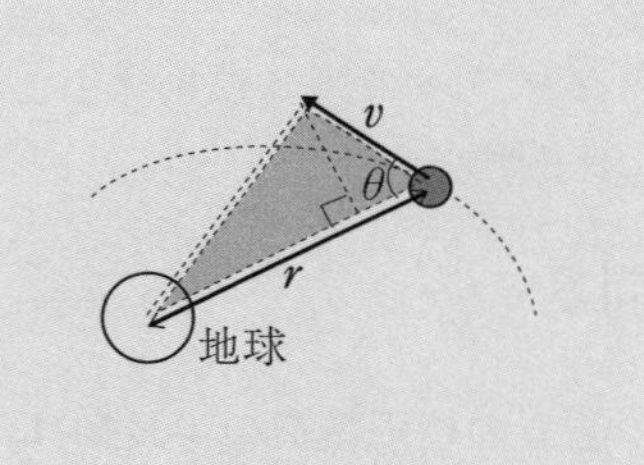

問5

問3より，

$$\frac{1}{2}mV_{\mathrm{A}}{}^2+\left(-G\frac{Mm}{r}\right)=\frac{1}{2}mV_{\mathrm{B}}{}^2+\left(-G\frac{Mm}{R}\right)$$

$$\frac{1}{2}mV_{\mathrm{A}}{}^2-\frac{1}{2}mV_{\mathrm{B}}{}^2=G\frac{Mm}{r}+\left(-G\frac{Mm}{R}\right)$$

$$\underbrace{\frac{1}{2}mV_{\mathrm{A}}{}^2}_{\text{くくる}}\left\{\underbrace{1-\left(\frac{V_{\mathrm{B}}}{V_{\mathrm{A}}}\right)^2}_{\text{因数分解ができる}}\right\}=\underbrace{G\frac{Mm}{r}}_{\text{くくる}}\left(1-\frac{r}{R}\right)$$

$$\frac{1}{2}mV_{\mathrm{A}}{}^2\left(1+\frac{V_{\mathrm{B}}}{V_{\mathrm{A}}}\right)\left(1-\frac{V_{\mathrm{B}}}{V_{\mathrm{A}}}\right)=G\frac{Mm}{r}\left(1-\frac{r}{R}\right)$$

29
楕円運動

問4の答え，$\frac{V_B}{V_A} = \frac{r}{R}$　より，前ページの式を変形すると，

$$\frac{1}{2}mV_A^2\left(1+\frac{r}{R}\right)\left(1-\frac{r}{R}\right) = G\frac{Mm}{r}\left(1-\frac{r}{R}\right)$$

$$\frac{1}{2}mV_A^2\left(1+\frac{r}{R}\right) = G\frac{Mm}{r}$$

$$\frac{1}{2}mV_A^2\frac{R+r}{R} = G\frac{Mm}{r} \quad \therefore \quad V_A = \underline{\sqrt{\frac{2GMR}{r(R+r)}}}$$

問6

問1，問5より，

$$\frac{V_A}{V_0} = \underline{\sqrt{\frac{2R}{R+r}}}$$

問7

ケプラーの第3法則より，**3乗**に比例する。

ケプラーの第3法則

公式：　$\frac{T^2}{a^3} = $ 一定

楕円の長半径：a〔m〕
惑星の公転周期：T〔s〕

※太陽（あるいは地球）のまわりを回るすべての惑星において $\frac{T^2}{a^3}$ は一定となる。

問8

図bの楕円軌道の半長軸は $\frac{R+r}{2}$ なので，ケプラーの第3法則より，

$$\underbrace{\frac{T^2}{\left(\frac{R+r}{2}\right)^3}}_{\text{楕円}} = \underbrace{\frac{T_s^2}{R^3}}_{\text{宇宙ステーション}}$$

$$\therefore \quad \frac{T}{T_s} = \underline{\left(\frac{R+r}{2R}\right)^{\frac{3}{2}}}$$

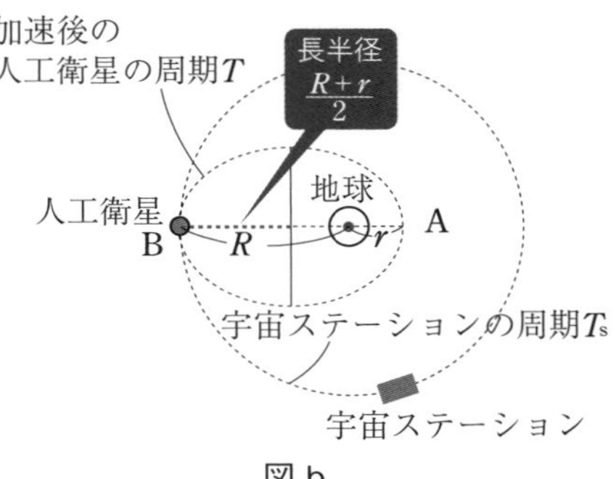

図b

CHAPTER 1　力学

CHAPTER 2 **波**

30　波の性質

答

問1　$\lambda = 0.8$ m　　問2　解説参照

問3　(a)　0 m，0.4 m，0.8 m　　(b)　0.6 m　　問4　0 m

解答への道しるべ

GR 1　y–t グラフは媒質の単振動を描いたグラフである。

解説

問1

図 a より，周期 T は，$T = 0.4$ s とわかる。

$$v = f\lambda = \frac{\lambda}{T}$$

$$\therefore \quad \lambda = vT = 2 \times 0.4 = \underline{\mathbf{0.8\,m}}$$

波の進む速さ v〔m/s〕

振動数（1秒あたりの振動回数）：f〔Hz〕
波長（波1個の長さ）：λ〔m〕

振動数と周期の関係

公式：　$T = \dfrac{1}{f}$

振動数（1秒あたりの振動回数）：f〔Hz〕
周期（媒質が1回振動するのに要する時間）：T〔s〕

問2

図 a からわかるように，$x = 0.2$ m の媒質の振動が時刻 0 から下向きに変位し始めるので，$y - x$ グラフでは，図 b のようなイメージである。波長が 0.8 m であることから，$y - x$ グラフ(波の全体像)は**図 c** のようになればよい。

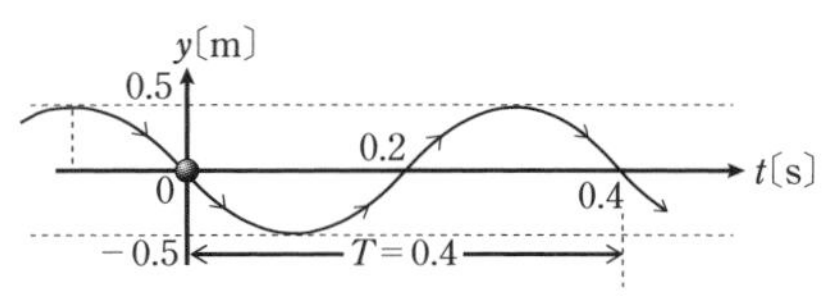

図 a　$x = 0.2$〔m〕の媒質の振動の時間変化

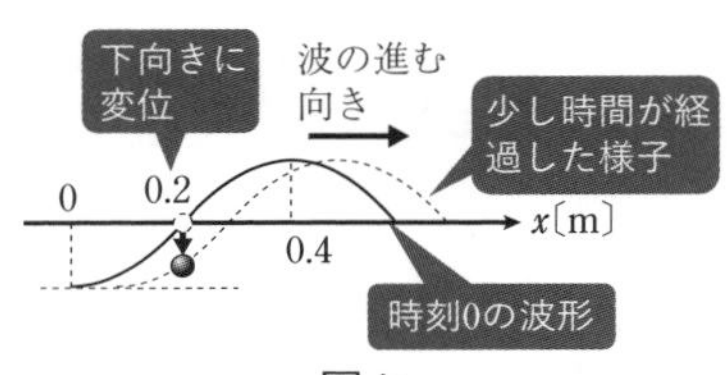

図 b

30

波の性質

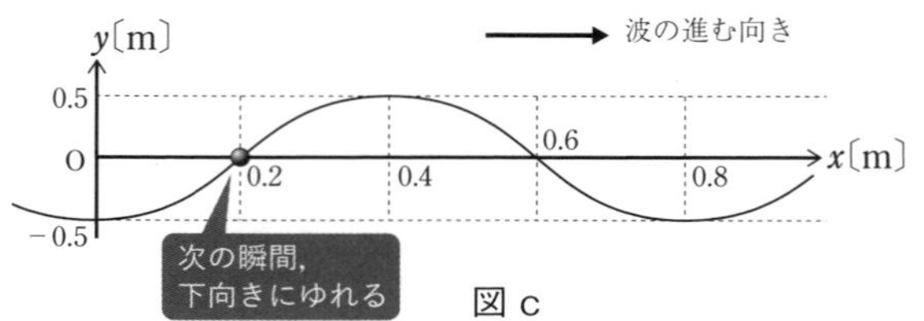

図 c

問3

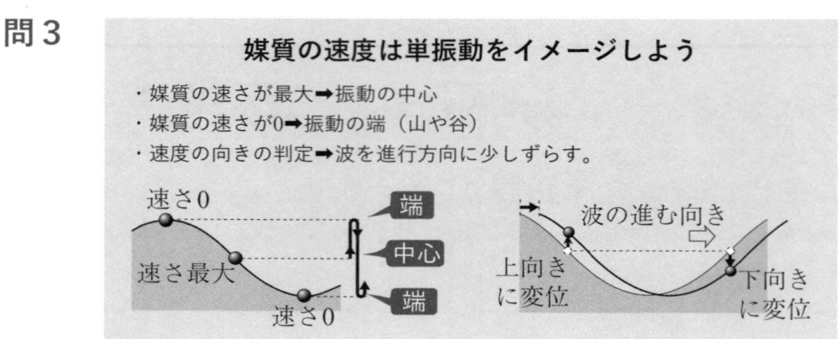

(a) 山や谷で速さが0。図 c より，x = **0 m，0.4 m，0.8 m**

(b) 図 c より，速度が y 軸の正の向きに最大となる位置は x = **0.6 m**

問4

ある位置のある時刻における媒質の変位を知りたいとき**波 1 個分の中で同じ振動をする媒質を探そう**。

波は 1 周期分の中にすべての情報がつまっている。例えば，下図は波を 4 個描いてあり，媒質 A，B，C，D を用意する。どの媒質も少し時間が経過すると，下向きに変位し始める。つまり，A，B，C，D は同じ振動をするんだ。このように，同じ振動をする媒質は 1 波長ごとに現れます。もし，D の媒質の変位を知りたければ，A の媒質の変位がわかればいいんだ。

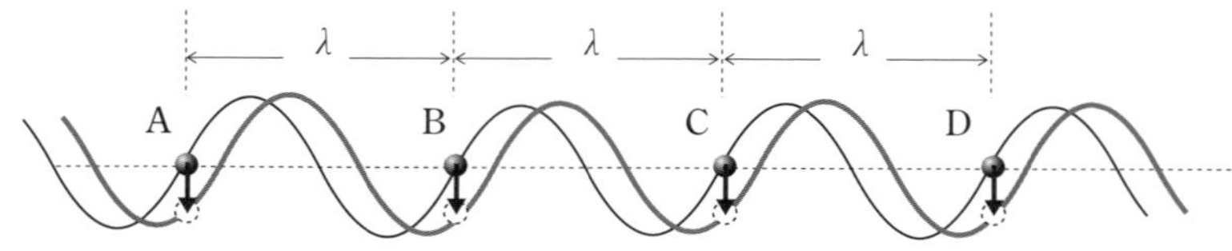

まず，時刻 0 で x = 5.4 m の変位 y と同じ変位 y をもつ媒質を探す。

$$x = 5.4\ \text{m} = 4.8\ \text{m} + 0.6\ \text{m} = 6\lambda + \frac{3}{4}\lambda$$

と表せるので，6λ **は無視してよいので，**

$x = \frac{3}{4}\lambda = 0.6\ \mathrm{m}$ の媒質に注目する。

$x = 0.6\ \mathrm{m}$ の媒質は図 d のように，時刻 0 では $y = 0\ \mathrm{m}$ であるが，この状態から 3 s 後の変位を知ればよい。

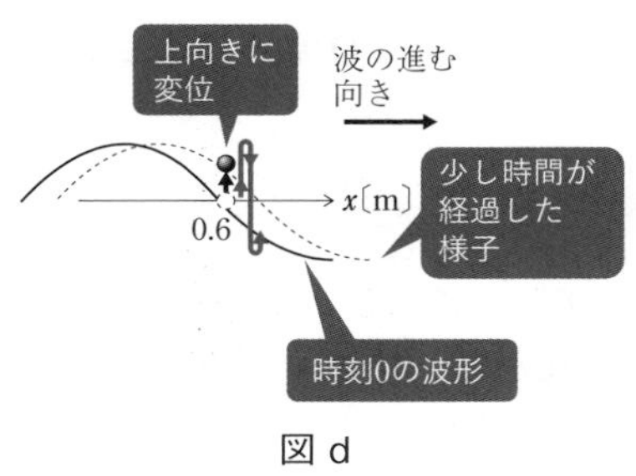

図 d

$$t = 3\ \mathrm{s} = 2.8\ \mathrm{s} + 0.2\ \mathrm{s} = 7T + \frac{T}{2}$$

となり，$7T$ **は無視してよいので，**$t = \frac{T}{2}$ 後の媒質に注目すればよい。図 d から半周期後は元の高さに戻るので，$y =$ **0 m** が答えとなる。

$x = 5.4\ \mathrm{m}$ における $t = 3\ \mathrm{s}$ の媒質の変位

⬇ 言い換えると

$x = 0.6\ \mathrm{m}$ における $t = 0.2\ \mathrm{s}$ の媒質の変位

31 波の式

答

(a) 振幅　(b) 周期　(c) $\frac{2\pi}{T}$　(d) $\frac{x}{v}$

(e) $t - \frac{x}{v}$　(f) $A\sin\frac{2\pi}{T}\left(t - \frac{x}{v}\right)$　(g) vT

解説

解答への道しるべ

GR 1 位置 x における時刻 t の波の変位は原点 O の $t - \frac{x}{v}$ の波の変位と等しい。

波の式の作り方は以下の STEP を踏めばよい。

STEP 1　原点 O における波の変位 y を時刻 t の関数で表す。

$$y = A\sin\left(\frac{2\pi}{T}t\right) \quad \cdots\cdots ①$$

どんな時刻 t の変位（高さ）y も表せる式

STEP 2　原点Oからある位置 x までの波の伝達時間を求める。

図aのように，原点Oでの変位(波の高さ)が，位置 x まで伝達するのにかかる時間は $\underline{\boldsymbol{\frac{x}{v}}}$ (d) である。

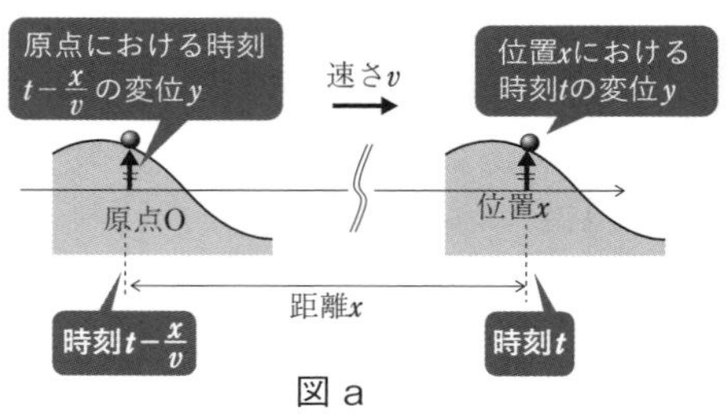

図 a

STEP 3　STEP 1で作った変位 y の式から，位置 x における時刻 t の波の変位の式をつくる。

位置 x で時刻 t に原点Oと同じ波の変位になったとすれば，原点Oがこの波の変位であったのは，時刻 $\underline{\boldsymbol{t-\frac{x}{v}}}$ (e) のときである。①式は，原点Oの任意の時刻 t における波の変位であるので，どの時刻における変位も表せる式となっている。よって，**位置 x における時刻 t の波の変位が知りたければ，原点Oの時刻 $t-\frac{x}{v}$ の波の変位と等しいので，①式の t を $t-\frac{x}{v}$ に置き換えればよい**。

$$\left(\begin{array}{l}\text{位置 } x \text{ の時刻 } t \text{ における}\\ \text{波の変位：} y(x,\ t)\end{array}\right)=\left(\begin{array}{l}\text{原点O の時刻 } t-\frac{x}{v} \text{ における}\\ \text{波の変位：} y\left(0,\ t-\frac{x}{v}\right)\end{array}\right)$$

$$y(x,\ t)=A\sin\frac{2\pi}{T}\left(t-\frac{x}{v}\right)\quad\cdots\cdots②$$

①式の t を $t-\frac{x}{v}$ に置き換えている。
$y=A\sin\left(\frac{2\pi}{T}t\right)$

$v=f\lambda=\frac{\lambda}{T}$ より，$\lambda=\underline{\boldsymbol{vT}}$ (g) とかけるので，②式は以下のように変形できる。

$$y(x,\ t)=\underline{\boldsymbol{A\sin\frac{2\pi}{T}\left(t-\frac{x}{v}\right)}}_{(f)}=A\sin 2\pi\left(\frac{t}{T}-\frac{x}{vT}\right)=A\sin 2\pi\left(\frac{t}{T}-\frac{x}{\lambda}\right)$$

波の式

変数

公式：$$\boldsymbol{y(x,\ t)=A\sin 2\pi\left(\frac{t}{T}-\frac{x}{\lambda}\right)}$$

振幅：A〔m〕，周期：T〔s〕，波長：λ〔m〕，時刻：t〔s〕，位置：x〔m〕

※時刻 t と位置 x が変数である。つまり，どの時刻のどんな位置の変位もわかる式となっている。

32 波の反射・定常波の作図

答

問１　1〔cm〕，3〔cm〕　　問２　$t = 0.5$〔s〕

問３　$t = 1$〔s〕　　問４　解説参照　　問５　解説参照

解答への道しるべ

GR 1 **定常波の腹や節の見つけ方**

定常波の腹や節を見つけるには２つの波をピッタリと重ね合わせる。

GR 2 **波の反射**

・自由端反射 ➡ 反射板の位置は腹
・固定端反射 ➡ 反射板の位置は節

解説

［A］ 問１

波の波長は，$\lambda = 4$〔cm〕。また，周期は $T = \dfrac{\lambda}{v} = \dfrac{4\,〔\text{cm}〕}{2\,〔\text{cm/s}〕} = 2$〔s〕となる。

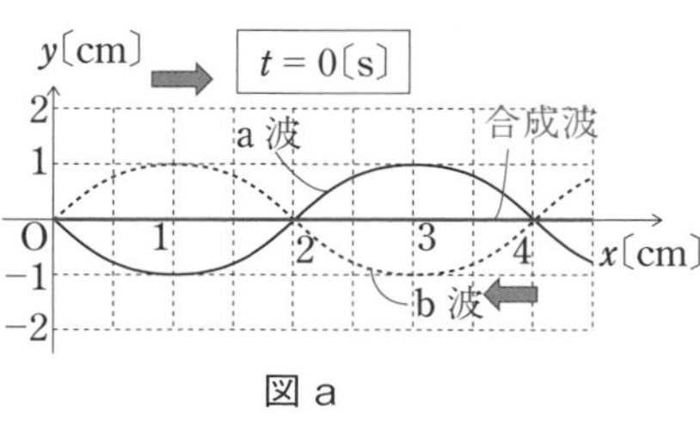

図 a

節の位置は x ＝ 2.0〔cm〕, 4.0〔cm〕と間違わないように注意しよう！

時刻０の合成波は図 a のような状態であり，この図 a では腹や節は見つけづらい。**腹や節の位置を見つけるときは波をピッタリと重ね合わせること。**a 波と b 波が初めてピッタリと重ね合わさるのは a 波と b 波が互いに 1 cm 進んだ図 b の状態である。したがって，節の位置は

x ＝ **1〔cm〕, 3〔cm〕**

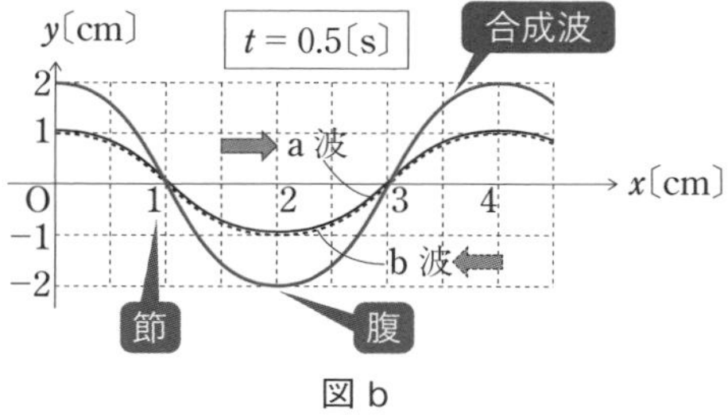

図 b

問2

図bでは，腹の位置の変位の大きさが最大となっている。この時刻は$t=0$〔s〕から$\frac{1}{4}$周期だけ時間が経過した時刻であり，$t=$ **0.5〔s〕** のときである。

問3

x軸上のすべての位置ではじめて変位が0になる時刻は図cのように，$t=0$〔s〕から半周期だけ時間が経過した時刻である。よって，$t=\frac{T}{2}=$ **1〔s〕**

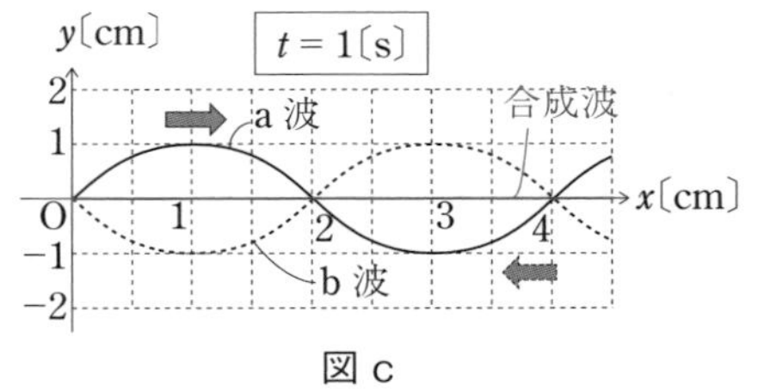

図c

［B］ 問4

4秒後は1周期後のグラフを描けばよいので，入射波は図dの実線となる。反射波はy軸に対称に折り返して破線となる。入射波と反射波を合成(赤色)する。

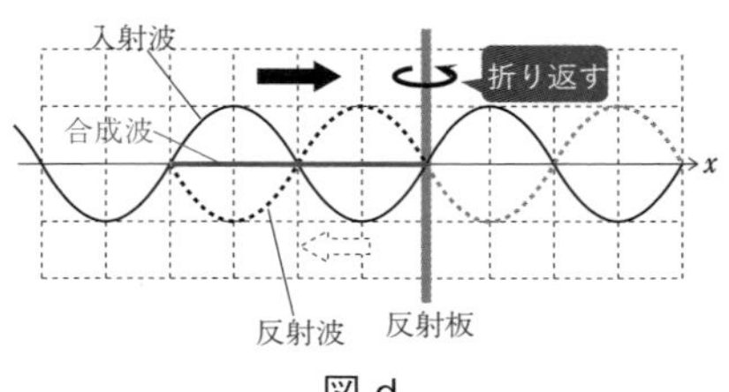

図d

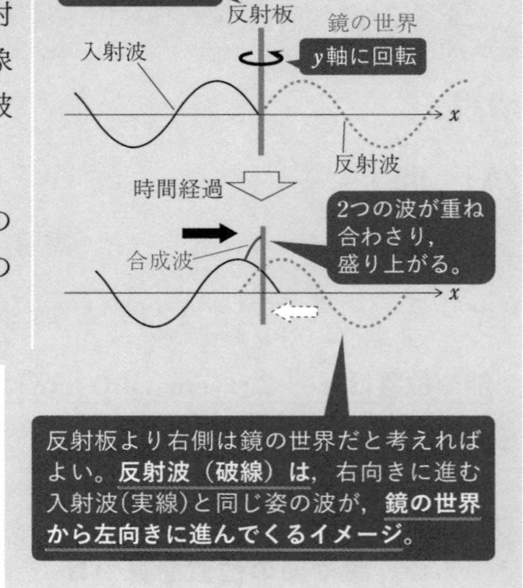

問5

4秒後は1周期後のグラフを描けばよいので，入射波は図eの実線となる。Step ①でy軸に対称に折り返す(黒色の破線) ➡ Step ②でx軸に対称に折り返す(赤色の破線)。入射波と反射波を合成(赤色の実線)する。

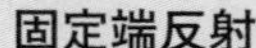

固定端反射

作図方法：入射波をy軸に対称に回転させた後，x軸に対称に回転させる破線（赤色）を描く。

特徴：反射板の位置は定常波の**節**となる。

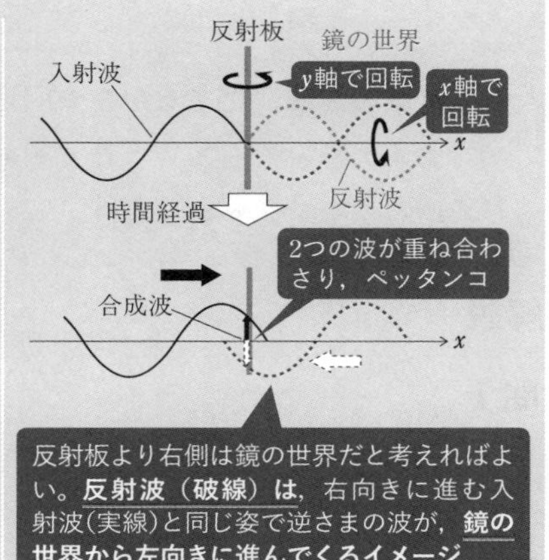

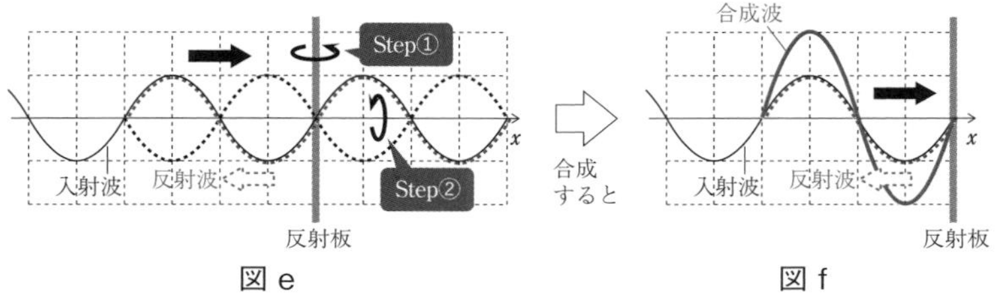

図 e　　　図 f

33	弦の振動

答

問1　$\dfrac{2}{3}l$　　問2　$f=\dfrac{3}{2l}\sqrt{\dfrac{Mg}{\rho}}$

問3　$\dfrac{9}{4}$倍　　問4　2倍

解答への道しるべ

GR 1 腹の数が変化するときの問題の解き方

弦の腹の数が変わるときは，おんさ・張力・線密度の3つのどれが変化しているかをチェックしよう。

解説

問1

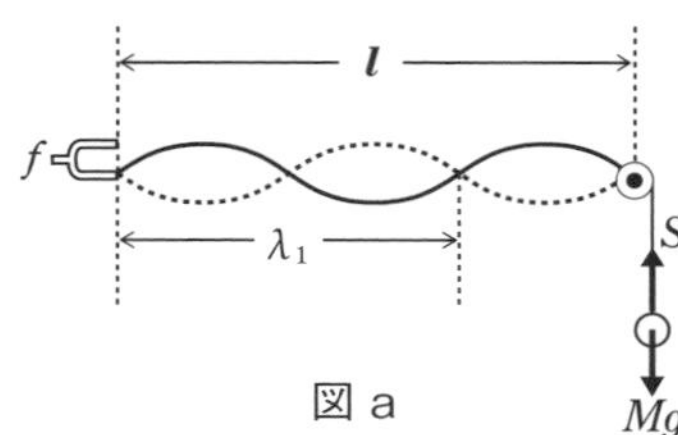

図 a

図 a より，波長 λ_1 は，$\lambda_1 = \underline{\boldsymbol{\frac{2}{3}l}}$

問2

弦を伝わる横波の速さ v は，

$$v = f\lambda_1 = f\times\frac{2}{3}l \quad \cdots\cdots①$$

また，$v = \sqrt{\frac{S}{\rho}}$ を用いて，$v = \sqrt{\frac{S}{\rho}} = \sqrt{\frac{Mg}{\rho}} \quad \cdots\cdots②$

②＝①より，v を消去して，

$$\sqrt{\frac{Mg}{\rho}} = f\times\frac{2}{3}l \qquad \therefore\ f = \underline{\boldsymbol{\frac{3}{2l}\sqrt{\frac{Mg}{\rho}}}}$$

問3

POINT

腹の数が変化する問題では，おんさ，張力，線密度の3つをチェックしよう。

- □振動源(おんさ)を変える ➡ 弦の振動数が変化する
- □おもりの質量を変える ➡ 弦の張力(張り具合)が変わる
- □異なる弦に取り替える ➡ 線密度(弦の太さ)が変わる

例①　線密度 ρ，質量 m を変えずに，振動数を増やす　➡　波長が縮む

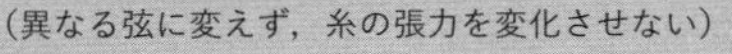

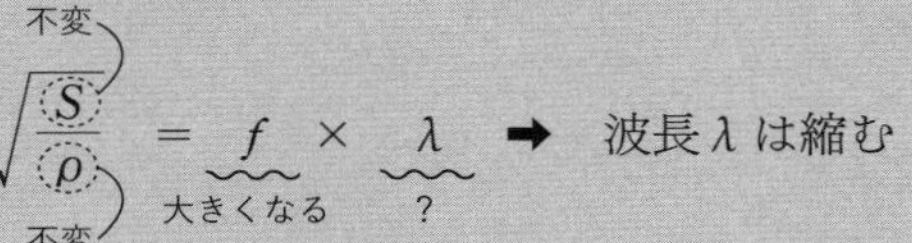

例②　線密度 ρ，おんさを変えずに，おもりの質量 m を増やす

（異なる弦に変えず，振動数は変化しない）

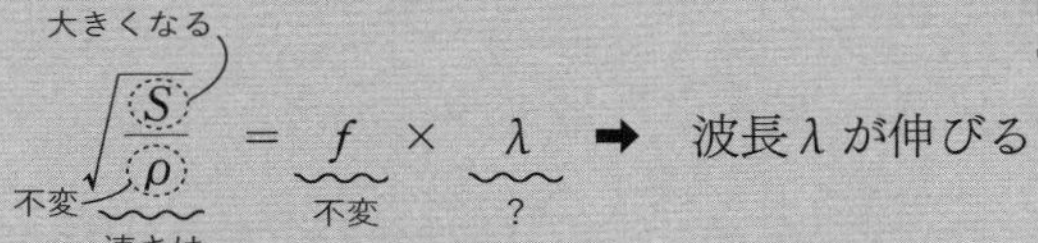

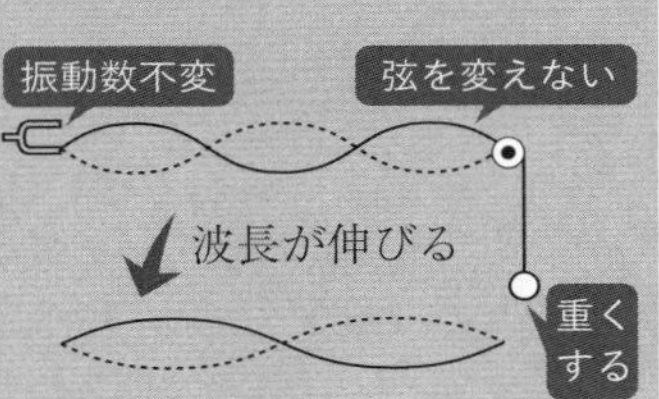

おんさ・張力・線密度の３つをチェックをしよう。

□振動源（おんさ）を変えた？　➡　振動数は不変

☑おもりの質量を変えた？　➡　弦の張力（張り具合）が変わる。

□異なる弦に取り替えた？　➡　線密度（弦の太さ）が変わらない。

問３の設問を読むと，弦に生じる腹が３個から２個になったので，波長は伸びることがわかる。以下が考え方の流れである。

波長 λ が伸びるのは？

⬇

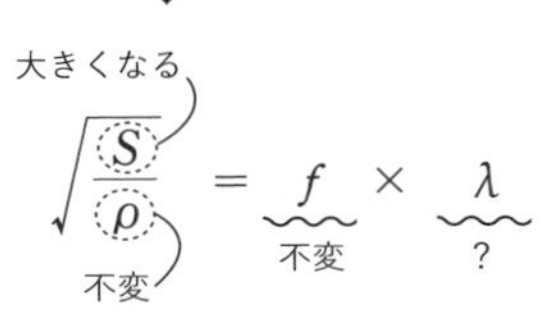

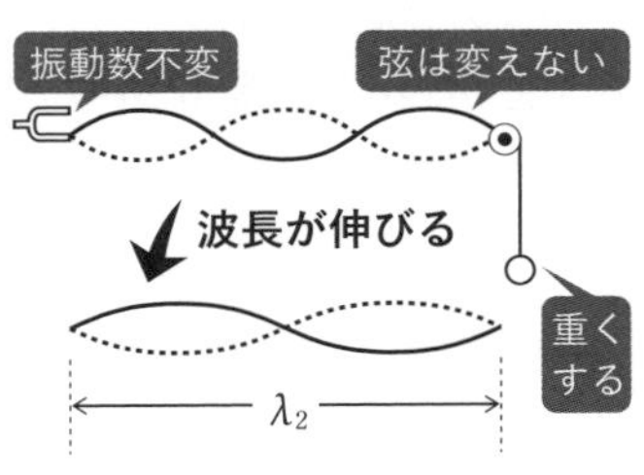

➡張力 S が大きくなると波長 λ が伸びるので，
おもりの質量を増やせばよいと予測できる。

おもりの質量が変化する前後で弦の長さが不変なことに注目して，

〈おもりの質量を変化させる前〉

弦の長さ l と波長 λ_1 の関係は，

$$l = \frac{\lambda_1}{2} \times 3$$ 半波長×3個

〈おもりの質量を変化させた後〉

弦の長さ l と波長 λ_2 の関係は，

$$l = \frac{\lambda_2}{2} \times 2$$ 半波長×2個

l を消去して，変化前後の波長の関係は，

$$\underbrace{l = \frac{\lambda_1}{2} \times 3}_{\text{変化前}} = \underbrace{\frac{\lambda_2}{2} \times 2}_{\text{変化後}} \quad ➡ \quad \therefore \quad \underbrace{\lambda_2}_{\text{後}} = \frac{3}{2} \underbrace{\lambda_1}_{\text{前}}$$

$\frac{3}{2}$ 倍

振動数は変化せず，波長が $\frac{3}{2}$ 倍となるので，v は $\frac{3}{2}$ 倍となる。したがって，質量 M' は M の <u>$\frac{9}{4}$ **倍**</u>となる。以下のように考えよう。

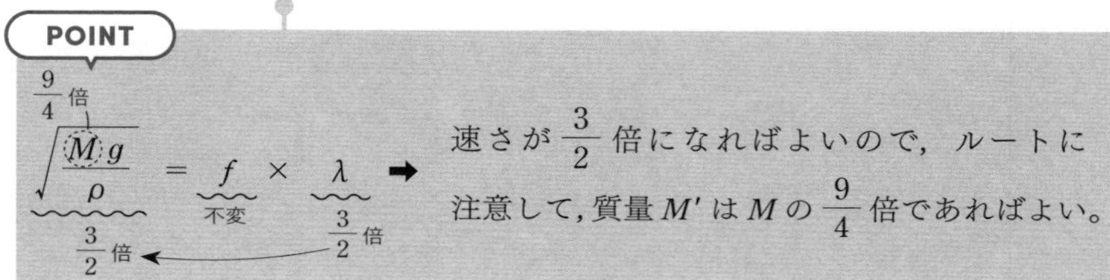

問4

おんさ・張力・線密度のチェックをしよう。

☑振動源(おんさ)を変えた？　➡　振動数は変化
□おもりの質量を変えた？　➡　変化していないので，張力は不変
□異なる弦に取り替えた？　➡　取り替えていないので ρ は変化なし

問4の設問を読むと，弦に生じる腹が2個から4個になったので，波長は縮むことがわかる。変化後の波長を λ_3 として，弦の長さ l を表してみると，

$$l = \underbrace{\frac{\lambda_2}{2} \times 2}_{\text{変化前}} = \underbrace{\frac{\lambda_3}{2} \times 4}_{\text{変化後}} \quad \therefore \quad \underbrace{\lambda_3}_{\text{後}} = \frac{1}{2} \underbrace{\lambda_2}_{\text{前}}$$

$\frac{1}{2}$ 倍

振動数 UP
弦は変えない
波長が縮む
λ_3
不変

v は変化せず，波長が $\frac{1}{2}$ 倍となるので，振動数 f' は f の <u>**2倍**</u>となる。以下のように考えよう。

$$\sqrt{\frac{S}{\rho}} = f \times \lambda \quad ➡$$

不変（S）　不変（ρ）　不変（$\sqrt{\frac{S}{\rho}}$）
f：2倍 ← λ：$\frac{1}{2}$ 倍

おんさの振動数 f' は f の2倍になればよい。

34	気柱の共鳴

答

問 1　$L_1=\dfrac{V}{4f}$　　問 2　(a)　$L_3=\dfrac{5V}{4f}$　(b)　$\dfrac{V}{4f}$

問 3　$\dfrac{V}{16f}$　　問 4　$f_0=\dfrac{3V}{l}$

解答への道しるべ

GR 1　媒質の密度の変化が最大となる場所は節。

解説

問 1

音波の波長 λ_1 は，波の速さの式より，

$$V=f\lambda_1 \quad \therefore \quad \lambda_1=\frac{V}{f}$$

初めて共鳴が起こるのは図 a の基本振動のときである。このときの管の長さを L_1 とすると，

$$L_1=\frac{\lambda_1}{4}=\underline{\boldsymbol{\frac{V}{4f}}}$$

閉管の共鳴

公式：$$\boldsymbol{L=\frac{\lambda_n}{4}\times(2n-1)}$$
$$\boldsymbol{(n=1,\ 2,\ 3,\ \cdots)}$$

管の長さ：L〔m〕
波長：λ〔m〕

※管の長さLが $\dfrac{1}{4}$ 波長の奇数倍になると共鳴する。図は 5 倍振動のときの様子である。nは腹or節の数。

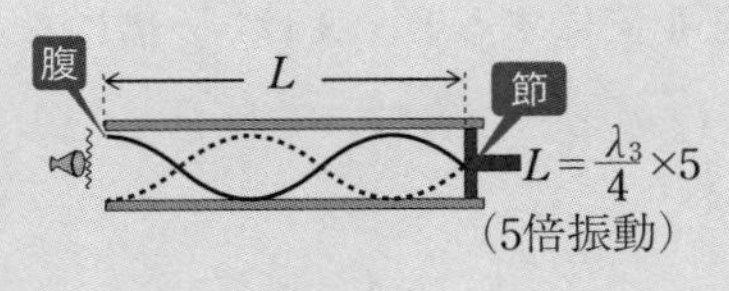

34
気柱の共鳴

問2

(a) 3回目の共鳴が起こるのは，図aの5倍振動のときである。このときの管の長さをL_3として，

$$L_3 = \frac{\lambda_1}{4} \times 5 = \underline{\boldsymbol{\frac{5V}{4f}}}$$

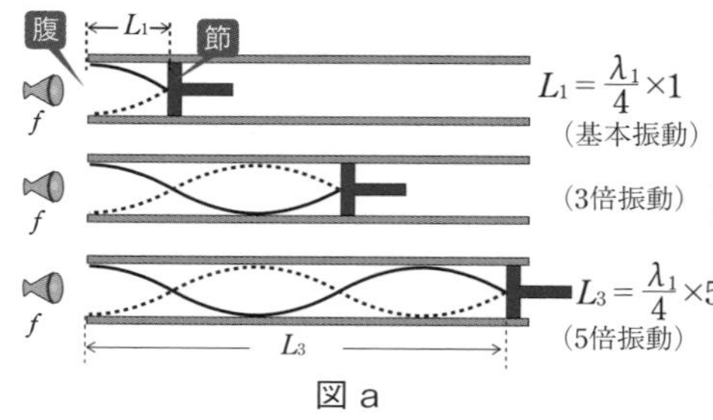

図a

(b) 空気の密度変化が最大の場所は節。

空気の密度は隣り合う媒質の間隔を考える。

右図では，縦波の定常波の時間変化を表している。1と3は腹，2は節の位置を示している。2の節の位置に注目すると，上段の図では密だが，下段の図では疎になっており，密度(媒質 の間隔)の変化が激しいことがわかる。

節の位置は図aの5倍振動の節の位置を考えて，Oから近い順に

$$\frac{\lambda_1}{4},\ \frac{\lambda_1}{4} \times 3,\ \frac{\lambda_1}{4} \times 5 = \underline{\boldsymbol{\frac{V}{4f}}},\ \frac{3V}{4f},\ \frac{5V}{4f}$$

問3

振動数を$4f$にすると，波長は$\frac{1}{4}$倍になる（$V = f\lambda$より，音速Vは変化しないので，fを4倍にすると，λは$\frac{1}{4}$倍になる）。振動数$4f$のときの音波の波長をλ_2として，

$$\lambda_2 = \frac{\lambda_1}{4} = \frac{V}{4f}$$

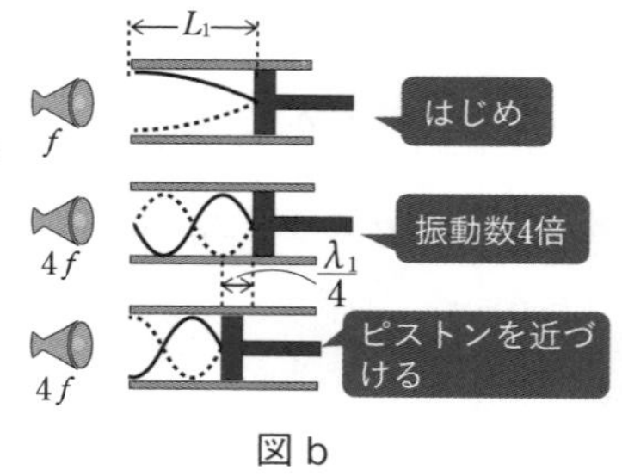

図b

となる。管の長さL_1で考えてみよう。図bの上段の図は振動数fのときであり，中段の図は振動数が$4f$のときの図である。このときには共鳴は起こらないので，ピストンをOに近づけて下段の図になれば共鳴が起こる。このとき，ピ

ストンを動かす長さは最短であり，その値は，

$$\frac{\lambda_1}{4} = \underline{\boldsymbol{\frac{V}{16f}}}$$

問4

異なる３本の管の名前をA，B，Cにして最も短いものをAとする。図ｃのように，管Aで基本振動が生じており，管Bで２倍，管Cで３倍振動が生じていれば，振動数が最も小さく３本の管がすべて共鳴する状態となる。３本の管の長さをそれぞれ足すと，長さlにならなければいけないので，音波の波長をλ_0として，

$$\frac{\lambda_0}{2} + \left(\frac{\lambda_0}{2} \times 2\right) + \left(\frac{\lambda_0}{2} \times 3\right) = l$$

$$3\lambda_0 = l$$

$$3\frac{V}{f_0} = l \qquad \therefore \ f_0 = \underline{\boldsymbol{\frac{3V}{l}}}$$

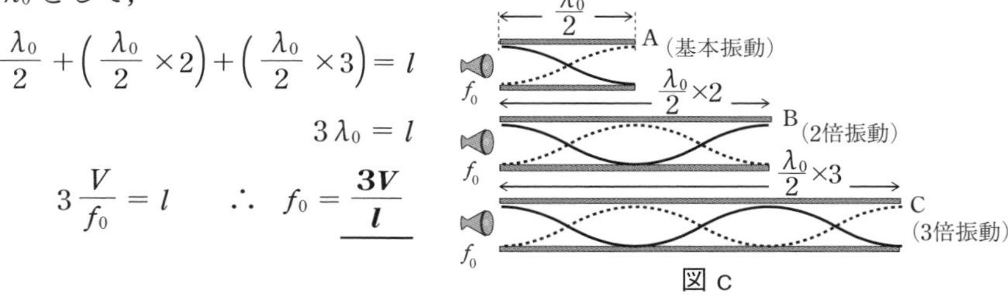

図ｃ

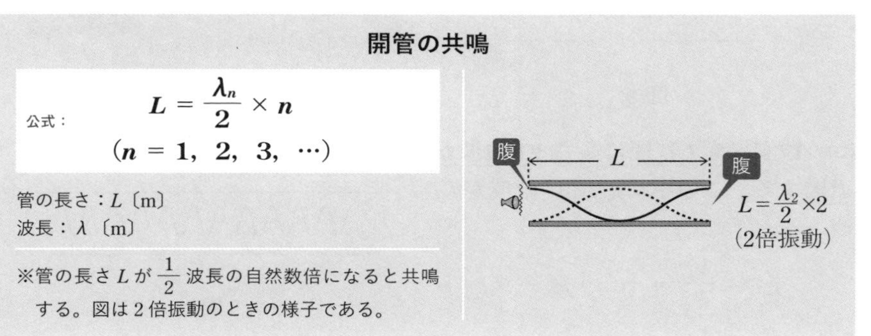

開管の共鳴

公式：
$$\boldsymbol{L = \frac{\lambda_n}{2} \times n}$$
$$\boldsymbol{(n = 1,\ 2,\ 3,\ \cdots)}$$

管の長さ：L〔m〕
波長：λ〔m〕

※管の長さLが$\frac{1}{2}$波長の自然数倍になると共鳴する。図は２倍振動のときの様子である。

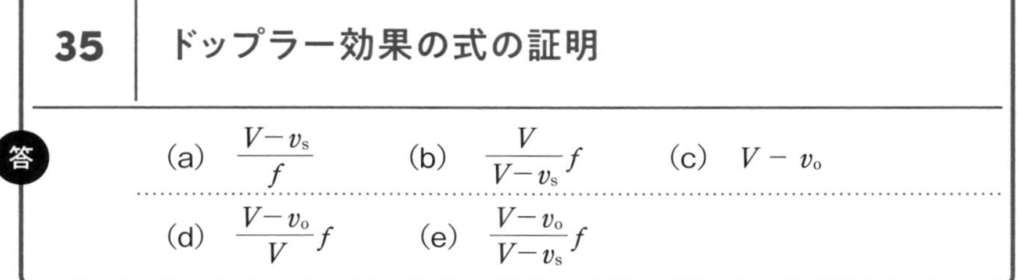

35 ドップラー効果の式の証明

答

(a) $\frac{V - v_s}{f}$　(b) $\frac{V}{V - v_s}f$　(c) $V - v_o$

(d) $\frac{V - v_o}{V}f$　(e) $\frac{V - v_o}{V - v_s}f$

解答への道しるべ

GR 1 音源が動いたときの波長の求め方

波長は音波が存在する区間を波の個数で割る。

解説

(a) **波長（波1個分の長さ）は音波の存在する区間 L' を t 秒間の波の数 ft 個で割ればよい**ので,

$$\lambda' = \frac{L'}{ft} = \frac{V-v_s}{f} \quad \cdots\cdots①$$

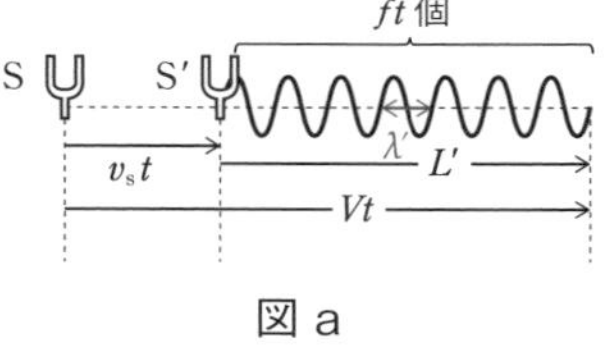

図 a

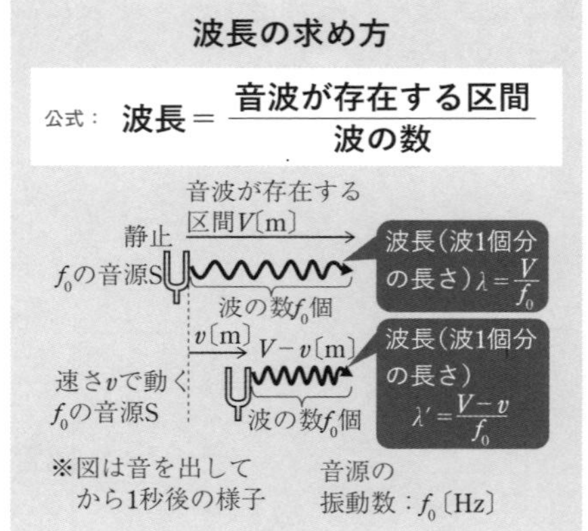

(b) **観測者を t 秒間に長さ Vt の波が通過**する。この中に波長 λ' の波が f_st 個入ると考えて,

$$f_st = \frac{Vt}{\lambda'} = \frac{V}{V-v_s}ft$$

$$\therefore \quad f_s = \frac{V}{V-v_s}f \quad \cdots\cdots②$$

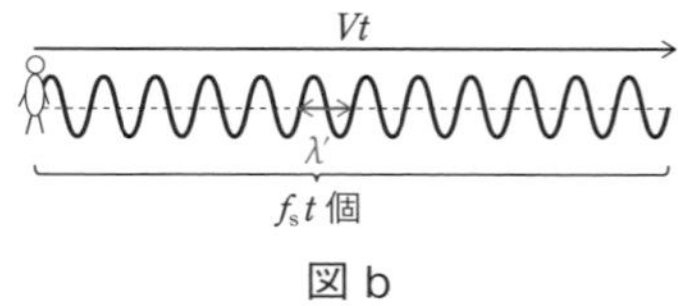

図 b

(c) 観測者に達した音波は t 秒間に Vt 進み，観測者は v_0t 進むから，観測者を長さ $Vt - v_0t$ の音波が通過する。よって,

$$V't = Vt - v_0t$$

$$\therefore \quad V' = V - v_0 \quad \cdots\cdots③$$

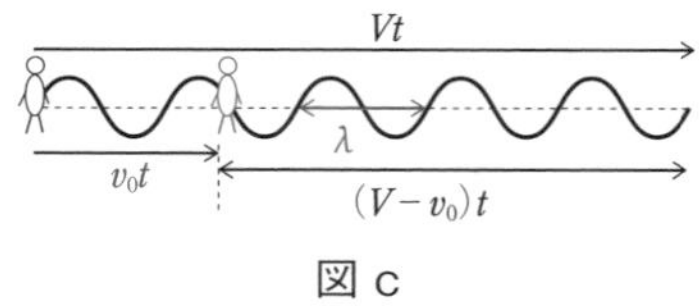

図 c

観測者が聞く振動数

公式：$\text{観測者が聞く振動数} = \dfrac{\text{音波が観測者を通過する区間}}{\text{波長}}$

音速：V〔m/s〕
音波の波長：λ〔m〕

※図は観測者に音が達した瞬間から１秒後の様子

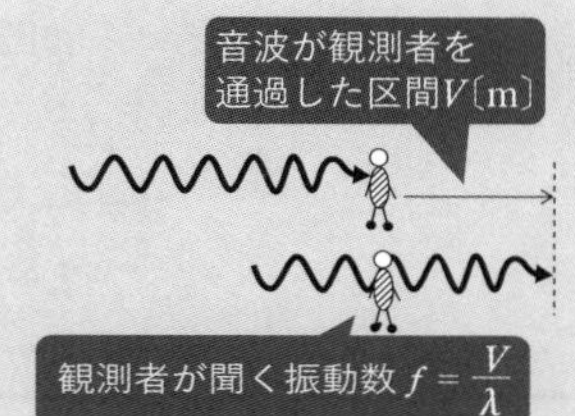

(d)　(b)と同様に考えて，

$$f_0 t = \frac{(V - v_0)t}{\lambda}$$

ここで，$V = f\lambda$ より，$\lambda = \dfrac{V}{f}$ を代入して，

$$f_0 = \underline{\boldsymbol{\frac{V - v_0}{V} f}} \quad \cdots\cdots ④$$

(e)　④式の f を f_S と置き換えて，②式を代入する。

$$f' = \frac{V - v_0}{V} f_S = \underline{\boldsymbol{\frac{V - v_0}{V - v_S} f}} \quad \cdots\cdots ⑤$$

ドップラー効果の公式

ドップラー効果の公式

振動数 f_0 の音源が O 君に向かって速さ v で近づき，O 君が音源に速さ u で向かっていくとき，O 君が聞く振動数 f_1 は，以下のように表せる。

見つめる向きとuの向きが同じ向きなので，符号はプラス

公式：$\boldsymbol{f_1 = \dfrac{V + u}{V - v} f_0}$

分子は観測者の速度
分母は音源の速度

見つめる向きとvの向きが逆向きなので，符号はマイナス

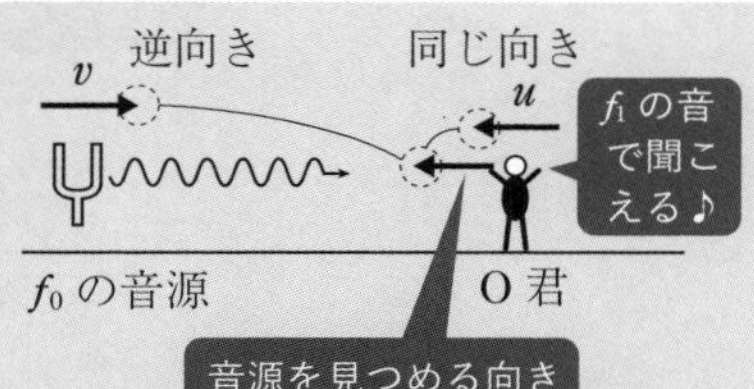

35
ドップラー効果の式の証明

36 時間に関するドップラー効果

答

問1 fT　　問2 $t_1 = \dfrac{L}{V}$　　問3 $t_2 = T + \dfrac{L - V_A T}{V}$

問4 $f_B = \dfrac{V}{V - V_A} f$　　問5 $t_3 = \dfrac{L}{V + V_B}$

問6 $t_4 = T + \dfrac{L - V_A T - V_B T}{V + V_B}$　　問7 $f_B' = \dfrac{V + V_B}{V - V_A} f$

解答への道しるべ

GR 1 音源が動くときの音速

音源が運動しても音速は変化しない。

解説

［1］ 問1

$\underline{fT}$ ―― 波数＝振動数×時間

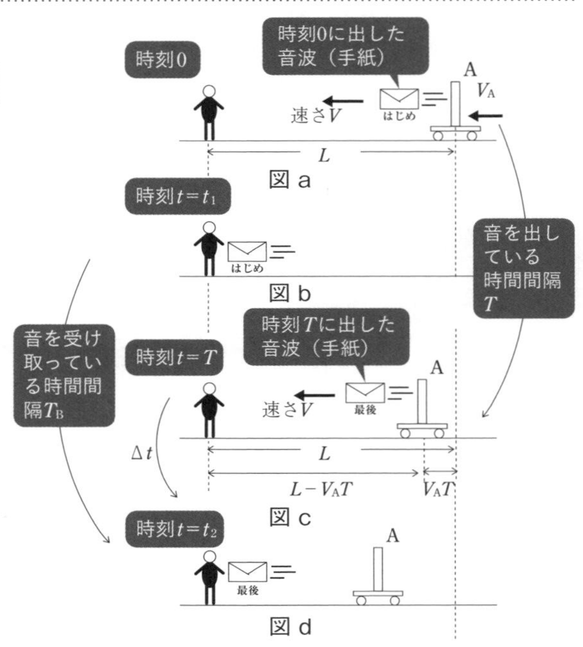

図 a　図 b　図 c　図 d

問2

音源が動いても音速 V は変化しない。$V + V_A$ としないように注意しよう。A が音を出してから，時間 t_1 で音波が B さんに達するので，

$$Vt_1 = L$$

$$\therefore \quad t_1 = \underline{\frac{L}{V}}$$

問3

時刻 $t=T$ で音波を発した瞬間の様子が図 c であり，その音波が B さんに達した時刻 $t=t_2$ の様子が図 d である。
A が $t=T$ で発した音波が B さんに達するまでの伝達時間を Δt として，

$$L-V_{\mathrm{A}}T=V\Delta t \quad \therefore \quad \Delta t=\frac{L-V_{\mathrm{A}}T}{V}$$

よって，B さんに音波が達する時刻 t_2 は

$$t_2=T+\Delta t=\underline{\boldsymbol{T+\frac{L-V_{\mathrm{A}}T}{V}}}$$

問4

B さんが音波を受け取る時間間隔を T_{B} とする。B さんが A の音波を受け取ってから，音を聞き終わるまでの時間は t_2-t_1 である。したがって，

$$\begin{aligned}T_{\mathrm{B}}&=t_2-t_1\\&=\left(T+\frac{L-V_{\mathrm{A}}T}{V}\right)-\frac{L}{V}\\&=T-\frac{V_{\mathrm{A}}T}{V}=\left(1-\frac{V_{\mathrm{A}}}{V}\right)T=\frac{V-V_{\mathrm{A}}}{V}T\end{aligned}$$

B さんが聞く音波の振動数(1秒あたりの振動回数) f_{B} は

$$f_{\mathrm{B}}=\frac{1}{T_{\mathrm{B}}}=\frac{V}{V-V_{\mathrm{A}}}\times\frac{1}{T}=\underline{\boldsymbol{\frac{V}{V-V_{\mathrm{A}}}f}}$$

ドップラー効果の公式

［2］ 問5

A が音を出してから，時間 t_3 で音波が B さんに達する。B さんから見れば，音波は速さ $V+V_{\mathrm{B}}$ で近づいてくるように見えるので，

$$(V+V_{\mathrm{B}})t_3=L$$

$$\therefore \quad t_3=\underline{\boldsymbol{\frac{L}{V+V_{\mathrm{B}}}}}$$

問6

時刻 $t=T$ で音波を発した瞬間の様子が図 g であり，その音波が B さんに達した時刻 $t=t_4$ の様子が図 h である。

Aが時刻 $t = T$ で発した音波がBさんに達するまでの伝達時間を $\Delta t'$ として,

$$L - V_{\mathrm{A}}T - V_{\mathrm{B}}T = (V + V_{\mathrm{B}})\Delta t'$$

$$\therefore \Delta t' = \frac{L - V_{\mathrm{A}}T - V_{\mathrm{B}}T}{V + V_{\mathrm{B}}}$$

よって，Bさんに音波が達する時刻 t_4 は,

$$t_4 = T + \Delta t' = \boldsymbol{T + \frac{L - V_{\mathrm{A}}T - V_{\mathrm{B}}T}{V + V_{\mathrm{B}}}}$$

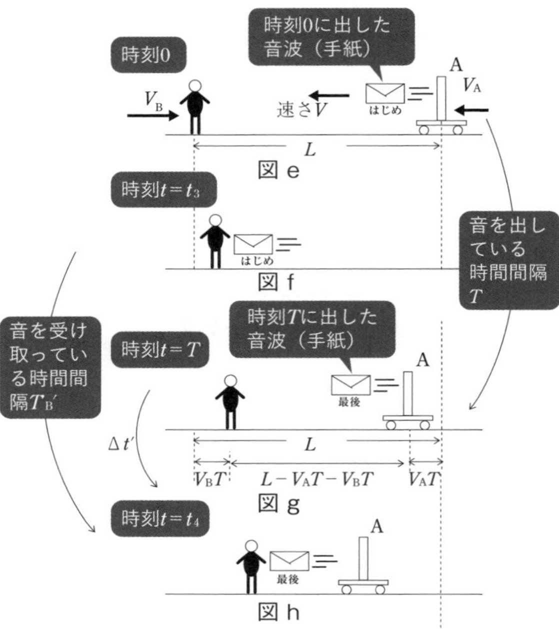

問7

Bさんが音波を受け取る時間間隔を T_{B}' とする。BさんがAの音波を受け取ってから，音を聞き終わるまでの時間は $t_4 - t_3$ である。したがって,

$$T_{\mathrm{B}}' = t_4 - t_3$$

$$= \left(T + \frac{L - V_{\mathrm{A}}T - V_{\mathrm{B}}T}{V + V_{\mathrm{B}}}\right) - \frac{L}{V + V_{\mathrm{B}}}$$

$$= T - \frac{V_{\mathrm{A}}T + V_{\mathrm{B}}T}{V + V_{\mathrm{B}}} = \left(1 - \frac{V_{\mathrm{A}} + V_{\mathrm{B}}}{V + V_{\mathrm{B}}}\right)T = \frac{V - V_{\mathrm{A}}}{V + V_{\mathrm{B}}}T$$

Bさんが聞く音波の振動数(1秒あたりの振動回数) f_{B}' は,

$$f_{\mathrm{B}}' = \frac{1}{T_{\mathrm{B}}'} = \frac{V + V_{\mathrm{B}}}{V - V_{\mathrm{A}}} \times \frac{1}{T} = \boldsymbol{\frac{V + V_{\mathrm{B}}}{V - V_{\mathrm{A}}}f}$$

ドップラー効果の公式

CHAPTER 2 波

37 斜め方向のドップラー効果

答

問1　(b)　　問2　$f_2 - f_1 = \dfrac{2v_0 V}{V^2 - {v_0}^2} f_0$　　問3　$x_1 = v_0 \dfrac{h}{V}$

問4　$\dfrac{\mathrm{QO}}{\mathrm{QP}} = \dfrac{v_0}{V}$　　問5　$f_x = \dfrac{V^2}{V^2 - {v_0}^2} f_0$

解答への道しるべ

GR 1 音の伝搬時間

音源と観測者が離れている場合には，音の伝搬時間に注意しよう。

解説

問1

斜め方向のドップラー効果の公式

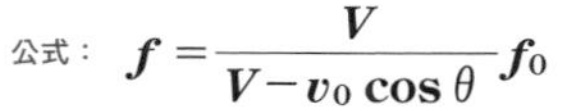

公式：$f = \dfrac{V}{V - v_0 \cos\theta} f_0$

音源の振動数：f_0〔Hz〕
観測者が聞く音の振動数：f〔Hz〕
音速：V〔m/s〕　　音源の速度：v_0〔m/s〕
音源の速度と，観測者と音源を結ぶ線分のなす角度：θ〔rad〕

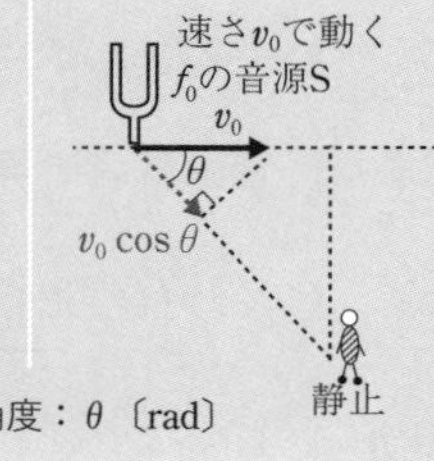

図aのように，x軸と観測者のなす角度をθとする。斜めドップラー効果の公式より，

$$f = \frac{V}{V - v_0 \cos\theta} f_0$$

θの範囲は$0 < \theta < \pi$であり，θが変数であることから，fは単調に減少するグラフであることがわかる。したがって，グラフは<u>**(b)**</u>

問2

音源が$x \to -\infty$にあるとき，$\theta \to 0$であり，<u>**振動数は最も大きい**</u>。その値は

$$f_2 = \frac{V}{V - v_0 \cos 0} f_0 = \frac{V}{V - v_0} f_0$$

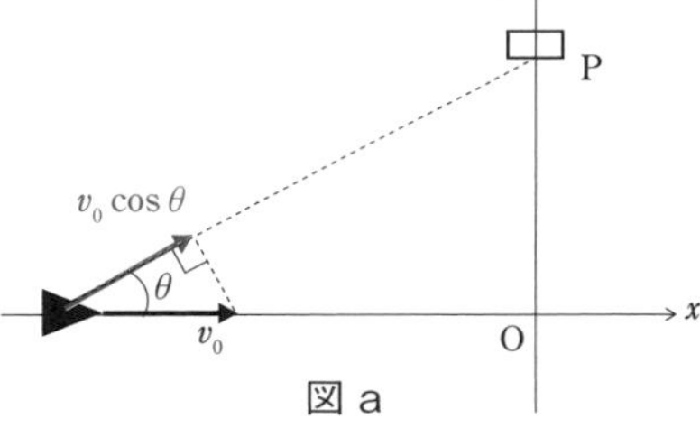

図 a

音源が$x \to +\infty$にあるとき，$\theta \to \pi$であり，**振動数は最も小さい**。その値は

$$f_1 = \frac{V}{V - v_0 \cos \pi} f_0 = \frac{V}{V + v_0} f_0$$

f_2とf_1の差は，

$$f_2 - f_1 = \frac{V}{V - v_0} f_0 - \frac{V}{V + v_0} f_0 = \underline{\boldsymbol{\frac{2v_0V}{V^2 - v_0{}^2} f_0}}$$

問3

観測者が聞く音の振動数が正確にf_0に等しいときの音源の位置をx_1とする。この音は**振動数f_0でドップラー効果がおこっていないので，音源が原点Oを通過するときに発した音**である。**音源が原点Oでf_0の音を発してから，少し時間が経過してから，観測者が聞くことに注意しよう**。音の伝達時間をT_1として，図bより，音波がy軸上を進んだ距離hは，

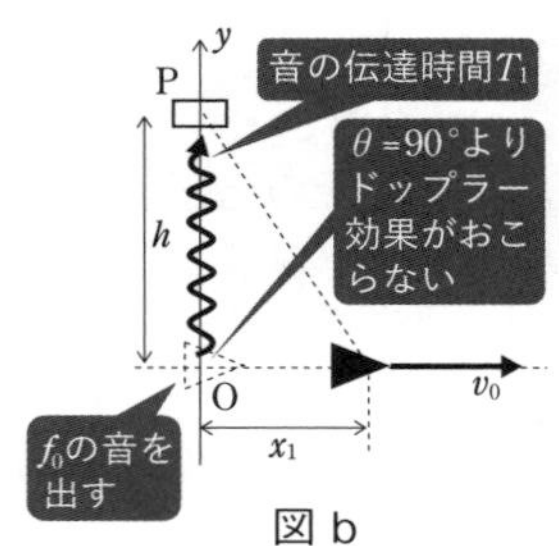

図b

$$h = VT_1 \quad \therefore \quad T_1 = \frac{h}{V}$$

また，音源は音を発してから時間T_1だけx軸上を運動しているので，

$$x_1 = v_0 T_1 = \underline{\boldsymbol{v_0 \frac{h}{V}}}$$

問4

観測者が原点Oを通過する音源を見たときに聞いている音は音源が原点Oより手前の位置Qで発した音である。点Qから発せられた音波が観測者に届く時間をT_2とする。図cより

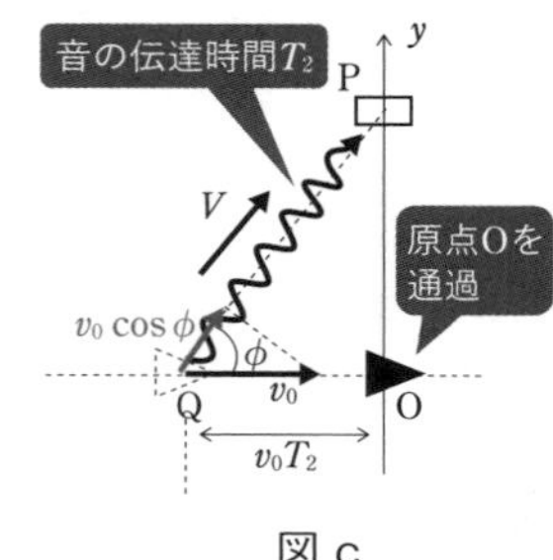

図c

$$\left.\begin{aligned} QO &= v_0 T_2 \\ QP &= V T_2 \end{aligned}\right\} \xrightarrow[\text{割って}]{\text{辺々を}} \frac{QO}{QP} = \underline{\boldsymbol{\frac{v_0}{V}}}$$

問5

$\angle OQP = \phi$として，ドップラー効果の公式より，

$$f_x = \frac{V}{V - v_0 \cos \phi} f_0$$

CHAPTER 2 波

ここで，$\cos\phi = \dfrac{\mathrm{QO}}{\mathrm{QP}} = \dfrac{v_0 T_2}{V T_2} = \dfrac{v_0}{V}$ より，

$$f_x = \frac{V}{V - v_0\cos\phi}f_0 = \frac{V}{V - v_0\cdot\dfrac{v_0}{V}}f_0 = \underline{\boldsymbol{\frac{V^2}{V^2 - v_0{}^2}f_0}}$$

38　光ファイバー

答

問 1　$\sin i < \sqrt{n^2 - 1}$　　問 2　$n \geqq \sqrt{2}$

問 3　$\dfrac{n^2}{\sqrt{n^2 - \sin^2 i}}$

解答への道しるべ

GR 1 光ファイバーの全反射する条件

光ファイバーの全反射を考えるとき，STEP ①：側面での臨界角を求める➡ STEP ②：端面の入射角を屈折角を用いずに表す➡ STEP ③：側面で全反射する条件を求める。

解説

問 1

STEP 1　側面での臨界角を求める。

図 a のように，側面をギリギリに進む光を考えてみる。平板に入射角 i_0 で入射した光の屈折角を θ_0 とする。この光が平板から空気に出ようとするときの，平板の側面への入射

屈折の法則

公式：$\boldsymbol{n_{12}\left(=\dfrac{n_2}{n_1}\right) = \dfrac{v_1}{v_2} = \dfrac{\lambda_1}{\lambda_2} = \dfrac{\sin\theta_1}{\sin\theta_2}}$

入射角：θ_1　屈折角：θ_2
媒質 I の物理量
速さ：v_1　屈折率：n_1　波長：λ_1
媒質 II の物理量
速さ：v_2　屈折率：n_2　波長：λ_2
※振動数は媒質によらず不変

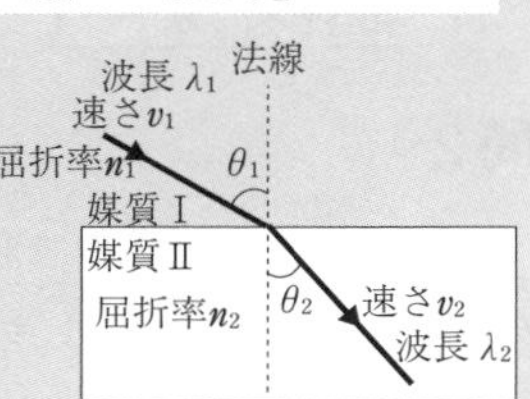

角（臨界角）は $90^\circ - \theta_0$ となる。端面 AB と側面 BC において，屈折の法則をそれぞれ立てると，

端面 AB：$\dfrac{1}{n} = \dfrac{\sin\theta_0}{\sin i_0}$ ……①

側面 BC：$\dfrac{1}{n} = \dfrac{\sin(90^\circ - \theta_0)}{\sin 90^\circ}$ ……②

②式より，

$$\frac{1}{n} = \frac{\cos\theta_0}{1} \quad \therefore \quad \cos\theta_0 = \frac{1}{n} \quad \cdots\cdots③$$

図 a

STEP 2　端面の入射角を屈折角 θ_0 を用いずに n で表す。

側面 BC を光がギリギリ進むような端面 AB の入射角 i_0 を考える。つまり，①式を θ_0 を用いずに n で表せればよい。①式より，

$$\frac{1}{n} = \frac{\sin\theta_0}{\sin i_0}$$

$$\therefore \quad \sin i_0 = n\sin\theta_0 = n\sqrt{1 - \cos^2\theta_0} \quad \cdots\cdots④$$

③式を④式に代入すると，

$$\sin i_0 = n\sqrt{1 - \cos^2\theta_0} = n\sqrt{1 - \left(\frac{1}{n}\right)^2} = \sqrt{n^2 - 1}$$

側面 BC 上をギリギリ進む光となるような入射角 i_0 が求まった

STEP 3　側面で全反射する条件を求める。

端面 AB にどのような角度で入射すれば全反射が起こるか考えてみよう。

端面 AB に入射角 i_0 で入射すれば，側面 BC をギリギリに進むので，側面 BC で全反射を起こす条件は，図 b のように，入射角 i が角度 i_0 よりも小さくなればよい。

$$i < i_0 \quad \cdots\cdots⑤$$

$$\sin i < \sin i_0$$

$$\therefore \quad \underline{\boldsymbol{\sin i < \sqrt{n^2 - 1}}}$$

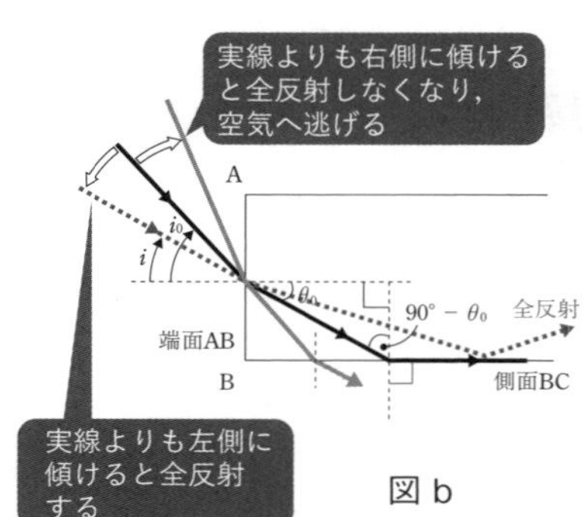

図 b

問2

$0^\circ < i < 90^\circ$ を満たす任意の i で⑤式が成り立つには右辺 $\geqq 1$ となればよいから，$n > 0$，$\sqrt{n^2 - 1} \geqq 1$ より，

$$\underline{\boldsymbol{n \geqq \sqrt{2}}}$$

問3

AD 間の距離を l とする。光が空気中を距離 l 進むのにかかる時間を t_0 として，

$$t_0 = \frac{l}{c}$$

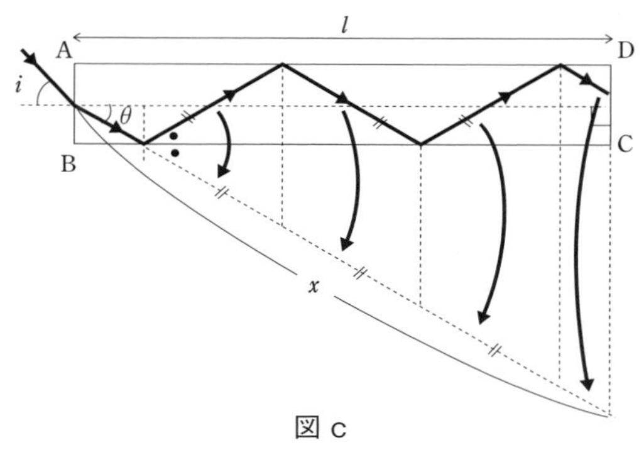

図 c

となる。また，光が平板を全反射しながら辺 AB から辺 CD に達するまではジグザグ進んでいく。このジグザグの距離をまっすぐにすると，図 c の長さ x となる。図 c より，

$$\frac{l}{x} = \cos\theta \quad \therefore \quad x = \frac{l}{\cos\theta}$$

光が平板中を辺 AB から辺 CD に達するのに要する時間を t_1 とすると，長さ x を平板中を光が進む速さ $\dfrac{c}{n}$ で割れば時間 t_1 が求まる。

$$t_1 = \frac{x}{\dfrac{c}{n}} = \frac{\dfrac{l}{\cos\theta}}{\dfrac{c}{n}} = \frac{nl}{c\cos\theta} = \frac{nl}{c\sqrt{1-\sin^2\theta}} \quad \cdots\cdots ⑥$$

端面 AB においての屈折の法則より，

$$\frac{1}{n} = \frac{\sin\theta}{\sin i} \quad \therefore \quad \sin\theta = \frac{\sin i}{n}$$

⑥式に，$\sin\theta$ を代入して，

$$t_1 = \frac{nl}{c\sqrt{1-\sin^2\theta}} = \frac{nl}{c\sqrt{1-\left(\dfrac{\sin i}{n}\right)^2}} = \frac{n^2 l}{c\sqrt{n^2-\sin^2 i}}$$

したがって，求めるものは，

$$\frac{t_1}{t_0} = \frac{n^2 l}{c\sqrt{n^2-\sin^2 i}} \times \frac{c}{l} = \underline{\boldsymbol{\frac{n^2}{\sqrt{n^2-\sin^2 i}}}}$$

38 光ファイバー

39　ヤングの干渉

答

問1　(a)　$m\lambda$　　(b)　$\left(m+\frac{1}{2}\right)\lambda$　　問2　解説参照

問3　$\Delta x = \frac{L\lambda}{d}$　　問4　ア　　問5　5.8×10^{-7}m

問6　$\frac{L\lambda}{d} + \frac{La}{d}(n-1)$

解答への道しるべ

GR 1　スリットを膜で覆ったとき

膜が入ったことによる光路差は$(n-1)a$

解説

S_1Pの経路は，図aの三角形(濃い灰色の三角形)に着目し，三平方の定理より，

$$S_1P = \sqrt{L^2 + \left(x - \frac{d}{2}\right)^2}$$ と表せる。

dやxはLに比べて，非常に小さいので，この式は近似をすることができる。この式を近似するためには以下のような式変形をしていけばよい。まず，Lでくくると，

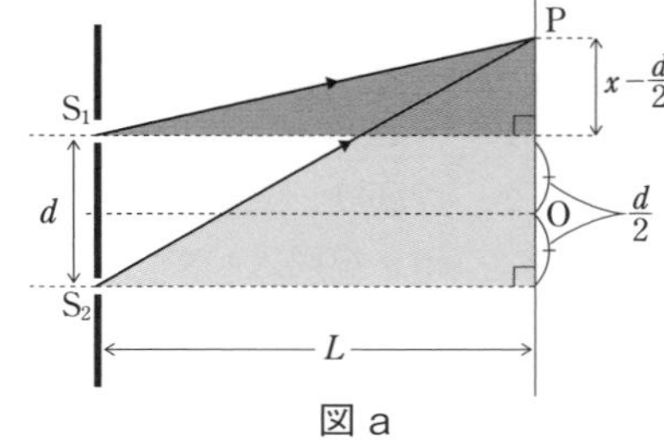

図 a

$$S_1P = \underset{くくる}{L}\sqrt{1+\left(\frac{x-\frac{d}{2}}{L}\right)^2} = L\left\{1+\left(\frac{x-\frac{d}{2}}{L}\right)^2\right\}^{\frac{1}{2}}$$

非常に小さな値になっている

$$\fallingdotseq L\left\{1+\frac{1}{2}\left(\frac{x-\frac{d}{2}}{L}\right)^2\right\} = L + \frac{1}{2L}\left(x-\frac{d}{2}\right)^2$$

同様にして，S_2Pを求めると，三角形(薄い灰色の三角形)に着目して，

$$\mathrm{S_2P} = \sqrt{L^2 + \left(x + \frac{d}{2}\right)^2} \fallingdotseq L + \frac{1}{2L}\left(x + \frac{d}{2}\right)^2$$

最後に，$\mathrm{S_2P} - \mathrm{S_1P}$ の差(経路差)を頑張って計算してみると，

$$\begin{aligned}\mathrm{S_2P} - \mathrm{S_1P} &= L + \frac{1}{2L}\left(x + \frac{d}{2}\right)^2 - \left\{L + \frac{1}{2L}\left(x - \frac{d}{2}\right)^2\right\} \\ &= \frac{1}{2L}\left\{\left(x + \frac{d}{2}\right)^2 - \left(x - \frac{d}{2}\right)^2\right\} \\ &= \frac{1}{2L}\left\{x^2 + dx + \frac{d^2}{4} - \left(x^2 - dx + \frac{d^2}{4}\right)\right\} = \frac{dx}{L}\end{aligned}$$

問２の証明おわり

求めた経路差 $\frac{dx}{L}$ を干渉条件の式に代入すると，

$$\underbrace{\frac{dx}{L}}_{\text{経路差}} = \begin{cases} m\lambda & \cdots\cdots\cdots\cdots\text{強め合い} \\ \left(m + \frac{1}{2}\right)\lambda & \cdots\text{弱め合い} \end{cases}$$

$(m = 0,\ \pm 1,\ \pm 2,\ \cdots)$ ……①

と表せる。

光の干渉条件

同位相の波源から出た波長の等しい２つの光が干渉するとき，

$$\text{経路差} = \begin{cases} m\lambda & \cdots\text{強め合い} \\ \left(m + \frac{1}{2}\right)\lambda & \cdots\text{弱め合い} \end{cases}$$

$(m = 0,\ \pm 1,\ \pm 2,\ \cdots)$

問１

強め合う条件は，$l_2 - l_1 = \boldsymbol{m\lambda}$ (a)　弱め合う条件は，$l_2 - l_1 = \boldsymbol{\left(m + \frac{1}{2}\right)\lambda}$ (b)

問２

上の解説より，$l_2 - l_1 = \boldsymbol{\frac{dx}{L}}$

問３

①式の強め合いの式を，x について解くと，

$$\frac{dx}{L} = m\lambda \quad \therefore \quad x_m = \frac{L\lambda}{d}m \quad \leftarrow\text{強め合う位置}$$

したがって，強め合う位置は図 b のように表すことができる。また，明線(あるいは暗線)の間隔 Δx は，

図 b

$$\Delta x = \boldsymbol{\frac{L\lambda}{d}} \quad \leftarrow\text{干渉縞の間隔}$$

問 4

紫色の波長をλ_V，赤色の波長をλ_Rとし，紫色と赤色のそれぞれの隣り合う明線の間隔は，

$$\Delta x_V = \frac{L\lambda_V}{d}, \quad \Delta x_R = \frac{L\lambda_R}{d}$$

となる。$\lambda_V < \lambda_R$ より，$\Delta x_V < \Delta x_R$ となり，答は**ア**。

光の知識

- 光の速さ(光速)：$c = 3.0 \times 10^8$〔m/s〕
- 可視光領域：およそ 380〔nm〕～ 780〔nm〕
- 白色光：いろいろな波長が混じっていて，人間には白色に見える。
- 単色光：1つの波長からなる光。

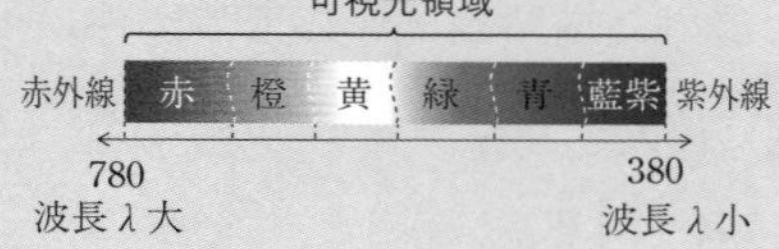

問 5

$$\Delta x = \frac{L\lambda}{d} \text{ より，} \lambda = \frac{d\Delta x}{L} = \frac{(5.0\times10^{-4}) \times (2.9\times10^{-3})}{2.5} = \mathbf{5.8\times10^{-7}m}$$

問 6

スクリーン上で強め合う位置をXとする。光が膜に入る直前の点を図cのように，S_1'とする。光が厚さaの膜を通過する距離を真空中(今回は空気と等しいが)に換算すると ***na*** となる。経路差をわかりやすくするために，光が( )に入る直前の点をS_2'とする。経路差は，

$$\underbrace{(S_2'S_2 + S_2P)}_{\text{下側の経路}} - \underbrace{(S_1'S_1 + S_1P)}_{\text{上側の経路}} = (S_2'S_2 - S_1'S_1) + \underbrace{(S_2P - S_1P)}_{\text{問2と同じ経路差の形}} = a - na + \frac{dX}{L}$$

$$(\text{経路差}) = \frac{dX}{L} - (n-1)a$$

強め合う条件は，

$$\frac{dX}{L} - (n-1)a = m\lambda$$

$$\frac{dX}{L} = m\lambda + (n-1)a$$

$$\therefore \underset{\text{膜を置いたときの強め合う位置}}{X_m} = \underset{\text{膜を置く前の明線の位置}}{\frac{L\lambda}{d}m} + \underset{\text{これだけずれる}}{\frac{La}{d}(n-1)}$$

（+：x軸の正の向きに）

設問では $m=1$ の明線を考えるので,

$$X_1 = \underline{\boldsymbol{\frac{L\lambda}{d} + \frac{La}{d}(n-1)}}$$

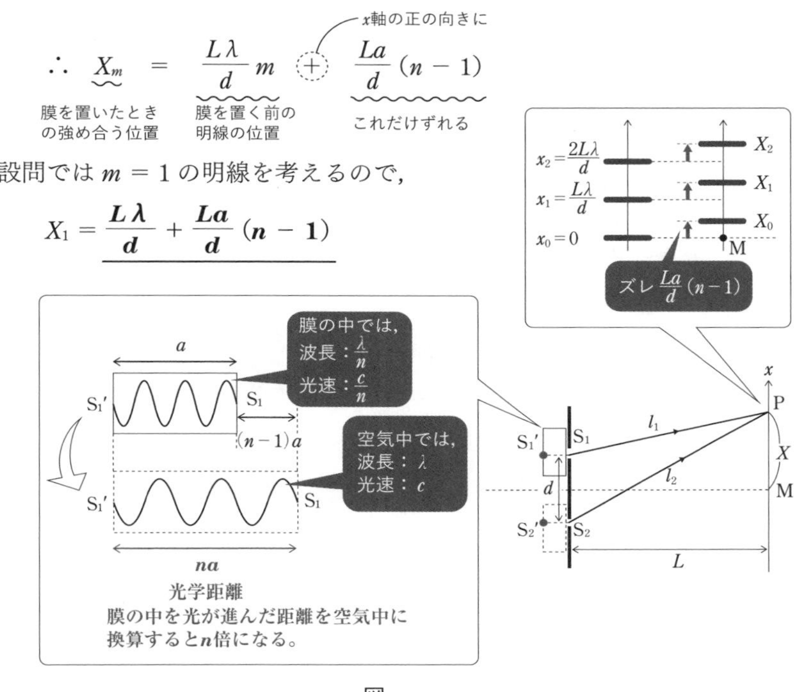

図 c

40 回折格子

答

問 1　$x_n = \dfrac{nl\lambda}{d}$　　問 2　288 本

問 3　6.06×10^{-2}m　　問 4　$n = 1$

解答への道しるべ

GR 1 回折格子の溝の数

格子定数 d の回折格子の 1 cm あたりの溝の数は $\dfrac{1\text{ cm}}{d}$ である。

解説

問1

回折角θの方向における隣り合う光の経路差は，**$d\sin\theta$**であるから，強め合う条件は，

$$d\sin\theta = n\lambda$$

θが十分小さいので，

$$\sin\theta \fallingdotseq \tan\theta = \frac{x_n}{l}$$

$$x_n = \frac{nl\lambda}{d} \quad \cdots\cdots①$$

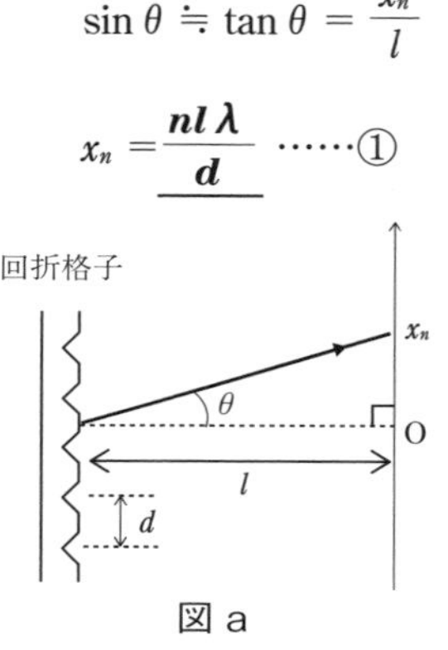

図 a

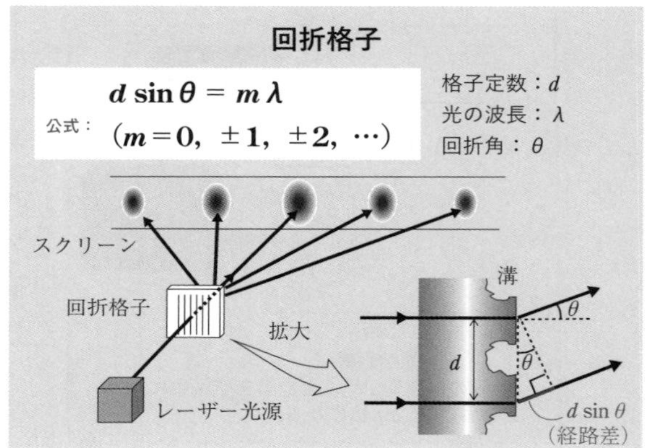

問2

入射光の波長をλ_Gとする。2次の明線なので，$n = 2$として，①式は

$$x_2 = \frac{2l\lambda_G}{d} \quad \cdots\cdots②$$

格子の間隔dは，

$$d = \frac{2l\lambda_G}{x_2} = \frac{2\times1.00\times5.20\times10^{-7}}{3.00\times10^{-2}} \fallingdotseq 3.47\times10^{-5}\text{m} = 3.47\times10^{-3}\text{cm}$$

したがって，1.00 cm あたりの格子の数は，

$$\frac{1\text{ cm}}{d} = \frac{1}{3.47\times10^{-3}} = \mathbf{288\ 本}$$

1本：d〔cm〕＝格子の数〔本〕：1 cm
∴　格子の数＝$\dfrac{1\text{ cm}}{d}$

問3

入射光の波長をλ_Rとして，①式より，

$$x_3 = \frac{3l\lambda_R}{d} \quad \cdots\cdots③$$

CHAPTER 2　波

②，③式を比較することにより，

$$x_3 = \frac{3\lambda_R}{2\lambda_G}x_2 = \frac{3\times(7.00\times10^{-7})}{2\times(5.20\times10^{-7})}\times(3.00\times10^{-2}) \fallingdotseq \underline{\mathbf{6.06\times10^{-2}m}}$$

問4

紫の入射光の波長をλ_Vとして，白色光の波長範囲は$\lambda_V \leqq \lambda \leqq \lambda_R$となる。①式の$x_n$の範囲は，

$$\frac{nl\lambda_V}{d} \leqq x_n \leqq \frac{nl\lambda_R}{d}$$

例えば，図bのように，1次の赤色と2次の紫色が重ならなければ，スクリーン上に綺麗なグラデーションが見える。しかし，1次の赤と2次の紫などが重なってしまうと色が混ざってしまう。このようなことがないためには，$(n+1)$次の紫がn次の赤色に重ならなければよいので，

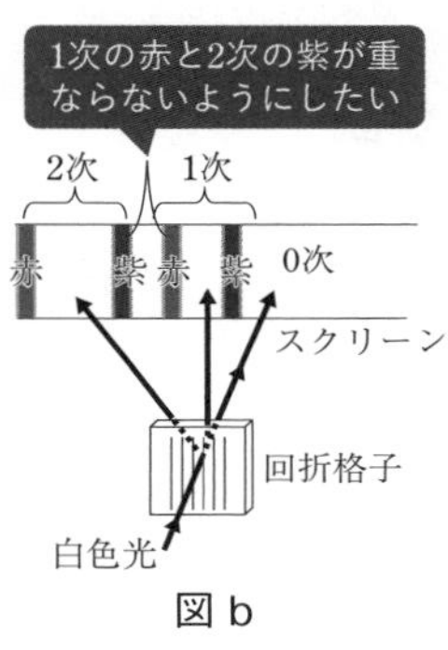

図b

$$\frac{(n+1)l\lambda_V}{d} > \frac{nl\lambda_R}{d}$$

$$(n+1)\lambda_V > n\lambda_R$$

$$(n+1)\times(4.00\times10^{-7}) > n\times(7.00\times10^{-7})$$

$$4n+4 > 7n \quad \therefore \quad (0<)n < \frac{4}{3}$$

上の式を満たすnは，$\underline{\mathbf{n=1}}$

41	くさび形空気層による光の干渉

答

問1 $\dfrac{2D}{L}x = m\lambda$　　問2 $\dfrac{L\lambda}{2D}$

問3 AA′側に$\dfrac{L}{D}h$　　問4 2.0 mm　　問5 3.4×10^{-4} mm

解答への道しるべ

GR 1 溝のある空気層の干渉

元の経路差に溝の部分の経路差を追加する。

解説

くさび形干渉の経路差

公式： **経路差 $= 2d = \dfrac{2Dx}{L}$**

空気層のすき間の長さ：d〔m〕
金属はくの厚み：D〔m〕
ガラス板の左端から金属はくまでの距離：L〔m〕
ガラス板の左端から干渉点までの距離：x〔m〕

ガラス板の傾きに注目して，$\tan\theta = \dfrac{d}{x} = \dfrac{D}{L}$ が成り立つ。

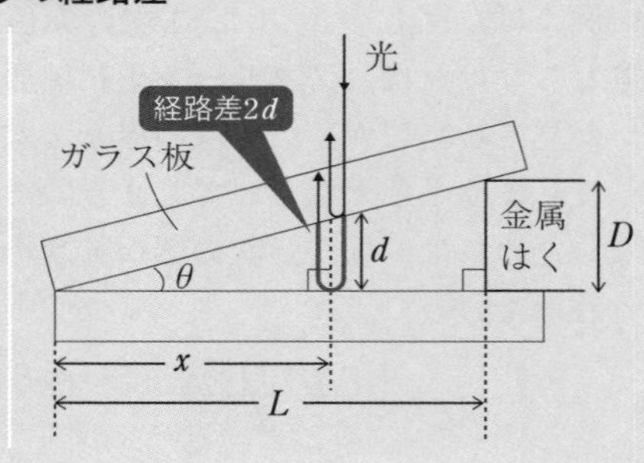

問1

明暗のしま模様が見えるのは，上のガラス板の下面で反射された光と，下のガラス板の上面で反射された光との干渉による。

経路差は $\boldsymbol{2d}$ であるが，図aの2つの三角形の傾きに注目して，

$$傾き = \frac{d}{x} = \frac{D}{L} \quad \therefore \quad d = \frac{Dx}{L}$$

したがって，経路差は

$$2d = \frac{2Dx}{L}$$

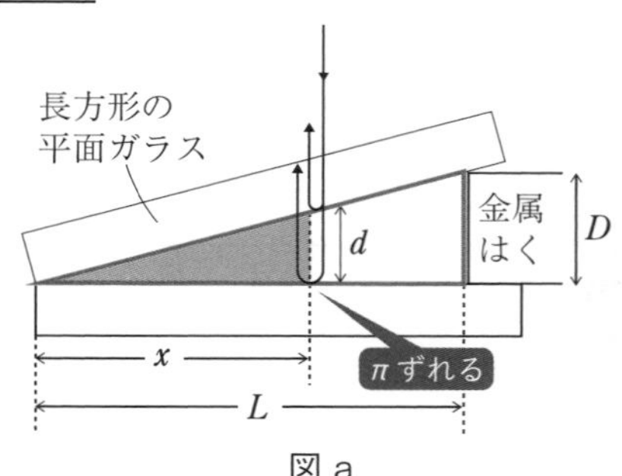

図 a

下のガラス板の上面での反射によって位相が π ずれるから，弱め合う条件は，

$$\boldsymbol{\frac{2D}{L}x = m\lambda} \quad (m = 0,\ 1,\ 2\cdots) \quad \cdots\cdots①$$

反射による位相の変化

・屈折率の**小さな**媒質から**大きな**媒質の境界面での反射
➡位相がπずれる
・屈折率の**大きな**媒質から**小さな**媒質の境界面での反射
➡位相はずれない

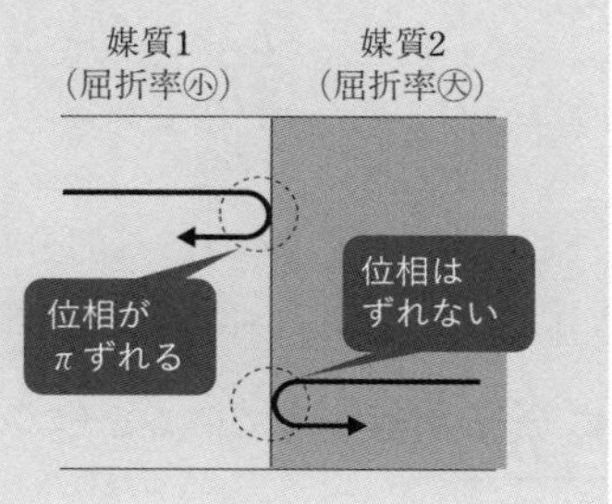

位相が変化したときの干渉条件

(位相がずれていないとき)

$$\text{経路差} = \begin{cases} m\lambda \cdots \textbf{強め合い} \\ \left(m + \dfrac{1}{2}\right)\lambda \cdots \text{弱め合い} \end{cases}$$

逆➡

(位相がπずれたとき)

$$\text{経路差} = \begin{cases} m\lambda \cdots \text{弱め合い} \\ \left(m + \dfrac{1}{2}\right)\lambda \cdots \textbf{強め合い} \end{cases}$$

問2

①式より，m 番目の暗線の位置を x_m として，

$$x_m = \frac{L\lambda}{2D}m$$

したがって，暗線の間隔 Δx は，

$$\Delta x = x_{m+1} - x_m = \frac{L\lambda}{2D}(m+1) - \frac{L\lambda}{2D}m$$
$$= \boldsymbol{\frac{L\lambda}{2D}}$$

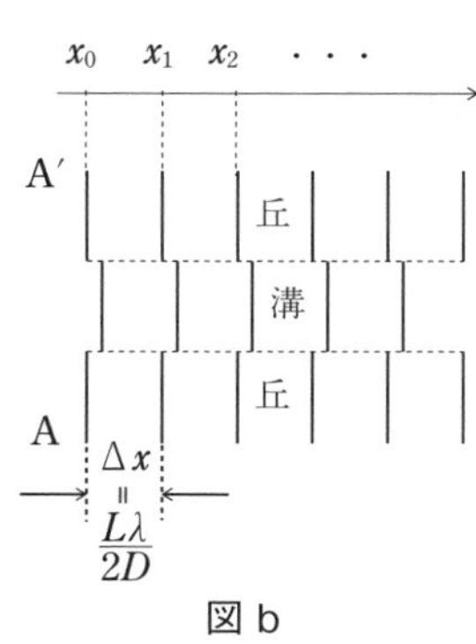

図 b

問3

溝の部分の暗線の位置を $x_m{}'$ とし，その位置における空気層の隙間を d' とする。図 c より，経路差は，$2d' + 2h$

弱め合う条件は，

$$2d' + 2h = m\lambda \quad (m = 0,\ 1,\ 2,\ \cdots)$$

$$\frac{2D}{L}x_m{}' + 2h = m\lambda \quad (m = 0,\ 1,\ 2,\ \cdots)$$

41
くさび形空気層による光の干渉

$$\frac{2D}{L}x_m' = m\lambda - 2h$$

左向きへ

$$\underbrace{x_m'}_{\text{溝の部分の暗線の位置}} = \underbrace{\frac{L\lambda}{2D}m}_{\text{元の暗線の位置}} - \underbrace{\frac{L}{D}h}_{\text{ズレ}}$$

この式から，溝のある部分はない部分(丘)に比べて，暗線の位置が**AA′側に$\frac{L}{D}h$**だけずれていることになる。

ちなみに，溝のある部分のとなり合う暗線の間隔を求めてみると，

$x_{m+1}' - x_m' = \frac{L\lambda}{2D}$ $(=\Delta x)$ と不変である。

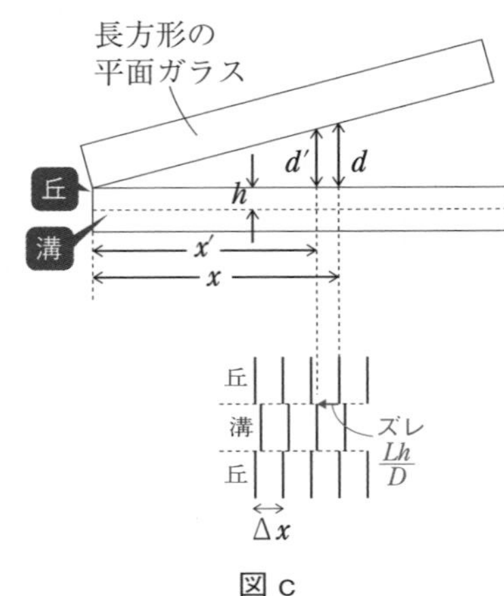

図 c

問 4

$$\Delta x = \frac{L\lambda}{2D} = \frac{(680\times10^{-9})\times(12\times10^{-2})}{2\times(2.0\times10^{-3}\times10^{-2})} = 2.04\times10^{-3}\ \mathrm{m} \fallingdotseq \mathbf{2.0\ mm}$$

問 5

図 c の溝のある部分の暗線のズレが左向きにちょうどΔx分だけずれていればよい。したがって，$\frac{L}{D}h = \Delta x$ であればよいので，h は，

$$\therefore\quad h = \frac{D}{L}\Delta x = \frac{D}{L}\times\frac{L\lambda}{2D} = \frac{\lambda}{2} = \mathbf{3.4\times10^{-4}\ mm}$$

42　薄膜による干渉

答

問 1　$\frac{\lambda}{n_1}$　　問 2　$\sin i = n_1 \sin r$

問 3　点Cでは位相は変化しない。点Dでは位相はπだけ変化する。

問 4　$2n_1 d\cos r$　　問 5　$2d\sqrt{n_1{}^2 - \sin^2 i} = \left(m + \frac{1}{2}\right)\lambda$

問 6　0°のとき：橙，30°のとき：黄

解答への道しるべ

GR 1 **薄膜の干渉の光路差**

光 a の反射する点から光 b へ垂線を下ろし光路差 0 の点を見つける。

解説

問 1

油膜の中を進む光の波長を λ_1 とすると，屈折の法則より，

$$\lambda_1 = \boldsymbol{\frac{\lambda}{n_1}}$$

問 2

屈折の法則より，$\boldsymbol{\sin i = n_1 \sin r}$ ……①

問 3

屈折率の小さい媒質から屈折率のより大きな媒質での反射では位相が π ずれるから，

点 C では位相は変化しない。**点 D では位相は π だけ変化する**。

問 4

点 D から線分 BC に向かって下ろした垂線の足を点 F とする。

光路 AD は，$AD = BD \sin i$

光路 BF は，$BF = n_1 \times BD \sin r$

光路 AD は①式より，

$$AD = BD \sin i = BD \times n_1 \sin r$$

となり，$AD = BF$ とわかる。

したがって，光路 AD と光路 BF では光路差は生じていない。

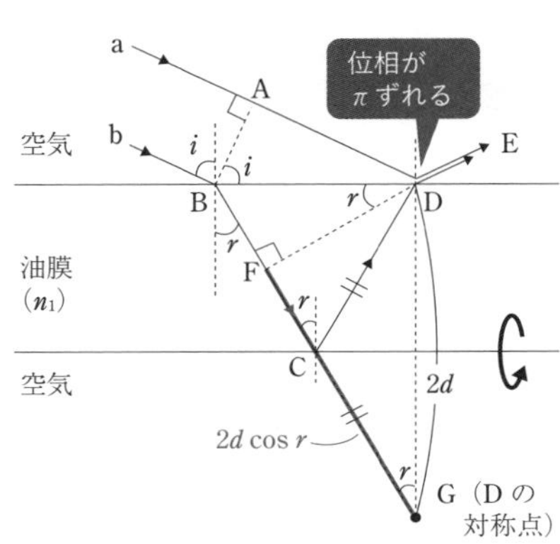

42

薄膜による干渉

光路差が生じているのは，F → C → D である。点 D について油膜と空気の境界面に対して対称な点 G を考えれば，**F → C → D** は **F → C → G と置き換えられる**。**F → C → G の長さは $2d\cos r$ であるが，光路差なので n_1 倍することを忘れないように**。結局，光 a と b の光路差は，

$$FG = \mathbf{2n_1 d\cos r}$$

問5

点 D での反射によって位相が π ずれていることで，強め合う条件と弱め合う条件が逆になっていることに注意しよう。強め合う条件は，

$$2n_1 d\cos r = \left(m + \frac{1}{2}\right)\lambda \quad (m = 0,\ 1,\ 2,\ \cdots)$$

左辺の $2n_1 d\cos r$ を入射角 i で表していくと，

$$(\text{左辺}) = 2n_1 d\cos r = 2n_1 d\sqrt{1 - \sin^2 r}$$

①式より，$\sin r = \dfrac{\sin i}{n_1}$ と変形して，

$$(\text{左辺}) = 2n_1 d\sqrt{1 - \left(\frac{\sin i}{n_1}\right)^2} = 2d\sqrt{n_1{}^2 - \sin^2 i}$$

したがって，強め合う条件は，

$$\mathbf{2d\sqrt{n_1{}^2 - \sin^2 i} = \left(m + \frac{1}{2}\right)\lambda} \quad \cdots\cdots②$$

問6

- $i = 0°$ のとき

②式より，

$$2d\sqrt{n_1{}^2 - \sin^2 0°} = \left(m + \frac{1}{2}\right)\lambda \quad \therefore \quad \lambda = \frac{4n_1 d}{2m+1} = \frac{4\times1.5\times0.10\,\mu}{2m+1}$$

$m = 0$ のとき　$\lambda = \dfrac{4\times1.5\times0.10\,\mu}{2\times0+1} = 0.60\,\mu\text{m}$ → **橙**

$m = 1$ のとき　$\lambda = \dfrac{4\times1.5\times0.10\,\mu}{2\times1+1} = 0.20\,\mu\text{m}$ → 見えない

• $i = 30°$ のとき

②式より，

$$2d\sqrt{{n_1}^2 - \sin^2 30°} = \left(m + \frac{1}{2}\right)\lambda \quad \therefore \quad \lambda = \frac{4d\sqrt{{n_1}^2 - \sin^2 30°}}{2m+1} = \frac{0.564\,\mu}{2m+1}$$

$m = 0$ のとき　$\lambda = \dfrac{0.564\,\mu}{2\times 0+1} = 0.564\,\mu\text{m}$ → **黄**

$m = 1$ のとき　$\lambda = \dfrac{0.564\,\mu}{2\times 1+1} = 0.188\,\mu\text{m}$ →見えない

以下は公式として覚えておこう。

薄膜の斜め干渉における光路差

公式： **光路差＝ $2nd\cos r$**

薄膜の屈折率：n
屈折角：r
薄膜の厚さ：d

※光路ADとBFでは光路差はないと考える。

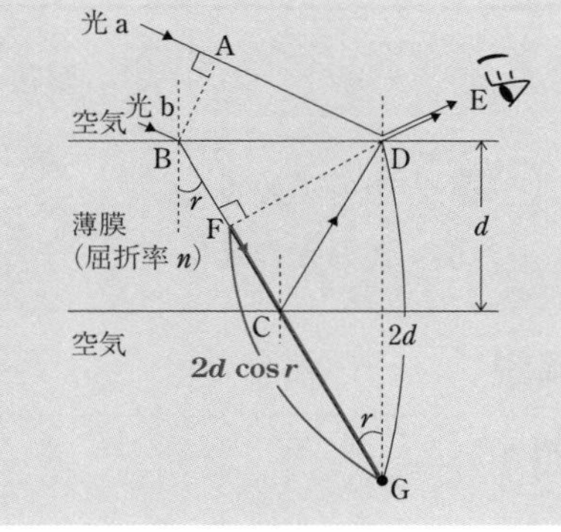

42

薄膜による干渉

CHAPTER 3 熱

43 気体分子運動論

答

問1 (a) v_x (b) $-v_y$ (c) v_z (d) $2mv_y$

問2 (e) $\dfrac{2L}{v_y}$ (f) $\dfrac{m{v_y}^2}{L}$

問3 (g) $\dfrac{Nm\overline{{v_y}^2}}{L}$ (h) $\dfrac{Nm\overline{{v_y}^2}}{V}$

問4 (i) $\dfrac{1}{3}\overline{v^2}$ (j) $\dfrac{1}{3}Nm\overline{v^2}$ (k) $\dfrac{N}{N_A}RT$ (l) $\dfrac{3}{2}\dfrac{R}{N_A}T$

解答への道しるべ

GR 1 力積の求め方

力積＝運動量の変化

解説

問1

壁 S_y との弾性衝突では，速度の y 成分のみが変化する。

(a) $\boldsymbol{v_x}$ (b) $\boldsymbol{-v_y}$ (c) $\boldsymbol{v_z}$

(d) 衝突前後の分子の運動量の変化は，

$$\underbrace{m(-v_y)}_{\text{あと}} - \underbrace{mv_y}_{\text{まえ}} = -2mv_y$$

よって，運動量の変化の**大きさ**は $\boldsymbol{2mv_y}$

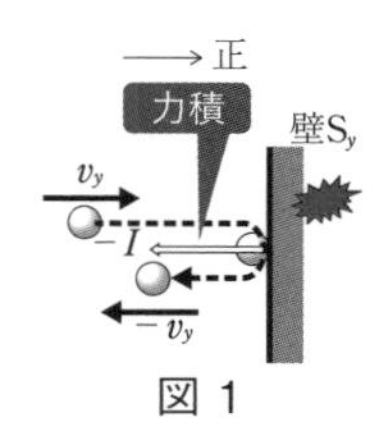

図1

問2

(e) 図2より，往復時間は $\tau = \boldsymbol{\dfrac{2L}{v_y}}$

(f) 壁 S_y へ1秒あたりの衝突回数は，

往復時間の逆数となるから，$\dfrac{1}{\tau} = \dfrac{v_y}{2L}$

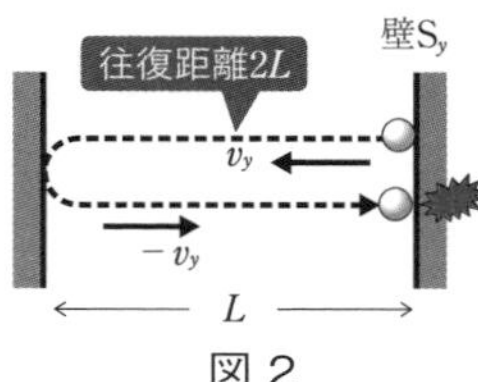

図2

よって，（1秒間で受ける力積）$= \underset{\text{1回あたりの力積}}{\underbrace{2mv_y}} \times \underset{\text{衝突回数}}{\underbrace{\dfrac{v_y}{2L}}} = \underline{\boldsymbol{\dfrac{m{v_y}^2}{L}}}$

分子1個あたりの力 f は，力積 $= \dfrac{m{v_y}^2}{L} = \underset{\text{力}}{\underbrace{\dfrac{m{v_y}^2}{L}}} \times \underset{\text{時間}}{\underbrace{1}}$ ∴ $f = \dfrac{m{v_y}^2}{L}$

力積＝力×時間

1秒

問3

(g)　N 個の分子から S_y が受ける平均の力 F は，

$$F = \underset{\text{1個あたりの力}}{\underbrace{\frac{m\overline{{v_y}^2}}{L}}} \times \underset{\text{分子数}}{\underbrace{N}} = \underline{\boldsymbol{\frac{Nm\overline{{v_y}^2}}{L}}}$$

圧力 $P = \dfrac{\text{力}F}{\text{面積}S}$

(h)　$P = \dfrac{F}{L^2} = \dfrac{Nm\overline{{v_y}^2}}{L} \div L^2 = \dfrac{Nm\overline{{v_y}^2}}{L^3} = \underline{\boldsymbol{\dfrac{Nm\overline{{v_y}^2}}{V}}}$

問4

(i)　図3より，$\overline{{v_y}^2} = \underline{\boldsymbol{\dfrac{1}{3}\overline{v^2}}}$

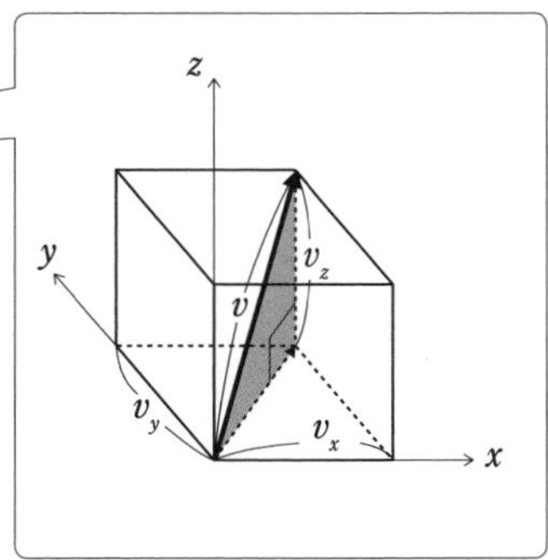

(j)　(h)より，$PV = Nm\overline{{v_y}^2} = \underline{\boldsymbol{\dfrac{1}{3}Nm\overline{v^2}}}$ ……①

(k)　理想気体の状態方程式は，モル数が，

$\dfrac{N}{N_A}$ より，$PV = \underline{\boldsymbol{\dfrac{N}{N_A}RT}}$ ……②

(l)　①，②式より，

$$\frac{1}{3}Nm\overline{v^2} = \frac{N}{N_A}RT$$

$$\therefore \quad \frac{1}{2}m\overline{v^2} = \underline{\boldsymbol{\frac{3}{2}\frac{R}{N_A}T}}$$

※ちなみに，内部エネルギーを導出してみると，内部エネルギー＝運動エネルギーの合計値であるから，

運動エネルギーと温度の関係

公式：　$\boldsymbol{\dfrac{1}{2}m\overline{v^2} = \dfrac{3}{2}\dfrac{R}{N_A}T}$

分子の質量：m〔kg〕
分子の速度：v〔m/s〕
気体定数：R〔J/(mol・K)〕
アボガドロ数：N_A〔個/mol〕
絶対温度：T〔K〕

$$U = \underbrace{\frac{1}{2}m\overline{v^2}}_{\text{1個あたりの運動エネルギー}} \times \underbrace{N}_{\text{分子数}}$$

$$= \frac{3}{2}\frac{N}{N_A}RT$$

$$= \frac{3}{2}nRT$$

内部エネルギー U〔J〕

公式： $U = \dfrac{3}{2}nRT$

物質量：n〔mol〕
絶対温度：T〔K〕
気体定数：R〔J/(mol・K)〕

44 気体の混合

答

問1 $\dfrac{3}{2}P_0V_A$

問2 $\dfrac{P_0V_A}{V_A+V_B}$ A：$\dfrac{V_A}{V_A+V_B}n$ B：$\dfrac{V_B}{V_A+V_B}n$

問3 $\dfrac{3P_0V_A{}^2}{2(V_A+V_B)}$ 問4 $\dfrac{(2V_A+V_B)P_0V_A}{(V_A+V_B)nR}$

問5 $\dfrac{P_0V_A(2V_A+V_B)}{(V_A+V_B)^2}$

解答への道しるべ

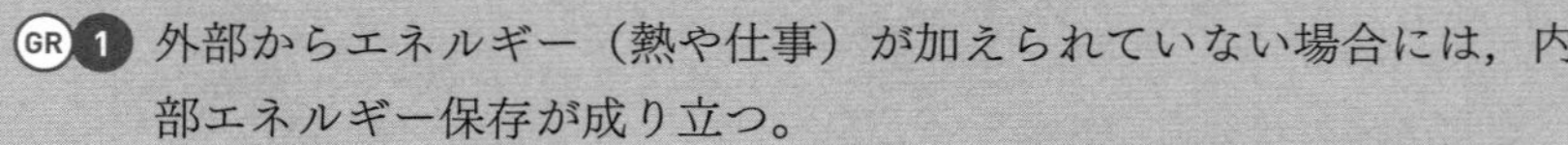

GR 1 外部からエネルギー（熱や仕事）が加えられていない場合には，内部エネルギー保存が成り立つ。

解説

問1

容器Aの気体の温度を T_0 として，状態方程式は，

$$P_0V_A = nRT_0 \quad \cdots\cdots①$$

内部エネルギーの公式より，

$$U = \frac{3}{2}nRT_0 = \underline{\boldsymbol{\frac{3}{2}P_0V_A}}$$

内部エネルギー U〔J〕

公式： $U = \dfrac{3}{2}nRT$

物質量：n〔mol〕
絶対温度：T〔K〕
気体定数：R〔J/(mol・K)〕

CHAPTER 3 熱

問2

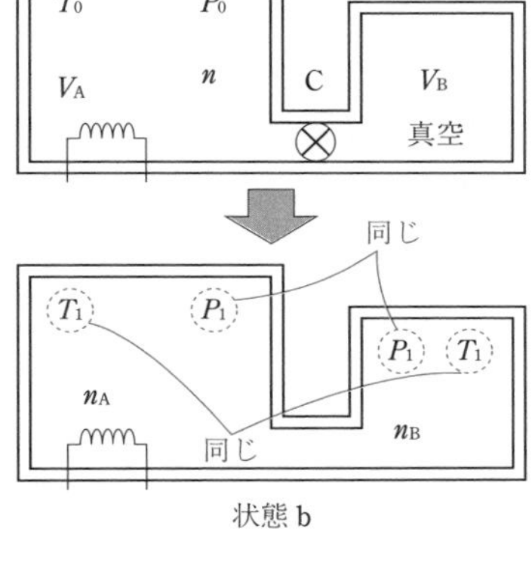

熱力学第1法則

公式：　$Q = \Delta U + W$

気体が吸収する熱量：Q〔J〕
気体の内部エネルギーの変化量：ΔU〔J〕
気体が外部へする仕事：W〔J〕

バルブを開くと，容器AからBへと気体が広がる。気体が広がった後の容器AとBは細管でつながっているので1つの部屋とみなしてよい。したがって，AとBの気体の温度と圧力は等しくなる。このときの温度をT_1，圧力をP_1とし，容器AとBのそれぞれの物質量をn_A，n_Bとする。AとBの状態方程式より，

容器A：$P_1V_A = n_ART_1$　……②

容器B：$P_1V_B = n_BRT_1$　……③

ここで，熱力学第1法則を考えてみる。

$$Q = \Delta U + W$$

真空中に膨張するとき気体は仕事をしないので，$W = 0$である。また，**外部から熱を吸収しない**ので，$\boldsymbol{Q = 0}$である。したがって，

$$0 = \Delta U + 0 \quad \therefore \quad \Delta U = 0$$

$\Delta U = 0$であるから，内部エネルギーの変化がない（内部エネルギーは保存する）。内部エネルギー保存より，

$$\underbrace{\overset{\text{容器A}}{\frac{3}{2}nRT_0} + \overset{\text{容器B(真空)}}{0}}_{\text{状態a}} = \underbrace{\overset{\text{容器A}}{\frac{3}{2}n_ART_1} + \overset{\text{容器B}}{\frac{3}{2}n_BRT_1}}_{\text{状態b}}$$

$$\frac{3}{2}nRT_0 = \frac{3}{2}(n_A + n_B)RT_1$$

物質量（モル数）は変化しないので，$n_A + n_B = n$　……④が成り立つので，

$$\frac{3}{2}nRT_0 = \frac{3}{2}nRT_1 \quad \therefore \quad T_1 = T_0$$

真空に対して気体が膨張するとき，温度は不変

また，容器AとBを1つの容器とみなしたいので，②+③より，

$$P_1(V_A + V_B) = (n_A + n_B)RT_1$$

$$P_1(V_A + V_B) = nRT_1 = nRT_0$$

上式より

①より

$$P_1(V_A + V_B) = P_0V_A \quad \therefore \quad P_1 = \frac{\boldsymbol{V_A}}{\boldsymbol{V_A + V_B}}\boldsymbol{P_0}$$

44

気体の混合

また，A の物質量 n_A は②÷①より，

$$\frac{P_1V_A}{P_0V_A}=\frac{n_ART_1}{nRT_0}\rightarrow\frac{P_1}{P_0}=\frac{n_ART_0}{nRT_0}\quad\therefore\quad n_A=\frac{P_1}{P_0}n=\underline{\boldsymbol{\frac{V_A}{V_A+V_B}n}}$$

同様にして，B の物質量 n_B は③÷①より，

$$n_B=\underline{\boldsymbol{\frac{V_B}{V_A+V_B}n}}$$

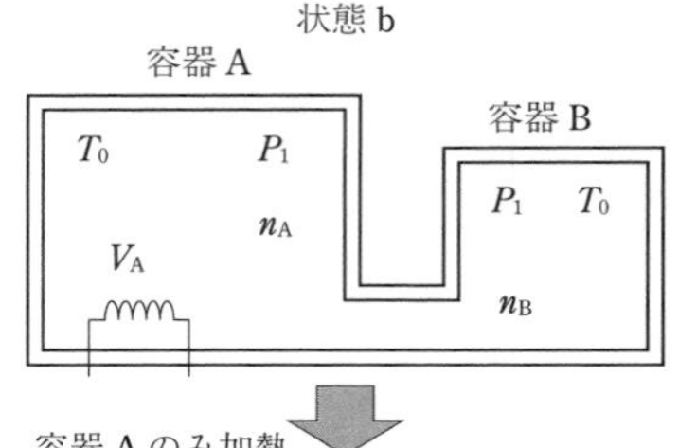

問 3

熱力学第 1 法則より，

$$Q=\Delta U+W$$

バルブは閉じられているので，容器 A は体積を大きくすることはできない（定積変化）。 よって，**仕事 $W=0$** となる。

$$Q=\Delta U=\underbrace{\frac{3}{2}n_AR\cdot 2T_0}_{\text{あと}}-\underbrace{\frac{3}{2}n_ART_1}_{\text{まえ}}$$

$$=\frac{3}{2}\times\frac{V_A}{V_A+V_B}n\times R(2T_0-T_0)$$

$$=\frac{3}{2}\frac{V_A}{V_A+V_B}P_0V_A=\underline{\boldsymbol{\frac{3P_0V_A{}^2}{2(V_A+V_B)}}}$$

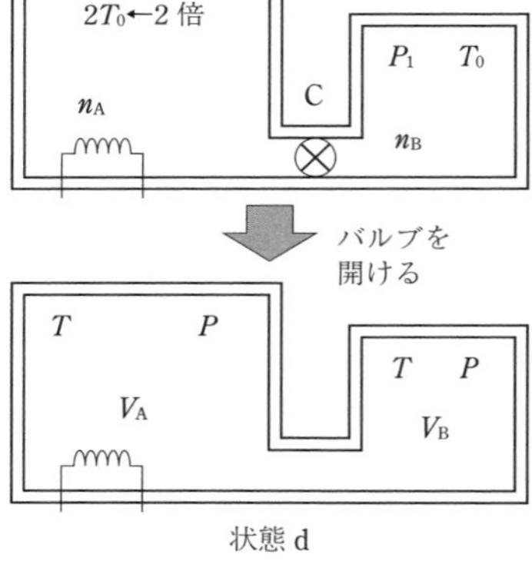

問 4

バルブを開いた後の温度を T とする。熱も加えておらず，外部に対する仕事も 0 なので**全体の内部エネルギーは一定に保たれる。**

$$\underbrace{\overset{\text{容器A}}{\frac{3}{2}\left(\frac{V_A}{V_A+V_B}n\right)R\times 2T_0}}_{\text{状態c}}+\underbrace{\overset{\text{容器B}}{\frac{3}{2}\left(\frac{V_B}{V_A+V_B}n\right)R\times T_0}}_{\text{状態c}}=\underbrace{\overset{\text{容器AとB}}{\frac{3}{2}nRT}}_{\text{状態d}}$$

$$\therefore\quad T=\frac{2V_A+V_B}{V_A+V_B}\underbrace{T_0}_{\text{代入}}=\underline{\boldsymbol{\frac{(2V_A+V_B)P_0V_A}{(V_A+V_B)nR}}}$$

問 5

圧力を P とすると，容器 A と B を 1 つとみなしたときの状態方程式より，

$$P(V_A+V_B)=nRT$$

$$P(V_A+V_B)=nR\times\frac{2V_A+V_B}{V_A+V_B}T_0=\frac{2V_A+V_B}{V_A+V_B}P_0V_A$$

$$\therefore\quad P=\underline{\boldsymbol{\frac{P_0V_A(2V_A+V_B)}{(V_A+V_B)^2}}}$$

45 ピストン ＋ PVグラフ

答

問 1 $\frac{mg}{S}$	問 2 $\frac{mgL}{3nR}$	問 3 定圧変化
問 4 $\frac{1}{6}mgL$	問 5 $\frac{1}{4}mgL$	
問 6 $\frac{5}{12}mgL$	問 7 定積変化	
問 8 $\frac{3}{4}mgL$	問 9 解説参照	問 10 $\frac{6.4\,mg}{S}$

解答への道しるべ

GR 1 ピストンのつり合い

ピストンがつり合っているときは，力のつり合いから圧力を求める。

解説

問 1

状態 A の気体の圧力を p_A とすると，ピストンに作用する力のつり合いより，

$$p_AS=mg\quad\therefore\quad p_A=\underline{\boldsymbol{\frac{mg}{S}}}$$

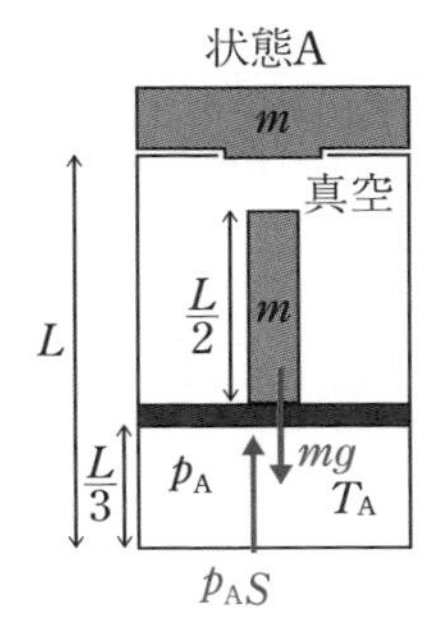

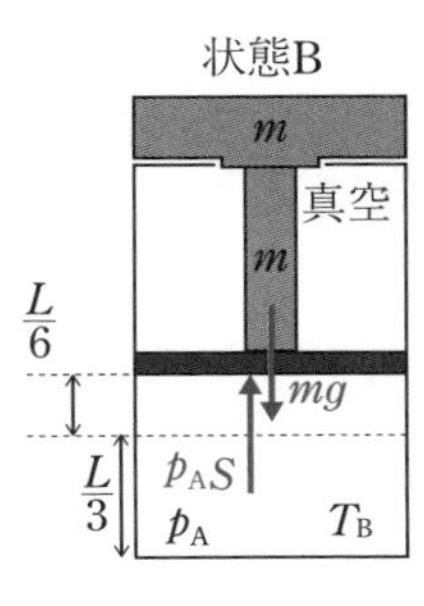

問 2

求める温度を T_A とする。状態方程式より，

$$p_A\left(\frac{SL}{3}\right)=nRT_A \quad \therefore \quad T_A=\frac{p_ASL}{3nR}=\underline{\boldsymbol{\frac{mgL}{3nR}}}$$

問3

過程1では**ピストンはゆっくり上昇するので，ピストンに働く力はつり合っており，圧力は一定**である。よって，**定圧変化**である。

問4

体積変化をΔVとすると，定圧変化における気体が外部へした仕事W_1は

$$W_1=p_A\Delta V=\frac{mg}{S}\cdot S\Big(\overset{後}{\frac{L}{2}}-\overset{前}{\frac{L}{3}}\Big)$$
$$=\underline{\boldsymbol{\frac{1}{6}mgL}}$$

気体が外部へする仕事 W〔J〕

公式： $\boldsymbol{W=p\Delta V}$

圧力：p〔Pa〕
体積変化：ΔV〔m^3〕

※圧力が一定の場合
（定圧変化のときのみ使用可）

問5

状態Bにおける温度をT_Bとする。状態方程式より，

$$p_A\left(\frac{SL}{2}\right)=nRT_B$$

$$\therefore \quad T_B=\frac{p_ASL}{2nR}=\frac{mgL}{2nR}$$

定積モル比熱は$\frac{3}{2}R$であるから，求める内部エネルギーの増加分ΔU_1は

$$\Delta U_1=\frac{3}{2}nR(\overset{後}{T_B}-\overset{前}{T_A})$$

$$=\frac{3}{2}nR\left(\frac{mgL}{2nR}-\frac{mgL}{3nR}\right)$$
$$=\underline{\boldsymbol{\frac{1}{4}mgL}}$$

内部エネルギーの変化ΔU〔J〕

公式： $\boldsymbol{\Delta U=nC_V\Delta T\left(=\frac{3}{2}nR\Delta T\right)}$

物質量：n〔mol〕
温度変化：ΔT〔K〕
気体定数：R〔J/(mol・K)〕
定積モル比熱：C_V〔J/(mol・K)〕

単原子分子であれば$C_V=\frac{3}{2}R$〔J/(mol・K)〕となる。

問6

熱量を求めるときは熱力学第1法則を用いよう。

$$Q_1 = \Delta U_1 + W_1$$

$$= \frac{1}{4}mgL + \frac{1}{6}mgL = \underline{\boldsymbol{\frac{5}{12}mgL}}$$

［**別解**］ 定圧モル比熱 C_p は $C_p = \dfrac{5}{2}R$ であるから，過程1の温度変化を ΔT_{AB} とすると，求める熱量 Q_1 は

$$Q_1 = \frac{5}{2}nR\,\Delta T_{AB} = \frac{5}{2}nR(T_B - T_A) = \underline{\boldsymbol{\frac{5}{12}mgL}}$$

$Q = nC_p\Delta T$

問7

過程2では体積変化がないから，**定積変化**

問8

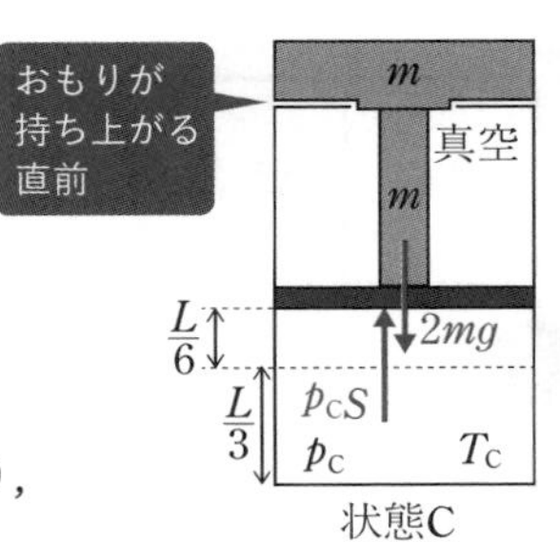

状態C

A→Bは定圧変化なので，状態Bでの圧力 p_B は p_A に等しい。また，状態Cでの圧力 p_C はピストンとおもりに働く力のつり合いより，

$$p_CS = 2mg \quad \therefore \quad p_C = \frac{2mg}{S}$$

状態Cにおける温度を T_C とする。状態方程式より，

$$p_C\left(\frac{SL}{2}\right) = nRT_C \quad \therefore \quad T_C = \frac{p_CSL}{2nR} = \frac{mgL}{nR}$$

内部エネルギーの増加分 ΔU_2 は，

$$\Delta U_2 = \frac{3}{2}nR(\overset{後}{T_C} - \overset{前}{T_B}) = \frac{3}{2}nR\left(\frac{mgL}{nR} - \frac{mgL}{2nR}\right)$$

$$= \underline{\boldsymbol{\frac{3}{4}mgL}}$$

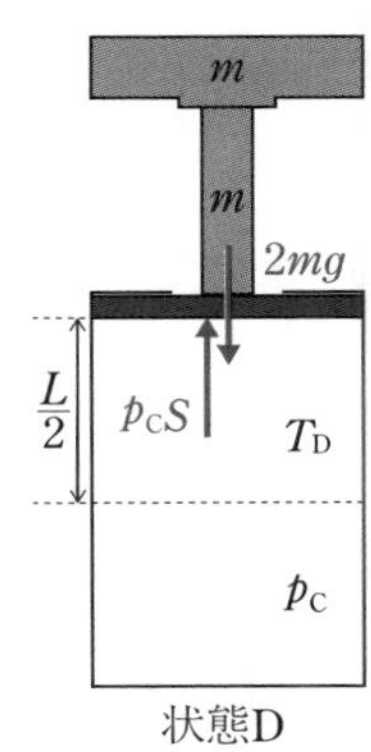

状態D

問9

状態Cから状態Dでは力のつり合いが変化しないので，圧力は一定となる。過程3は圧力が一定値$\left(\dfrac{2mg}{S}\right)$

45 ピストン＋PVグラフ

の定圧変化をして，状態Dでは体積が SL となる。以上を踏まえて作図すると，**右図**のようになる。

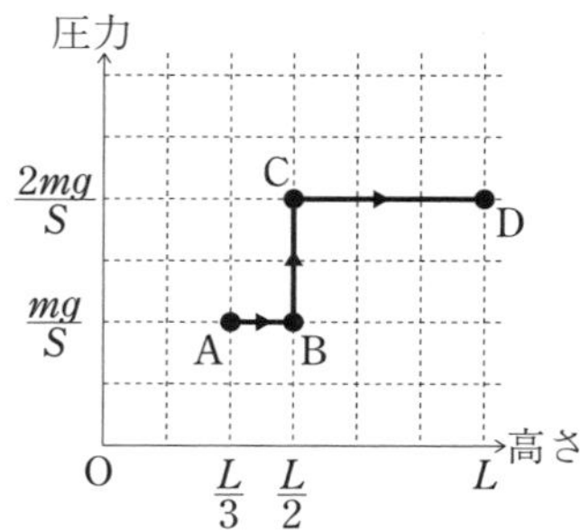

問10

過程4は断熱変化である。求める圧力を p_E とすると，ポアソンの式より，

$$\underbrace{\left(\frac{2mg}{S}\right)(SL)^{\frac{5}{3}}}_{\text{状態D}} = \underbrace{p_E\left(\frac{SL}{2}\right)^{\frac{5}{3}}}_{\text{状態E}}$$

$$\therefore \quad p_E = 2^{\frac{5}{3}}\left(\frac{2mg}{S}\right)$$

$$\fallingdotseq \underline{\frac{6.4\,mg}{S}}$$

ポアソンの式（断熱変化のときのみ）

公式：$P \cdot V^{\gamma} = $ 一定　$T \cdot V^{\gamma-1} = $ 一定　$\left(\gamma = \frac{C_P}{C_V}：\text{比熱比}\right)$

※単原子分子のときは $\gamma = \frac{5}{3}$ である。

46 ばね付きピストン

答

問1	$\frac{nRT_1}{V_1}$　　問2　解説参照
問3	$\frac{nRS^2}{V_1 - V_0}\left(\frac{T_1}{V_1} - \frac{T_0}{V_0}\right)$
問4	$\frac{nR(V_1 - V_0)}{2}\left(\frac{T_1}{V_1} - \frac{T_0}{V_0}\right)$
問5	$\frac{nR(V_1 - V_0)}{2}\left(\frac{T_1}{V_1} + \frac{T_0}{V_0}\right)$
問6	$nC_V(T_1 - T_0)$

解答への道しるべ

GR 1 圧力が一定ではないときの仕事の求め方

気体のする仕事 $= \begin{cases} \text{① } PV \text{ グラフの面積を求める} \\ \text{② 熱力学第1法則を用いる} \end{cases}$

解説

問1

加熱後(図 c)の圧力を p_1 とすると，状態方程式より，

$$p_1V_1 = nRT_1 \quad \therefore \quad p_1 = \underline{\boldsymbol{\frac{nRT_1}{V_1}}}$$

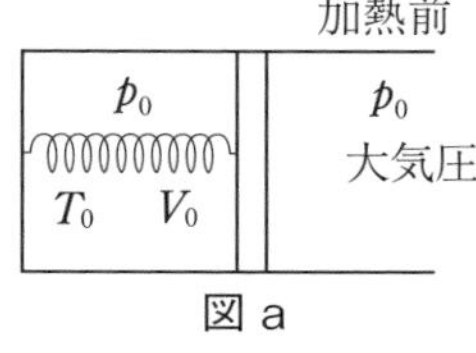

図 a

問2

加熱中(図 b)における気体の圧力を p，体積を V，ばね定数を k とする。ばねの伸びは，$\dfrac{V}{S} - \dfrac{V_0}{S}$ であることに注意して，ピストンのつり合いより，

$$pS = p_0S + k\left(\frac{V}{S} - \frac{V_0}{S}\right)$$

$$\therefore \ \underset{\text{タテ軸}}{p} = p_0 + \underset{\text{傾き}}{\frac{k}{S^2}}(\underset{\text{ヨコ軸}}{V} - V_0) \quad \cdots\cdots①$$

と表せる。よって，グラフは直線となるので**下図**。

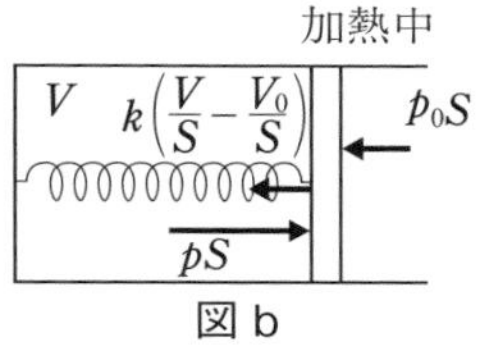

図 b

加熱後

p_1　$k\left(\frac{V_1}{S} - \frac{V_0}{S}\right)$　p_0S

T_1　V_1　p_1S

図 c

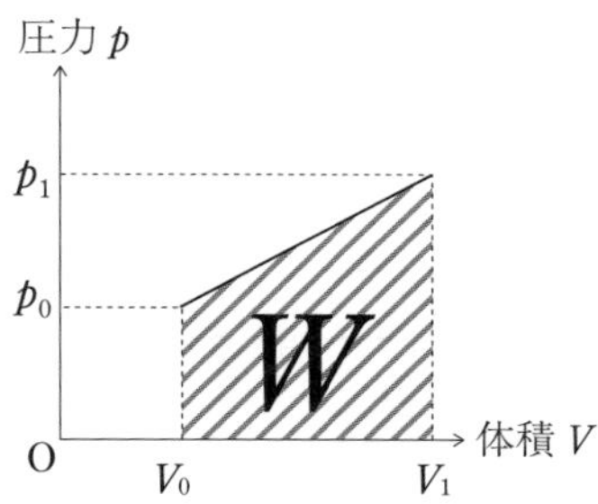

問3

問2のグラフの傾きは，$\dfrac{k}{S^2}$ である。グラフの傾きに注目して，

$$\frac{k}{S^2} = \frac{p_1 - p_0}{V_1 - V_0} \quad \cdots\cdots②$$

ここで，大気圧 p_0 は初期状態(図 a)での状態方程式より，以下のように求まる。

$$p_0V_0 = nRT_0 \quad \therefore \quad p_0 = \frac{nRT_0}{V_0}$$

②式に p_0, p_1 を代入して,

$$k=\underline{\frac{(\boldsymbol{p_1-p_0})\boldsymbol{S}^2}{\boldsymbol{V_1-V_0}}=\frac{\boldsymbol{nRS}^2}{\boldsymbol{V_1-V_0}}\left(\frac{\boldsymbol{T_1}}{\boldsymbol{V_1}}-\frac{\boldsymbol{T_0}}{\boldsymbol{V_0}}\right)}$$

問4

ばねの弾性力による位置エネルギーの増加分は,

$$\frac{1}{2}kx^2=\frac{1}{2}k\left(\frac{V_1-V_0}{S}\right)^2=\underline{\frac{\boldsymbol{nR(V_1-V_0)}}{\boldsymbol{2}}\left(\frac{\boldsymbol{T_1}}{\boldsymbol{V_1}}-\frac{\boldsymbol{T_0}}{\boldsymbol{V_0}}\right)}$$

問5

問2の**pV グラフの斜線部の面積より，気体のした仕事 W** は,

$$W=(p_0+p_1)\times(V_1-V_0)\div 2=\underline{\frac{\boldsymbol{nR(V_1-V_0)}}{\boldsymbol{2}}\left(\frac{\boldsymbol{T_1}}{\boldsymbol{V_1}}+\frac{\boldsymbol{T_0}}{\boldsymbol{V_0}}\right)}$$

問6

熱力学第一法則より，与えた熱量 Q と W の差は内部エネルギーの増加分 ΔU となるから,

$$Q-W=\Delta U=\underline{\boldsymbol{nC_V(T_1-T_0)}}$$

47 ピストンによる単振動

答

問1 $p=\dfrac{Mg}{S}$ 問2 $\dfrac{\Delta p}{p}=\dfrac{\Delta T}{T}-\dfrac{x}{L}$

問3 $\dfrac{\Delta T}{T}=-\dfrac{R}{C_V}\dfrac{x}{L}$ 問4 $F=\dfrac{(R+C_V)Mg}{C_VL}x$

問5 $2\pi\sqrt{\dfrac{C_VL}{(R+C_V)g}}$

解答への道しるべ

GR 1 マイヤーの関係

定圧モル比熱 C_p と定積モル比熱 C_V の差は R となる。

解説

問1

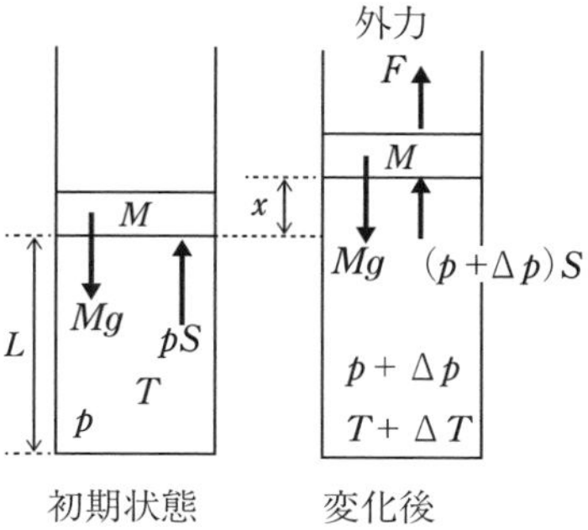

気体の物質量を n とする。

ピストンのつり合いより,

$$Mg = pS \quad \therefore \quad p = \underline{\boldsymbol{\frac{Mg}{S}}}$$

外力

F

M

x

L

Mg

pS

T

p

$(p+\Delta p)S$

$p+\Delta p$

$T+\Delta T$

初期状態　変化後

問2

初期状態の状態方程式は,

$$pSL = nRT \quad \cdots\cdots ①$$

持ち上げたときの状態方程式は

$$(p+\Delta p)S(L+x) = nR(T+\Delta T) \quad \cdots\cdots ②$$

②式より,

$$pSL + pSx + \Delta pSL + \Delta pSx = nRT + nR\Delta T$$

①式を用いて両辺から $pSL = nRT$ を消去すると,

$$pSx + \Delta pSL + \Delta pSx = nR\Delta T$$

非常に小さい

また, **Δp, x は十分小さく, Δp と x の積（Δpx）は無視**できるので,

$$pSx + \Delta pSL \fallingdotseq nR\Delta T$$

①より

$$pSx + \Delta pSL = \frac{pSL}{T}\Delta T \quad \therefore \quad \frac{\Delta p}{p} = \underline{\boldsymbol{\frac{\Delta T}{T} - \frac{x}{L}}} \quad \cdots\cdots ③$$

問3

断熱変化なので, ポアソンの式を用いて,

$$\underbrace{T \cdot V^{\gamma-1}}_{\text{初期状態}} = \underbrace{(T+\Delta T)\cdot(V+\Delta V)^{\gamma-1}}_{\text{変化後}}$$

$$T \cdot V^{\gamma-1}$$

$$= \underbrace{T}_{\text{くくる}}\left(1+\frac{\Delta T}{T}\right)\cdot \underbrace{V^{\gamma-1}}_{\text{くくる}}\left(1+\frac{\Delta V}{V}\right)^{\gamma-1}$$

$$1 = \left(1+\frac{\Delta T}{T}\right)\left(1+\frac{\Delta V}{V}\right)^{\gamma-1}$$

ポアソンの式（断熱変化のときのみ）

公式：$\boldsymbol{P \cdot V^{\gamma} =}$ **一定**　$\boldsymbol{T \cdot V^{\gamma-1} =}$ **一定**　$\left(\gamma = \frac{C_P}{C_V}\text{：比熱比}\right)$

※単原子分子のときは $\gamma = \frac{5}{3}$ である。

47

ピストンによる単振動

$$1 \fallingdotseq \left(1+\frac{\Delta T}{T}\right)\left\{1+(\gamma-1)\frac{\Delta V}{V}\right\}$$

$$1 = 1+(\gamma-1)\frac{\Delta V}{V}+\frac{\Delta T}{T}+(\gamma-1)\frac{\Delta V}{V}\cdot\frac{\Delta T}{T}$$

$\dfrac{\Delta V}{V}$, $\dfrac{\Delta T}{T}$ は非常に小さいので，$\dfrac{\Delta V}{V}\cdot\dfrac{\Delta T}{T} \fallingdotseq 0$ とみなし，

$$(\gamma-1)\frac{\Delta V}{V} \fallingdotseq -\frac{\Delta T}{T}$$

比熱比 γ は $\gamma = \dfrac{C_P}{C_V}$ より，

$$\left(\frac{C_P}{C_V}-1\right)\frac{\Delta V}{V} = -\frac{\Delta T}{T}$$

$$\frac{C_P-C_V}{C_V}\frac{\Delta V}{V} = -\frac{\Delta T}{T}$$

$V = SL$, $\Delta V = Sx$ より，

$$\frac{C_P-C_V}{C_V}\frac{Sx}{SL} = -\frac{\Delta T}{T}$$

マイヤーの関係式

公式： $\boldsymbol{C_P = C_V + R}$

定積モル比熱：C_V〔J/(mol・K)〕
定圧モル比熱：C_P〔J/(mol・K)〕
気体定数：R〔J/(mol・K)〕

単原子分子であれば $C_P = \dfrac{5}{2}R$〔J/(mol・K)〕，$C_V = \dfrac{3}{2}R$〔J/(mol・K)〕となる。

また，$\boldsymbol{C_P - C_V = R}$**（マイヤーの関係）**より，

$$\therefore \quad \frac{\Delta T}{T} = -\boldsymbol{\frac{R}{C_V}\frac{x}{L}} \quad \cdots\cdots④$$

問4

変化後の力のつり合いより，

$$Mg = (p+\Delta p)S+F \quad \therefore \quad F = -\Delta pS \quad \cdots\cdots⑤$$

ここで，③式より，

④式を代入

$$\frac{\Delta p}{p} = \frac{\Delta T}{T}-\frac{x}{L} = -\frac{R}{C_V}\frac{x}{L}-\frac{x}{L} = -\frac{R+C_V}{C_VL}x$$

$$\therefore \quad \Delta p = -\frac{(R+C_V)p}{C_VL}x$$

⑤式より，

$$F = -\Delta pS = \frac{(R+C_V)pS}{C_VL}x = \boldsymbol{\frac{(R+C_V)Mg}{C_VL}x}$$

問5

外力を取り除くと，ピストンにはたらく合力fは，

$$f = Mg - (p+\Delta p)S = \Delta pS = -\underbrace{\frac{(R+C_V)Mg}{C_VL}}_{\text{比例定数}}x$$

復元力$F = -K \cdot x$

復元力の比例定数Kは，

$$K = \frac{(R+C_V)Mg}{C_VL}$$

周期Tは，$T = 2\pi\sqrt{\dfrac{M}{K}} = \underline{\boldsymbol{2\pi\sqrt{\dfrac{C_VL}{(R+C_V)g}}}}$

単振動の周期 T

公式：$T = 2\pi\sqrt{\dfrac{m}{K}}$

質量：m
復元力の比例定数：K

48 熱気球

答

(a) $PV = nRT$　(b) $\dfrac{m}{V}$　(c) $\dfrac{P}{\rho T}$

(d) $\dfrac{T_0}{T_1}\rho_0$　(e) $\rho_0 V_0 g$　(f) $\dfrac{\rho_0 V_0}{\rho_0 V_0 - W}$

解答への道しるべ

GR 1 気球の問題の解き方

気球内部と外気の状態方程式(密度型)$P = C\rho T$を立てよう。

解説

問1

(a) $\underline{\boldsymbol{PV = nRT}}$

(b) 密度＝質量÷体積なので，$\rho = \underline{\boldsymbol{\dfrac{m}{V}}}$

(c) 状態方程式に$\rho = \dfrac{m}{V}$と$n = \dfrac{m}{M}$を代入すると，

48 熱気球

$$PV = nRT = \frac{m}{M}RT$$

$$P = \frac{m}{V}\frac{R}{M}T \quad \therefore \quad \frac{R}{M} = \underline{\boldsymbol{\frac{P}{\rho T}}}\ (一定)$$

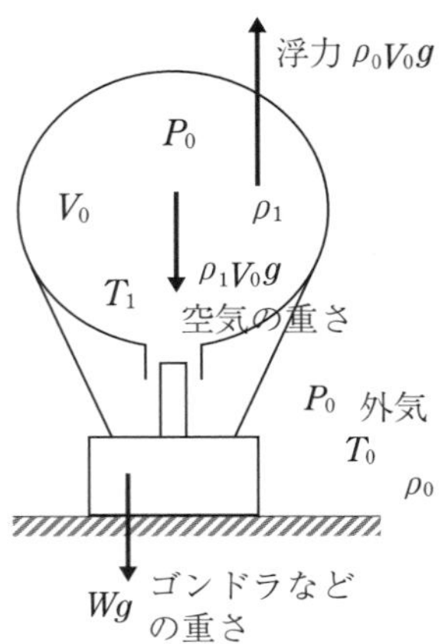

$\frac{R}{M}$ は気体で決まる定数なので，この値を C とすると，状態方程式は，

$$\boldsymbol{P = C\rho T}$$

と表せる。これは，状態方程式を密度で表現した形である。

(d) **気球内外は開口部でつながっているので，気球の内部の圧力と外気の圧力は等しい。**外気と気球内部について，状態方程式(密度型)を立てると，

外気：$P_0 = C\rho_0T_0$ ……①

気球内部：$P_0 = C\rho_1T_1$ ……②

圧力は等しいので，①式＝②式より，

$$\rho_0T_0 = \rho_1T_1 \quad \therefore \quad \rho_1 = \underline{\boldsymbol{\frac{T_0}{T_1}\rho_0}} \quad ……③$$

(e) 気球にはたらく浮力は，

$$F = \underline{\boldsymbol{\rho_0V_0g}}$$

浮力 F〔N〕

公式：　$F = \rho_0Vg$

まわりの密度：ρ_0〔kg/m^3〕
まわりを押しのけた体積：V〔m^3〕

(f) 気球にはたらく重力 Wg と空気の重さ ρ_1V_0g の和が浮力とつり合うので，力のつり合いより，

$$\rho_0V_0g = (W + \rho_1V_0)g \quad ……④$$

$$\rho_0V_0 = W + \rho_1V_0$$

$$\rho_0V_0 = W + \frac{T_0}{T_1}\rho_0V_0 \quad \therefore \quad T_1 = \underline{\boldsymbol{\frac{\rho_0V_0}{\rho_0V_0 - W}}}T_0$$

※気球が浮上する理由を考えよう。気球が浮上するのはバーナーで気体を温めることで浮力が大きくなると勘違いしてはいけない。浮力はまわりの外気を押しのけた体積 V_0 とまわりの密度 ρ_0 で決まる。ρ_0，V_0 も変化しない値なので，浮力は一定値である。**バーナーで気体を温めることで気球が浮上するのは，気球内部の密度 ρ_1 が小さくなるためである。**

③式から，

$$\rho_1 = \frac{T_0}{T_1}\rho_0$$

であり，T_1 が大きくなれば，ρ_1 が小さくなることがわかる。つまり，気体を温めることで，密度が小さくなり，徐々に空気の重さが軽くなっていく。やがて，(空気の重さ＋ゴンドラの重さ)が浮力よりも小さくなると浮上し始めることになる。

CHAPTER 4 電磁気

49 クーロンの法則

答

問1 $\dfrac{mg}{q}$　　問2 $\dfrac{\sqrt{2}\,mg}{k}$

問3 $W_E = \dfrac{(mg)^2}{2k} + \left(1 - \dfrac{1}{\sqrt{2}}\right)mgL$

問4 $W_F = \dfrac{(mg)^2}{2k} + (\sqrt{2} - 1)mgL$　　問5 (d)

解答への道しるべ

GR 1 力が一定ではないときの仕事の求め方

仕事＝力学的エネルギーの変化分

解説

電場 E〔N/C〕

電場とは＋1〔C〕が受ける静電気力

＋1C が受ける力は E〔N〕となるので，$+q$ (>0)が受ける力の大きさは電場と同じ向きに qE〔N〕となる。仮に$-q$ であれば，電場と逆向きに力を受ける。

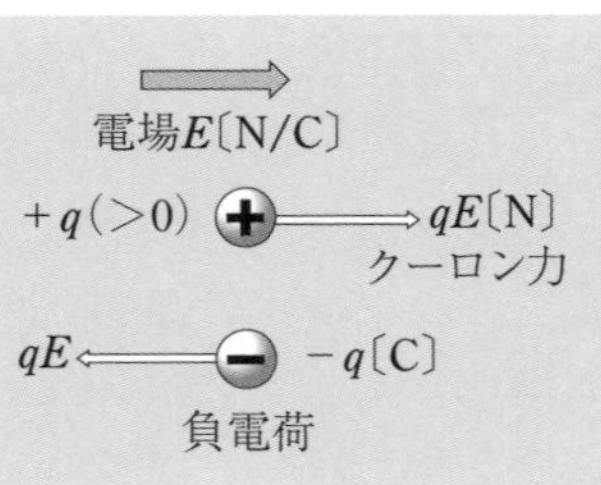

問1・問2

電場の大きさを E とし，ばねの伸びを x とする。力のつり合いより，

水平方向：$kx\cos 45° = qE$　……①

鉛直方向：$kx\sin 45° = mg$　……②

$$\therefore\quad x = \frac{\sqrt{2}\,mg}{k}\ _{問2},\quad E = \frac{mg}{q}\ _{問1}$$

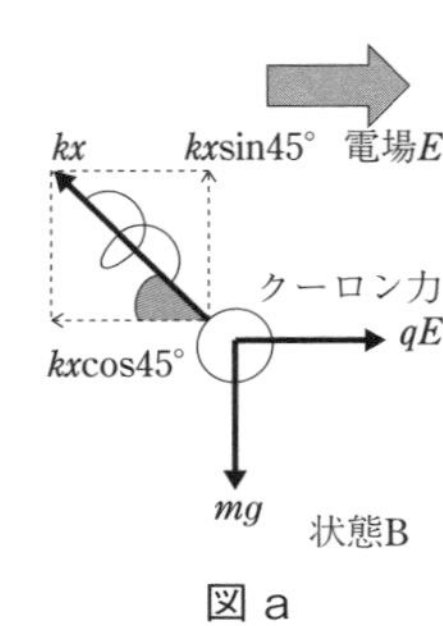

図 a

問3

電場を徐々に大きくして状態 A から B へ小球を移動させているので，小球

が電場から受ける静電気力は一定ではない。**このような場合の仕事は力学的エネルギーの変化に注目**しよう。状態Aにおけるばねの伸び x_0 は,

$$kx_0 = mg \quad \therefore \quad x_0 = \frac{mg}{k}$$

状態AからBまでの弾性エネルギーの変化分 ΔU_k は

$$\Delta U_k = \frac{1}{2}kx^2 - \frac{1}{2}kx_0{}^2 = \frac{(mg)^2}{2k}$$

また,状態Aと状態Bの高低差を h とする。状態AからBまでの間で重力による位置エネルギーの増加分 ΔU_g は

図 b

$$\Delta U_g = mgh$$

$$= mg\{(L+x_0)-(L+x)\cos 45°\} = \left(1-\frac{1}{\sqrt{2}}\right)mgL$$

したがって,求める電場の仕事を W_E とすれば,電場が仕事をした分だけ重力と弾性力の位置エネルギーが増加しているので,エネルギー保存則より

$$W_E = \Delta U_k + \Delta U_g = \boldsymbol{\frac{(mg)^2}{2k} + \left(1-\frac{1}{\sqrt{2}}\right)mgL}$$

問4

図cのように,**電場の強さは $E = \frac{mg}{q}$**(一定)**なので,状態Bから状態Aまで移動する間に電場がする仕事は $-qE(L+x)\sin 45°$** である。外力のする仕事を W_F とし,力学的エネルギーと仕事の関係より,

$$\underbrace{\frac{1}{2}kx^2 + mgh}_{\text{状態Bの力学的エネルギー}} + \underbrace{W_F - qE(L+x)\sin 45°}_{\text{仕事}} = \underbrace{\frac{1}{2}kx_0{}^2 + mg\cdot 0}_{\text{状態Aの力学的エネルギー}}$$

$$W_F = \left(\frac{1}{2}kx_0{}^2 - \frac{1}{2}kx^2\right) + (mg\cdot 0 - mgh) + qE(L+x)\sin 45°$$

$$= -\frac{(mg)^2}{2k} - \left(1-\frac{1}{\sqrt{2}}\right)mgL + \frac{1}{\sqrt{2}}mg\left(L+\frac{\sqrt{2}\,mg}{k}\right)$$

$$\therefore \quad W_F = \boldsymbol{\frac{(mg)^2}{2k} + (\sqrt{2}-1)mgL}$$

49

クーロンの法則

問5

小物体に働く重力と電場による力の合力は，状態 B におけるばねの方向で一定なので，初速 0 で動き始める小物体はその方向に直線運動する。

よって，答えは**(d)**

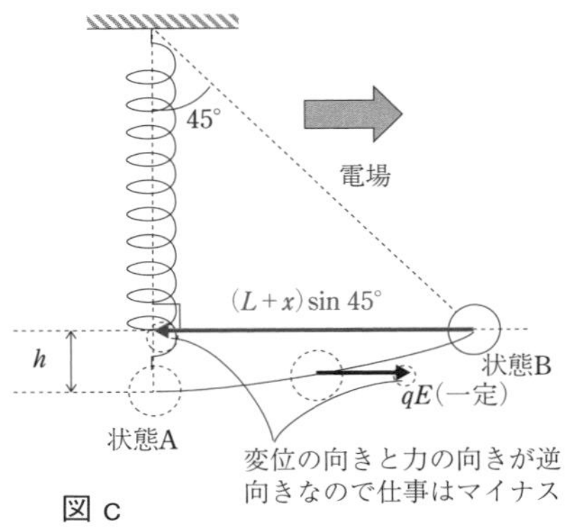

図 c

50 点電荷のつくる電場

答

問1　強さ：$\dfrac{17kQ}{4a^2}$〔N/C〕，向き：$+x$ 軸方向

問2　大きさ：$\dfrac{17kqQ}{4a^2}$〔N〕，向き：$-x$ 軸方向　　問3　$6a$〔m〕

解答への道しるべ

GR 1 電場が 0 の場所

電場を合成して，電場が逆向きの点を探そう。

解説

問1

点電荷のつくる電場 E〔N/C〕

公式：$$E = k\frac{Q}{r^2}$$

電気量：Q〔C〕　距離：r〔m〕
クーロンの比例定数：k〔$N \cdot m^2/C^2$〕

※電場はベクトル量なので，向きと大きさは別々に考えよう。
※電気量が正であれば，電気力線が湧き出すイメージをし，電気量が負であれば吸い込むイメージをしよう。

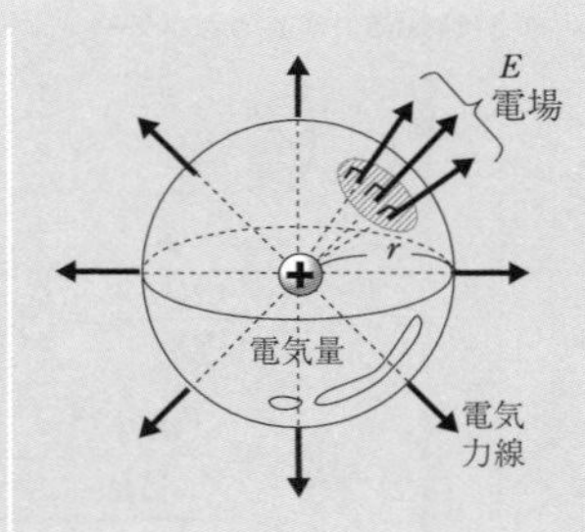

図 a のように，A と B の点電荷から点 P につくられる電場の強さをそれぞれ E_{AP}，E_{BP} とすると，

$$E_{AP} = k\frac{4Q}{a^2}$$

$$E_{BP} = k\frac{Q}{(2a)^2} = \frac{kQ}{4a^2}$$

図 a

A と B の電場を合成した電場の強さを E_P すると，

$$E_P = E_{AP} + E_{BP} = k\frac{4Q}{a^2} + \frac{kQ}{4a^2} = \underline{\boldsymbol{\frac{17kQ}{4a^2}}}\text{〔N/C〕}，向き：\underline{+x\text{ 軸方向}}$$

問2

点 P での電場の向きは $+x$ 軸方向であり，**点電荷 S は負の電気量**なので，S が受ける静電気力の向きは **$-x$ 軸方向**となる。またその大きさ F は，

$$F = q \times E_P = \underline{\boldsymbol{\frac{17kqQ}{4a^2}}}\text{〔N〕}$$

$F=qE$ の公式

図 b

問3

図 c のように，A と B がつくる電場を x 軸上でイメージしてみよう。A の電気量は B の電気量に比べて 4 倍大きいので，電場の強さが 4 倍大きい。

- **A より左側（$x < 0$）：電場の向きは逆向きだけど合成すると左向き**
- **A と B の間（$0 < x < 3a$）：電場の向きが同じ向きだから合成すると右向き**
- **B より右側（$x > 3a$）：電場が 0 になる可能性あり**

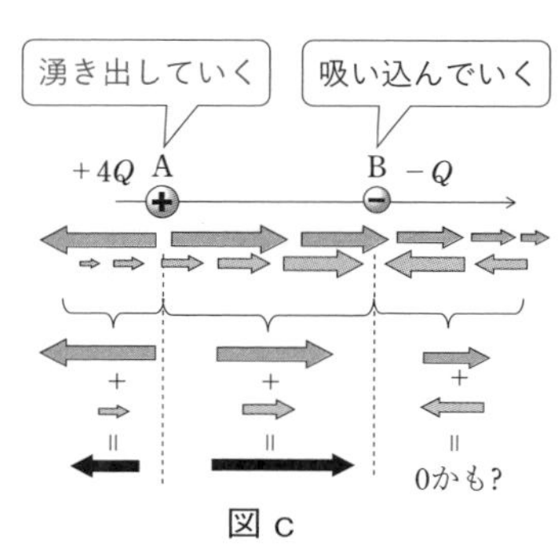

図 c

これで，電場が 0 になる場所は $x > 3a$ と検討がつく。電場が 0 になる点を点 R とし，点 R の位置はわからないので，適当に x_1 とする。

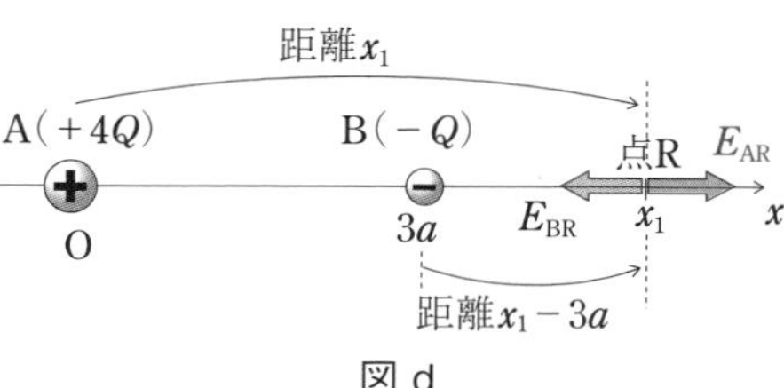

図 d

AとBが点Rにつくる電場の向きは，図dのようになり，AとBが点Rにつくる電場の大きさをそれぞれE_{AR}，E_{BR}とする。**点Rにつくられる電場が0になればよいので，$\boldsymbol{E_{AR}} = \boldsymbol{E_{BR}}$となればよい。**

$$k\frac{4Q}{x_1{}^2} = k\frac{Q}{(x_1-3a)^2}$$

$$\frac{4}{x_1{}^2} = \frac{1}{(x_1-3a)^2}$$

$$4(x_1 - 3a)^2 = x_1{}^2$$

$$4x_1{}^2 - 24ax_1 + 36a^2 = x_1{}^2$$

$$x_1{}^2 - 8ax_1 + 12a^2 = 0$$

$$(x_1 - 6a)(x_1 - 2a) = 0$$

$$x_1 = 2a,\ 6a$$

電場が0になるのはBより右側($x_1 > 3a$)より，電場が0になる位置は，

$x_1 = \boldsymbol{6a}$〔m〕

51 点電荷のつくる電位

答　問1　$V_O = \dfrac{2kQ}{a}$　問2・問3　解説参照　問4　$\dfrac{2kQ^2}{a}$

解答への道しるべ

GR 1 電場における外力の仕事の求め方

電場における外力の仕事＝静電気力の位置エネルギーの変化分。

解説

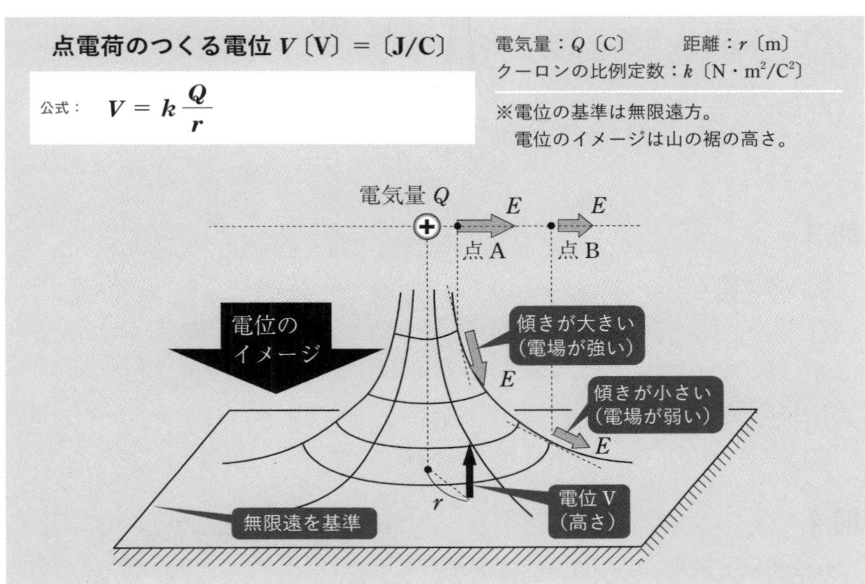

電位を計算するときは，それぞれの電荷がつくる電位（高さ）の和を取ればよい。電位の公式を利用するときは必ず符号をつけることに注意しよう。

問 1

点 A が原点 O につくる電位 V_{AO} は

$$V_{AO} = k\frac{+Q}{a}$$

符号をつける

同様に，点 B が原点 O につくる電位 V_{BO} は

$$V_{BO} = k\frac{+Q}{a}$$

したがって，点 A と B の電荷が原点 O につくる電位 V_O は

$$V_O = V_{AO} + V_{BO} = k\frac{+Q}{a} + k\frac{+Q}{a} = \underline{\boldsymbol{\frac{2kQ}{a}}}$$

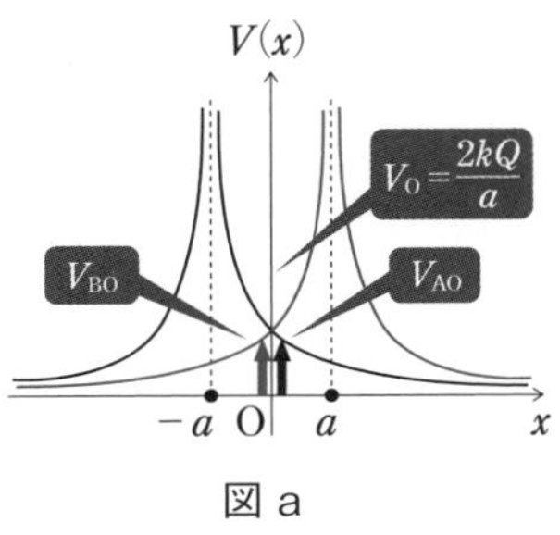

図 a

51 点電荷のつくる電位

問2

グラフは**図 b**の赤線

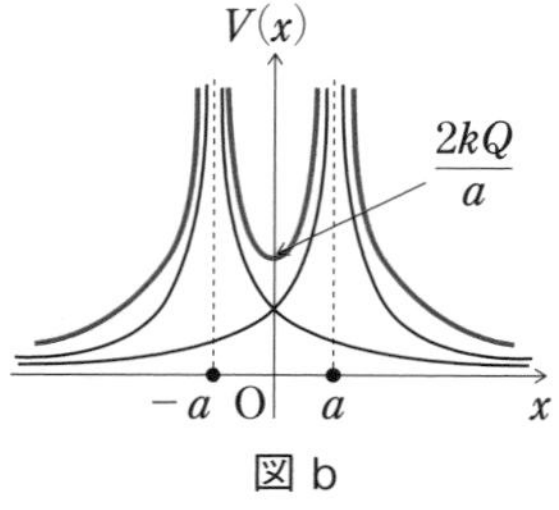

図 b

問3

グラフは**図 c**

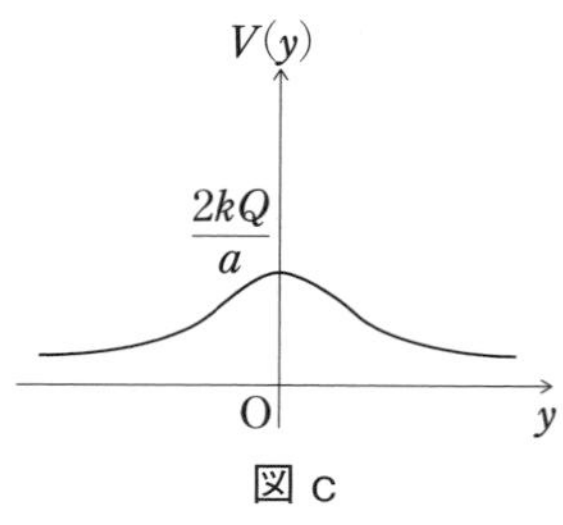

図 c

問4

力学的エネルギーと仕事の関係より,

$$\underbrace{(+Q)\cdot 0}_{\text{無限遠}} \ \underbrace{+W}_{\text{外力の仕事}} = \underbrace{(+Q)V_0}_{\text{原点O}}$$

$$\therefore \ \underbrace{W}_{\text{外力の仕事}} = \underbrace{(+Q)V_0 - (+Q)\cdot 0}_{\text{位置エネルギーの変化分(後−前)}}$$

$$= \underline{\boldsymbol{\frac{2kQ^2}{a}}}$$

電場の位置エネルギー U〔J〕

公式: $\boldsymbol{U = qV}$

電気量: q〔C〕
電位: V〔J/C〕

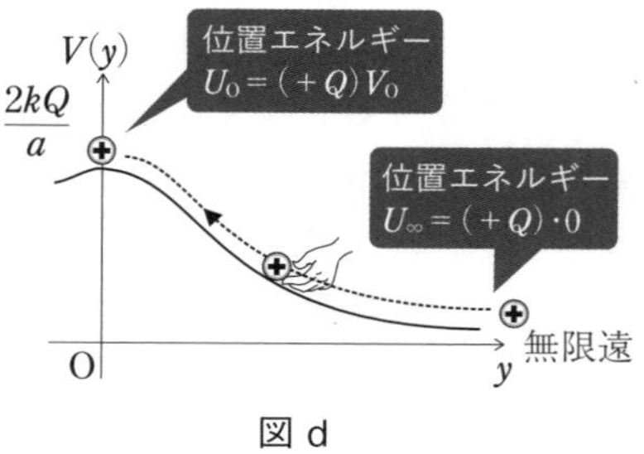

図 d

52　点電荷のつくる電場と電位

答

問1　$-\dfrac{k_0q(x-a)(3x+a)}{x^2(x+a)^2}$　　問2　$-\dfrac{k_0q(3x-a)}{x(x+a)}$

問3　正　　問4　$x=\dfrac{1}{3}a$　　問5　$q\sqrt{\dfrac{2k_0}{ma}}$

解答への道しるべ

GR 1　電場と電位の関係

電場は傾き，電位は高さをイメージしよう。

解説

問1

電場の x 成分 $E(x)$ は，

$$E(x)=\underbrace{k_0\frac{q}{x^2}}_{E_{\mathrm{OP}}}-\underbrace{k_0\frac{4q}{(x+a)^2}}_{E_{\mathrm{AP}}}$$

$$E(x)=\underline{-\frac{\boldsymbol{k_0q(x-a)(3x+a)}}{\boldsymbol{x^2(x+a)^2}}}\quad\cdots\cdots①$$

図 a

問2

$x>0$ において，電位を $V(x)$ として，

$$V(x)=\underbrace{k_0\frac{q}{x}}_{V_{\mathrm{OP}}}+\underbrace{k_0\frac{-4q}{x+a}}_{V_{\mathrm{AP}}}=\underline{-\frac{\boldsymbol{k_0q(3x-a)}}{\boldsymbol{x(x+a)}}}\quad\cdots\cdots②$$

問3

$x > a$ の領域では①式より，

$$E(x) = -\frac{k_0 q \underbrace{(x-a)}_{\text{正}} \underbrace{(3x+a)}_{\text{正}}}{x^2(x+a)^2} < 0$$

$E(x) < 0$ となるから，点電荷Xの符号は**正**

電位をイメージするとよりわかりやすくなる。**$x = a$ の点では $E(a) = 0$ より，電場（傾き）が0となる**。また，②式より，**$x = \frac{a}{3}$ の点では $V(a) = 0$ より，電位（高さ）が0である**。よって，x 軸上の電位のイメージ図は図bのようにイメージできる。x 軸上の遠く離れた点Rから $x = a$ に向かって転がるのは正の電荷とわかる。

問4

点電荷Xが最も原点Oに近づいたときは速さ0となる。その点における電位を $V(x)$ とする。点Rでは電位が0であることに注意して，力学的エネルギー保存則より，

$$\underbrace{q \cdot 0}_{\text{点R(無限遠方)}} = \underbrace{\frac{1}{2} m \cdot 0^2 + q \cdot V(x)}_{\text{原点Oに最も近づいたとき}}$$

電場の位置エネルギー $U = qV$

$$V(x) = -\frac{k_0 q(3x-a)}{x(x+a)} = 0 \quad \therefore \quad \boldsymbol{x = \frac{1}{3}a}$$

問5

①より，$x = a$ で $E(a) = 0$ となり，点電荷Xの速さは最大値 v_m となる。力学的エネルギー保存則より，

$$\underbrace{q \cdot 0}_{\text{点R(無限遠方)}} = \underbrace{\frac{1}{2} m v_m{}^2 + qV(a)}_{x=a\text{のとき}}$$

$$q \cdot 0 = \frac{1}{2} m v_m{}^2 + q\left\{-\frac{k_0 q(3x-a)}{x(x+a)}\right\}$$

x に a を代入する

$$\frac{1}{2} m v_m{}^2 = \frac{k_0 q^2}{a} \quad \therefore \quad v_m = \boldsymbol{q\sqrt{\frac{2k_0}{ma}}}$$

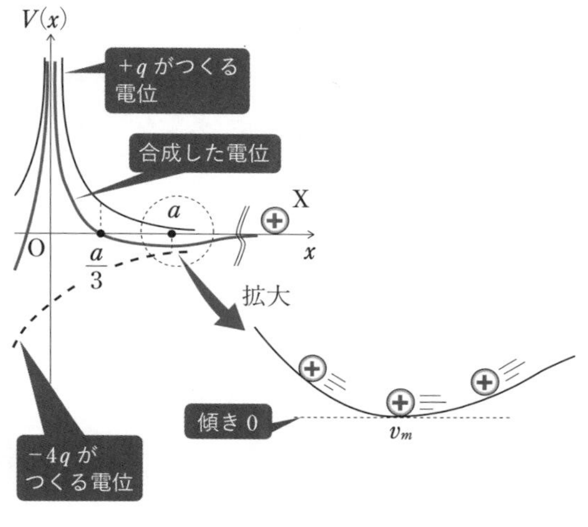

図 b

53 ガウスの法則

答

(a) $\dfrac{kq}{r^2}$ (b) $4\pi r^2$ (c) $4\pi kq$

解答への道しるべ

GR 1 ガウスの法則による電場

電場の強さが E のところは，電気力線が $1\ \mathrm{m^2}$ あたり E 本引ける。

解説

ガウスの法則

電場とは1〔m^2〕あたりを貫く電気力線の数

公式： $\boldsymbol{E = \dfrac{N}{S}}$

閉曲面の面積：S〔m^2〕
$+Q$〔C〕から湧き出す電気力線の総数：N〔本〕

※右図で閉曲面(球体)の表面積 S は $S = 4\pi r^2$〔m^2〕である。
点電荷 $+Q$〔C〕が距離 r〔m〕のところにつくる電場 E は $E = k\dfrac{Q}{r^2}$ であるから，閉曲面から湧き出す電気力線の総数 N は，

$$N = E\times S = k\frac{Q}{r^2}〔本/m^2〕\times 4\pi r^2〔m^2〕= 4\pi kQ〔本〕$$

と表せる。ここで，クーロンの比例定数 k〔$N\cdot m^2/C^2$〕とおいた。

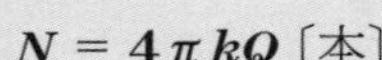

$\boldsymbol{N = 4\pi kQ}$〔本〕

（$+Q$〔C〕から湧き出す電気力線の総数）

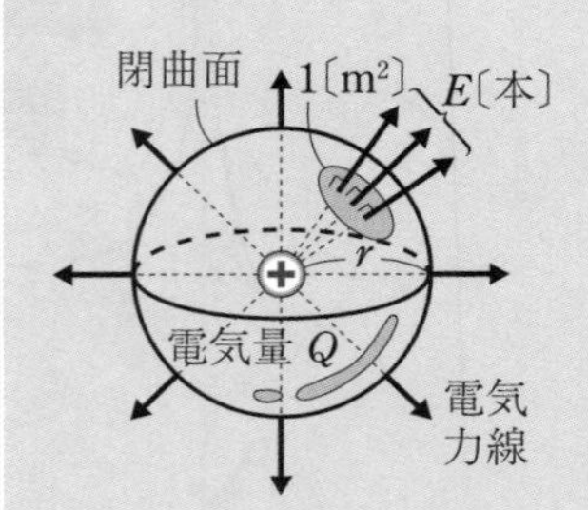

(a) 点電荷 q が距離 r だけ離れた点につくる電界の強さは $\underline{\boldsymbol{\dfrac{kq}{r^2}}}$〔N/C〕

(b) 半径 r の球の表面積は $\underline{\boldsymbol{4\pi r^2}}$〔$m^2$〕

(c) 半径 r の球面において，$1\,m^2$ あたりの電気力線が $E = \dfrac{kq}{r^2}$ 本であるから，

$\dfrac{kq}{r^2}\times 4\pi r^2 = \underline{\boldsymbol{4\pi kq}}$〔本〕

電荷の形状にかかわらず，電荷 q から湧き出す電気力線の数は $4\pi kq$〔本〕となる

54 極板間引力の導出

答

(a) $4\pi kQ$　(b) $\dfrac{Q}{\varepsilon_0 S}$　(c) $\dfrac{\varepsilon_0 S}{d}$　(d) $\dfrac{Q^2}{2\varepsilon_0 S}\Delta d$

(e) $\dfrac{Q^2}{2\varepsilon_0 S}$

解答への道しるべ

GR 1 極板間引力

極板間引力を導くときは，コンデンサーに蓄えられる静電エネルギーの変化に注目。

解説

(a) 電気力線の総数は電気量 Q に比例するので，ガウスの法則より，

$\underline{\boldsymbol{4\pi kQ}}$〔本〕

(b)

極板のつくる電場 E〔N/C〕

公式： $\boldsymbol{E = \dfrac{Q}{2\varepsilon_0 S}}$

極板の面積：S〔$\mathrm{m^2}$〕　極板の電気量：Q〔C〕
真空の誘電率：ε_0〔F/m〕

ガウスの法則より，極板から湧き出す電気力線の総数は $4\pi kQ$〔本〕である。極板のつくる電場 E は，電気力線の数を極板の上下の面積 $2S$ で割ればよいので，$E = \dfrac{4\pi kQ}{2S} = \dfrac{2\pi kQ}{S}$ となる。

また，$k = \dfrac{1}{4\pi\varepsilon_0}$ なので，電場は $E = \dfrac{4\pi kQ}{2S} = \dfrac{Q}{2\varepsilon_0 S}$ とも表せる。

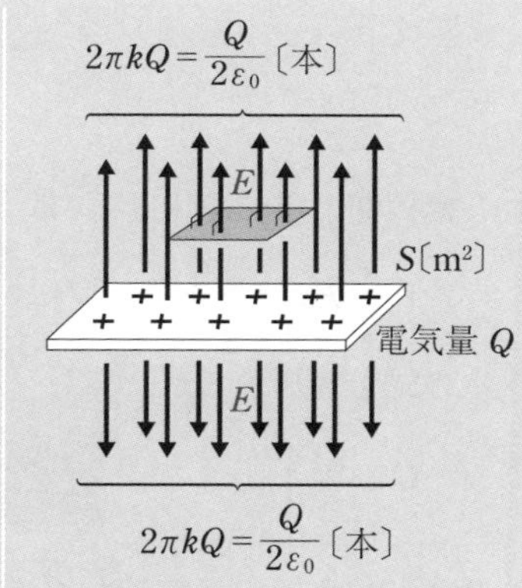

図 a のように，**極板から出る電気力線は極板に垂直に出る。電場は $1\mathrm{m^2}$ あたりを面に垂直に貫く電気力線の数**であるから，$+Q$ が帯電する極板がつくる電場 E_+ は，

$$E_+ = \frac{4\pi kQ}{2S} = \frac{2\pi kQ}{S}$$

ここで，$k = \dfrac{1}{4\pi\varepsilon_0}$ より，

$k = \dfrac{1}{4\pi\varepsilon_0}$ は覚えておく

$$E_+ = \frac{2\pi kQ}{S} = \frac{Q}{2\varepsilon_0 S}\text{〔N/C〕}$$

54 極板間引力の導出

図aのように，$\pm Q$〔C〕の電荷がもつ極板を平行に向かい合わせると，極板間ではそれぞれの極板の電場 E_+ と E_- の向きが同じなので，和をとればよい。

$$E = E_+ + E_- = 2E_+ = \underline{\boldsymbol{\frac{Q}{\varepsilon_0 S}}}\ \text{〔N/C〕}$$

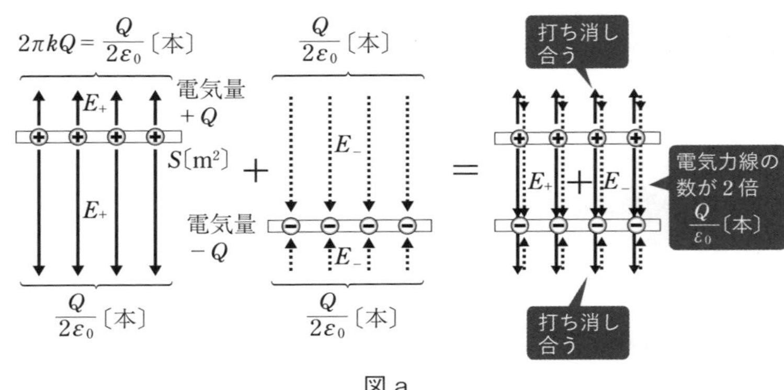

図a

(c)　極板間の電位差 V〔V〕は

$$V = Ed = \frac{Q}{\varepsilon_0 S} d\ \text{〔V〕}$$

一様な電場と電位差の関係 $V = Ed$

上の式を変形すると，

$$Q = \frac{\varepsilon_0 S}{d} V$$

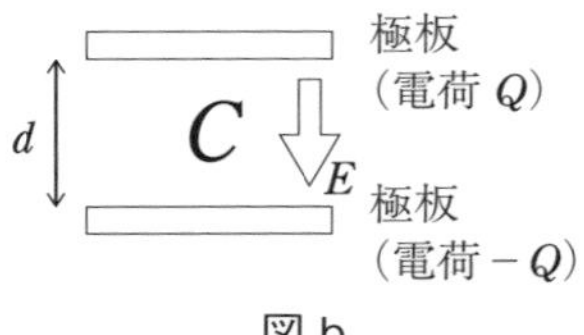

図b

となり，求める電気容量を C〔F〕とおくと，$Q = CV$ の公式と比較して，

$$C = \frac{Q}{V} = \underline{\boldsymbol{\frac{\varepsilon_0 S}{d}}}\ \text{〔F〕}$$

コンデンサー

２枚の極板を接近させたものであり，
電気量を蓄える働きをする。

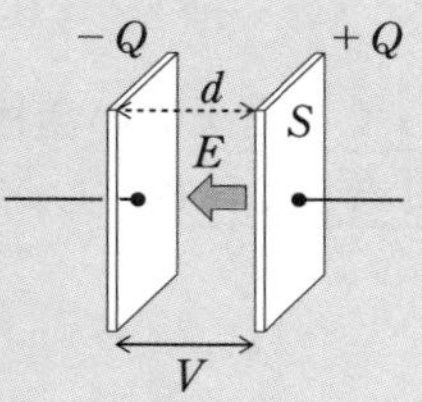

極板間の距離：d〔m〕
電気量：Q〔C〕
極板の面積：S〔m^2〕
電圧(電位差)：V〔V〕

- 電気容量：$C=\dfrac{\varepsilon_0 S}{d}$〔F〕
- 関係式：$Q=CV$
- 極板間の電場：$E=\dfrac{Q}{\varepsilon_0 S}=\dfrac{V}{d}$〔V/m〕
- 静電エネルギー：

$$U=\frac{1}{2}QV=\frac{1}{2}CV^2=\frac{Q^2}{2C}\ \text{〔J〕}$$

(d)　正と負の電気量を互いに近づけた極板には引力がはたらく。その引力を極板間引力という。**極板間引力を導出する問題では，静電エネルギーの変化に注目しよう。**

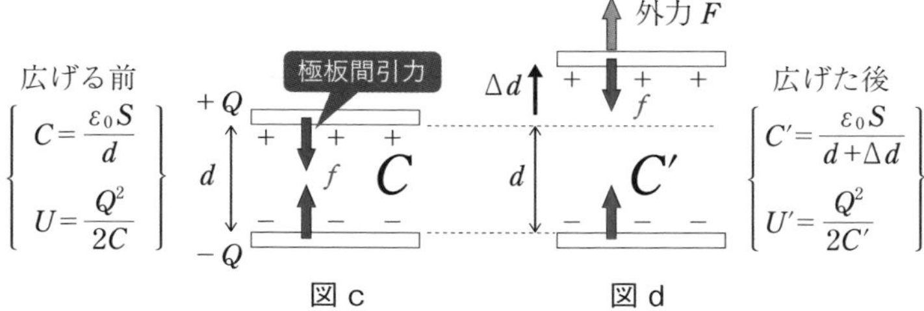

図 c　　図 d

極板間隔を広げて，$d+\Delta d$〔m〕としたときの電気容量 C'〔F〕とすると，

$$C'=\frac{\varepsilon_0 S}{d+\Delta d}\ \text{〔F〕}$$

よって，静電エネルギーの変化 ΔU〔J〕は

$$\underbrace{\Delta U}_{\text{変化分}}=\underbrace{\frac{1}{2}\frac{Q^2}{C'}}_{\text{後}}-\underbrace{\frac{1}{2}\frac{Q^2}{C}}_{\text{前}}=\frac{Q^2}{2\varepsilon_0 S}(d+\Delta d)-\frac{Q^2}{2\varepsilon_0 S}d=\boldsymbol{\frac{Q^2}{2\varepsilon_0 S}\Delta d}\ \text{〔J〕}$$

(e)　求める外力を F として，**外力のした仕事が静電エネルギーを変化させている**ので，

$$\underbrace{F\Delta d}_{\text{外力の仕事}}=\underbrace{\Delta U}_{\text{静電エネルギーの変化}}$$

54
極板間引力の導出

$$F\Delta d = \frac{Q^2}{2\varepsilon_0 S}\Delta d \quad \therefore \quad F = \underline{\boldsymbol{\frac{Q^2}{2\varepsilon_0 S}}}$$

ゆっくりと上側の極板を移動させているので，極板間引力fと外力Fは力がつり合っている。したがって，極板間引力の大きさfも，

$$f = \frac{Q^2}{2\varepsilon_0 S}$$

fは極板間の電場$E = \dfrac{Q}{\varepsilon_0 S}$を用いて，次のようにも表せることは覚えておこう。

$$\boldsymbol{f = \frac{Q^2}{2\varepsilon_0 S} = \frac{1}{2}QE}$$

極板間引力f〔N〕

公式： $\boldsymbol{f = \dfrac{1}{2}QE}$

電気量：Q〔C〕
極板間の電場：E〔V/m〕

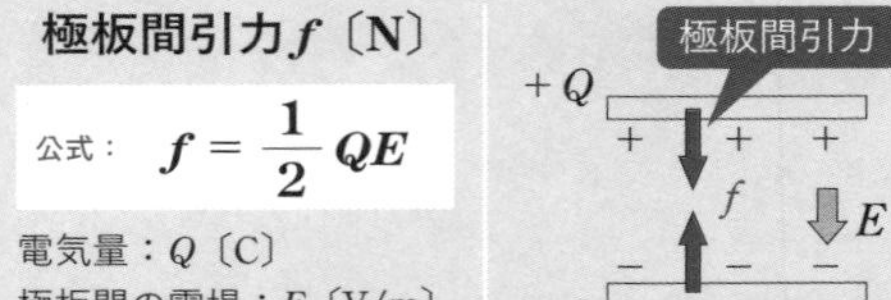

55 極板間引力による単振動

答

(a) $\varepsilon_0\dfrac{S}{d}$　(b) $\dfrac{\varepsilon_0 S}{d}V$

(c) $\varepsilon_0\dfrac{S}{d+x}$　(d) $\varepsilon_0\dfrac{S}{d}V$

(e) $\dfrac{\varepsilon_0 SV^2(d+x)}{2d^2}$　(f) $\dfrac{\varepsilon_0 SV^2}{2d^2}$

(g) $\dfrac{\varepsilon_0 SV^2}{2d^2}$　(h) $-kx-\dfrac{\varepsilon_0 SV^2}{2d^2}$

(i) $2\pi\sqrt{\dfrac{M}{k}}$　(j) $-\dfrac{\varepsilon_0 SV^2}{2kd^2}$

解答への道しるべ

GR 1 極板間引力による単振動

極板間引力による単振動では，振動中における運動方程式を立てよう。

解説

(a) 求める電気容量を C_0 として，$\underline{C_0 = \varepsilon_0 \dfrac{S}{d}}$

(b) 極板を動かないように固定しておき，スイッチ P を閉じて十分に時間が経過すると，電気量がコンデンサーに蓄えられる。極板 A に蓄えられている電荷 Q_0 は正の値なので，$Q = CV$ より

$$\underline{Q_0 = \frac{\varepsilon_0 S}{d} V} \quad \cdots\cdots①$$

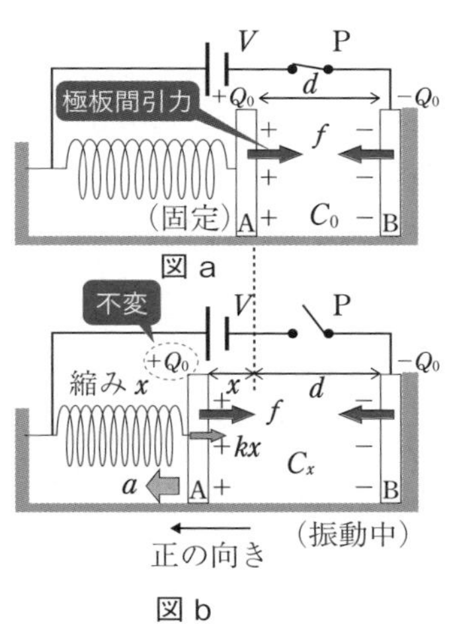

図 a

図 b

このとき，極板 A と B は互いに引き合い，大きさ f の極板間引力を受ける。この引力が原因で A は単振動をする。**この後，スイッチ P を開くので，電気量は保存されたままになる。**

(c) **問題文に，極板距離が増大する方向を正（図の左向き）とすると書いてあるので極板を左に変位させることに注意しよう。** A が x だけ変位したときのコンデンサーの電気容量 C_x は

$$\underline{C_x = \varepsilon_0 \frac{S}{d+x}} \quad \cdots\cdots②$$

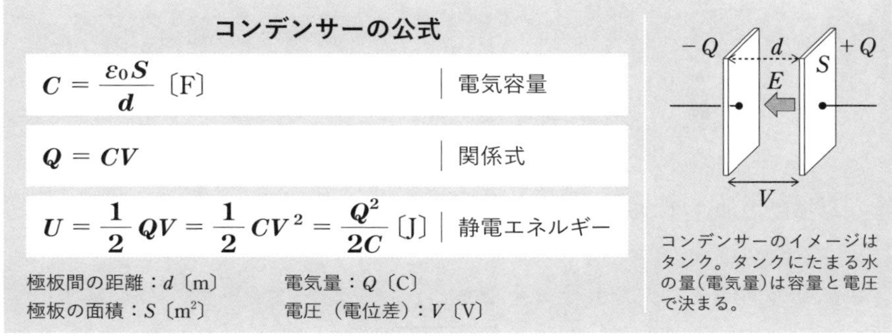

コンデンサーの公式

$C = \dfrac{\varepsilon_0 S}{d}$〔F〕	電気容量
$Q = CV$	関係式
$U = \dfrac{1}{2}QV = \dfrac{1}{2}CV^2 = \dfrac{Q^2}{2C}$〔J〕	静電エネルギー

極板間の距離：d〔m〕　電気量：Q〔C〕
極板の面積：S〔m^2〕　電圧（電位差）：V〔V〕

コンデンサーのイメージはタンク。タンクにたまる水の量(電気量)は容量と電圧で決まる。

(d) **スイッチ P を開いたので，極板 A の電気量は不変**となるので，

$$\underline{Q_0 = \varepsilon_0 \frac{S}{d} V}$$

(e) $U_Q = \dfrac{{Q_0}^2}{2C_x}$ に①，②を代入して，

$$U_Q = \underline{\boldsymbol{\frac{\varepsilon_0 S V^2 (d+x)}{2d^2}}}$$

(f)(g) (e)より，

$$\underbrace{\Delta U_Q}_{\text{変化分}} = \underbrace{\frac{\varepsilon_0 S V^2 (d+x+\Delta x)}{2d^2}}_{\text{後}} - \underbrace{\frac{\varepsilon_0 S V^2 (d+x)}{2d^2}}_{\text{前}} = \underline{\boldsymbol{\frac{\varepsilon_0 S V^2}{2d^2}}}_{\text{(f)}} \times \Delta x$$

極板間引力によってなされる仕事 $f\Delta x$ が静電エネルギー ΔU_Q を変化させていると考えて，

$$\underbrace{f\Delta x}_{\text{仕事}} = \underbrace{\Delta U_Q \left[= \frac{\varepsilon_0 S V^2}{2d^2} \times \Delta x \right]}_{\text{静電エネルギーの変化分}} \quad \therefore \quad f = \underline{\boldsymbol{\frac{\varepsilon_0 S V^2}{2d^2}}}_{\text{(g)}}$$

(h) 図bのように，ばねの弾性力，極板間引力はともに x の負の方向に働くので，運動方程式は，

$$Ma = \underline{\boldsymbol{-kx - \frac{\varepsilon_0 S V^2}{2d^2}}}$$

(i) (h)より，

$$Ma = -kx - \frac{\varepsilon_0 S V^2}{2d^2}$$

$$= \underbrace{-k}_{\text{くくる}} \left(x + \frac{\varepsilon_0 S V^2}{2kd^2} \right)$$

$$a = -\underbrace{\frac{k}{M}}_{\omega^2} \left\{ x - \underbrace{\left(-\frac{\varepsilon_0 S V^2}{2kd^2} \right)}_{\text{振動中心}} \right\}$$

単振動の加速度 a〔m/s²〕

公式： $\boldsymbol{a = -\omega^2 (x - x_0)}$

角振動数：ω〔rad/s〕
位置：x〔m〕
振動中心：x_0〔m〕

単振動の加速度の式と比較して，角振動数 ω は，$\omega = \sqrt{\dfrac{k}{M}}$ となり，

単振動の周期 T は，$T = \dfrac{2\pi}{\omega} = \underline{\boldsymbol{2\pi\sqrt{\dfrac{M}{k}}}}$

(j) 振動中心の位置は，加速度 $a = 0$ となるので，

$$x = \underline{\boldsymbol{-\frac{\varepsilon_0 S V^2}{2kd^2}}}$$

56 コンデンサー

答

問1 (a) $\dfrac{Q}{\varepsilon_0}$　(b) $\dfrac{Q}{\varepsilon_0 S}$　(c) $\dfrac{Qd}{\varepsilon_0 S}$

問2 (a) $Q_2 = Q$　(b) $V_2 = \dfrac{2Qd}{\varepsilon_0 S}$　(c) $U_2 = \dfrac{Q^2 d}{\varepsilon_0 S}$

問3 (a) $V_3 = \dfrac{Qd}{\varepsilon_0 S}$　(b) $Q_3 = Q$

問4 (a) 解説参照　(b) $V_4 = \dfrac{Qd}{2\varepsilon_0 S}$　(c) $C_4 = \dfrac{2\varepsilon_0 S}{d}$

解答への道しるべ

GR 1 電池から切り離されたときの操作の POINT

電池から切り離されたときの電気量は常に不変。

GR 2 電池につないだままの操作の POINT

電池につないだままの操作ではコンデンサーの電位差は常に電池と等しい。

GR 3 金属内部の電場と電位

金属内部では静電誘導のため，電場は0となり，等電位となる。

解説

問1

(a) 極板AB間の電気力線の数Nは電気量Qを真空の誘電率ε_0で割った値であるから，

$$N = \frac{Q}{\varepsilon_0}〔本〕$$

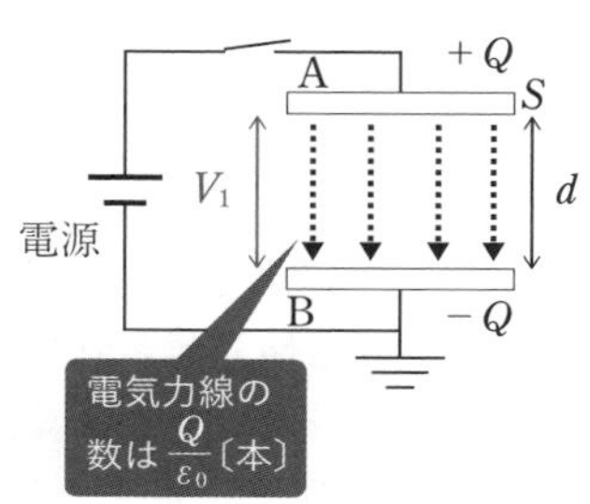

図 a

(b) **電場の強さは1〔m^2〕あたりを面に垂直に貫く電気力線の数なので，極板間の電気力線の数**を面積S〔m^2〕で割ればよい。したがって，

56 コンデンサー

$$E = \frac{N}{S} = \frac{Q}{\varepsilon_0 S} \quad \cdots\cdots ①$$

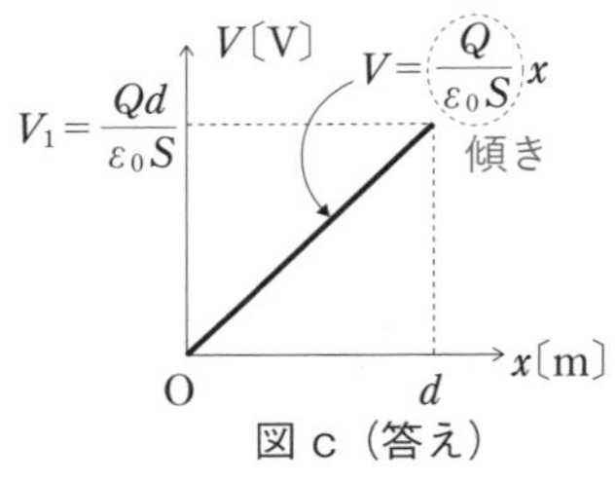

図 b

(c)とグラフ　①式から，**E は Q に比例し S に反比例している。つまり，極板に蓄えられている電気量や面積が不変であれば，電場の強さが変わらない**。よって，電場 E は極板 B からの距離によらず一定となるので，図 b のようなグラフが描ける。また，**電場は電位の傾きの大きさ**をイメージすればよいので，電位 V のグラフを描くと，図 c となり，この図が**答え**となる。コンデンサーの極板間では電場は一様なので，一様な電場と電位差の関係より，極板 AB 間の電位差 V_1 とし，V_1 は以下のように求まる。

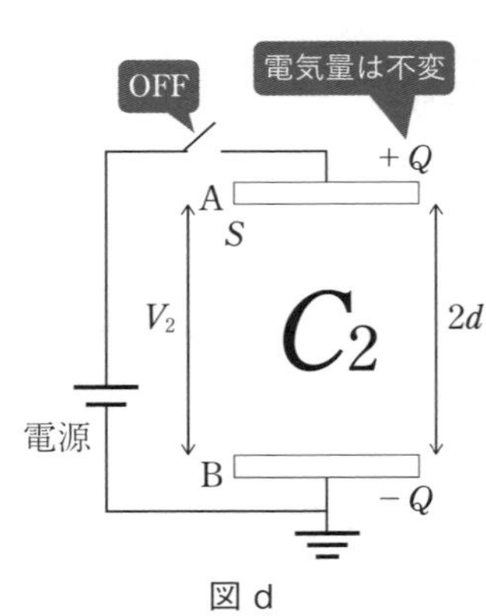

図 c（答え）

$$V_1 = E \cdot d = \frac{Qd}{\varepsilon_0 S} \quad \cdots\cdots ②$$

(c)の答

$V = Ed$ の関係

②式を Q について解くと，$Q = \frac{\varepsilon_0 S}{d} \times V_1$

となり，電気容量を C_1 とすると，$C_1 = \frac{\varepsilon_0 S}{d}$ が導ける。

問 2

電気容量は S や d で決まる。極板 AB 間の距離が $2d$ となるので，電気容量を C_2 すると，

$$C_2 = \frac{\varepsilon_0 S}{2d}$$

極板AB間の距離が問1の2倍になっている。電気容量は極板間の距離に反比例するので，電気容量は $\frac{1}{2}$ 倍になる。

図 d

(a)　**電池から切り離されているので，電気量は不変**。コンデンサーに蓄えられている電気量の大きさ Q_2 は，問 1 と等しい。

$Q_2 = \mathbf{Q}$〔C〕

CHAPTER 4　電磁気

(b)　$Q = CV$ の関係式より，$Q_2 = \dfrac{\varepsilon_0 S}{2d} \times V_2$

$$Q = \frac{\varepsilon_0 S}{2d} V_2 \quad \therefore \quad V_2 = \underline{\boldsymbol{\frac{2Qd}{\varepsilon_0 S}}}\text{〔V〕}$$

(c)　静電エネルギーの公式より，$U_2 = \dfrac{1}{2} QV_2 = \underline{\boldsymbol{\dfrac{Q^2 d}{\varepsilon_0 S}}}$〔J〕

問3

極板の間隔を戻したので，電気容量は問1と等しい。

(a)　**電池につながれたまま操作をするときは常に電池の電圧と等しくなる**ので，コンデンサーの電位差 V_3 は V_1 と等しい。

したがって，$V_3 = \underline{\boldsymbol{\dfrac{Qd}{\varepsilon_0 S}}}$〔V〕

(b)　$Q_3 = \dfrac{\varepsilon_0 S}{d} \times V_3 = \dfrac{\varepsilon_0 S}{d} \times \dfrac{Qd}{\varepsilon_0 S} = \underline{\boldsymbol{Q}}$〔C〕

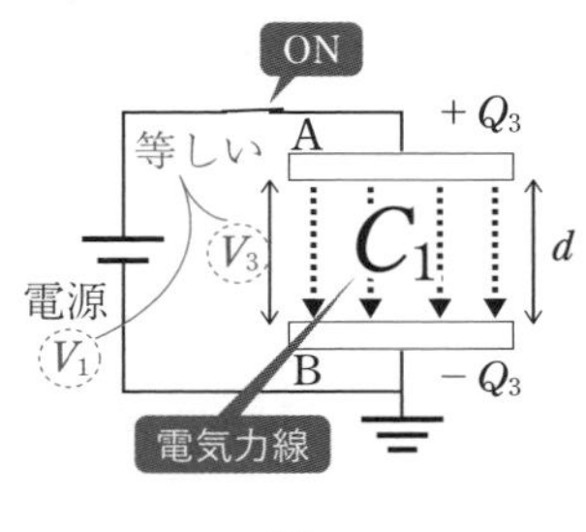

図 e

問4

スイッチSを切ったので，電気量は問3の $\boldsymbol{Q_3}$（$= \boldsymbol{Q}$）のまま不変となる。問1の①式より，Q が不変なので，極板間の電場の強さは問1と等しい。

金属板Dでは静電誘導が起こり，金属板内部の電場は0となる。つまり，**金属内部は等電位**となる。よって，グラフは**図g**となる。一様な電場と電位差の関係より，極板AB間の電位差 V_4 は，

$$V_4 = \underbrace{E \cdot x_1}_{\text{BD間}} + \underbrace{0 \cdot \frac{d}{2}}_{\text{金属板D}} + \underbrace{E \cdot \left(\frac{d}{2} - x_1\right)}_{\text{DA間}} = \frac{Q}{\varepsilon_0 S} \cdot x_1 + 0 \cdot \frac{d}{2} + \frac{Q}{\varepsilon_0 S} \cdot \left(\frac{d}{2} - x_1\right)$$

$$= \underline{\boldsymbol{\frac{Qd}{2\varepsilon_0 S}}}_{\text{(b)}}\text{〔V〕} \quad \cdots\cdots③$$

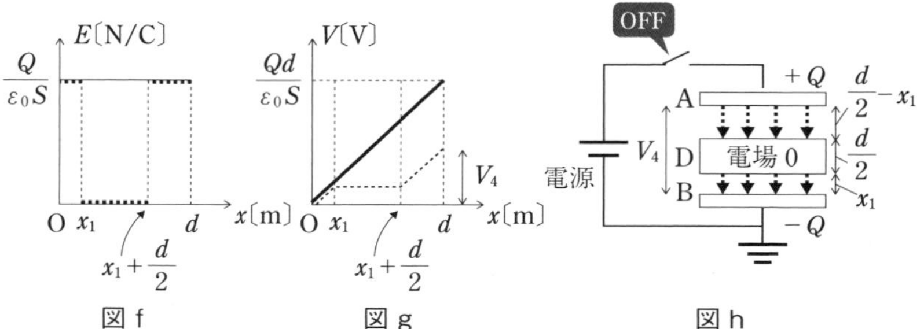

図 f　図 g　図 h

③式は，x_1 に無関係な式となっている。つまり，金属板をどの位置に入れても AB 間の電位差 V_4 は同じであることがわかる。

ちなみに，③式より，$V_4=\frac{Qd}{2\varepsilon_0 S}$ を Q について解くと，$Q=\frac{2\varepsilon_0 S}{d}\times V_4$ となり，電気容量 C_4 は，$C_4=\frac{2\varepsilon_0 S}{d}$ (c) ⇦これは**極板間隔を半分にしたものと等しい。**

CHAPTER 4 電磁気

静電誘導

図①のように，帯電したコンデンサーの極板間に，導体(金属)を挿入してみる。図②のように，導体を挿入すると，導体表面に電荷が集まり，表面の電荷が左向きに金属内部に電場を作る。この内部の電場とコンデンサーが作る電場が打ち消し合って，図③のように，導体内部の電場がゼロとなる。グラフ c を見ると，電場がゼロの区間は電位差が 0 となり，等電位となっている。

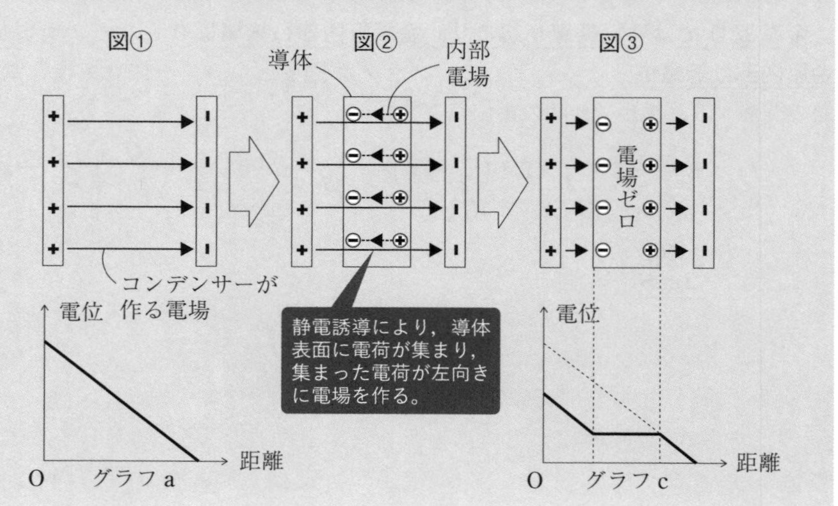

57　コンデンサーへの誘電体の挿入

答

問1　$Q_0 = \dfrac{\varepsilon_0 a^2}{d} V_0$　　問2　$U_0 = \dfrac{\varepsilon_0 a^2 V_0^2}{2d}$

問3　$C = \dfrac{\varepsilon_0 a}{d}\{(\varepsilon_r - 1)x + a\}$

問4　$V = \dfrac{a}{(\varepsilon_r - 1)x + a} V_0$，$U_1 = \dfrac{\varepsilon_0 a^3 V_0^2}{2d\{(\varepsilon_r - 1)x + a\}}$

問5　$\dfrac{Q_1}{Q_2} = \dfrac{\varepsilon_r x}{a - x}$　　問6　$U_2 = \dfrac{\varepsilon_0 a}{2d}\{(\varepsilon_r - 1)x + a\} V_0^2$

問7　$W = \dfrac{\varepsilon_0 a(\varepsilon_r - 1)x V_0^2}{d}$

解答への道しるべ

GR 1　誘電体が中途半端に挿入されたときの電気容量

誘電体が中途半端に挿入されたときの電気容量は分解して合成容量を考える。

解説

問1

電気容量は $C_0 = \varepsilon_0 \dfrac{a^2}{d}$ なので，$Q = CV$ より，$Q_0 = \underline{\boldsymbol{\dfrac{\varepsilon_0 a^2}{d} V_0}}$

問2

$U_0 = \dfrac{1}{2} C_0 V_0^2 = \underline{\boldsymbol{\dfrac{\varepsilon_0 a^2 V_0^2}{2d}}}$

静電エネルギー
$U = \dfrac{1}{2} CV^2$

問3

図aのように，**中途半端に誘電体が挿入されたときには，2つのコンデンサーの並列接続とみなせる。**並列接続した左と右のコンデンサーの電気容量をそれぞれ C_1，C_2 とする。それぞれの電気容量は，

$$C_1 = \varepsilon_r \varepsilon_0 \frac{ax}{d}$$ ← ε_r倍

$$C_2 = \varepsilon_0 \frac{a(a-x)}{d}$$

したがって，合成容量 C は，

$$C = C_1 + C_2$$

$$= \varepsilon_r \varepsilon_0 \frac{ax}{d} + \varepsilon_0 \frac{a(a-x)}{d}$$

$$= \underline{\boldsymbol{\frac{\varepsilon_0 a}{d}\{(\varepsilon_r - 1)x + a\}}}$$

誘電体の比誘電率

公式： $\boldsymbol{\varepsilon_r = \frac{\varepsilon}{\varepsilon_0}}$

比誘電率：ε_r
物質の誘電率：ε〔F/m〕
真空の誘電率：ε_0〔F/m〕
※真空の誘電率に比べたときの物質の誘電率

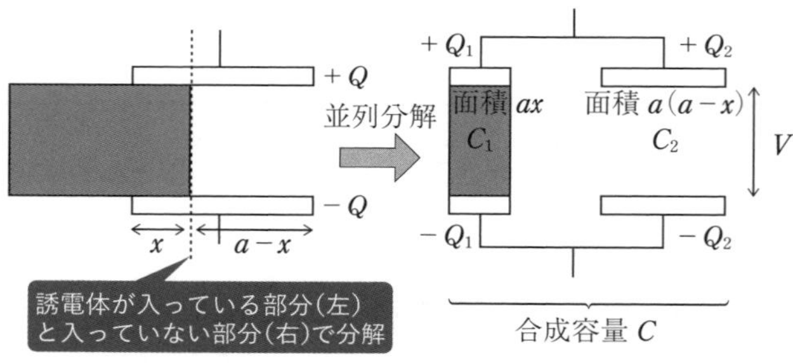

図 a

コンデンサーへの誘電体の挿入

コンデンサーに隙間なく誘電体を入れたときの電気容量 C' は

$$\boldsymbol{C' = \varepsilon_r C}$$

※誘電体を入れる前に比べて，電気容量は ε_r 倍になる。

$-Q$　$+Q$　誘電体

誘電体を入れた後の電気容量：C'〔F〕
誘電体を入れる前の電気容量：C〔F〕　比誘電率：ε_r

問 4

Sを切っているので，電気量 Q_0 は保存される。

$$\underset{\text{現在}}{CV} = \underset{\text{過去}}{Q_0}(= C_0 V_0)$$

$$V = \frac{Q_0}{C} = \underline{\boldsymbol{\frac{a}{(\varepsilon_r - 1)x + a} V_0}}$$

また，$U_1 = \dfrac{1}{2}Q_0V = \underline{\dfrac{\boldsymbol{\varepsilon_0 a^3 V_0^2}}{\boldsymbol{2d\{(\varepsilon_r - 1)x + a\}}}}$

問5

Q_1 と Q_2 は電圧が同じだから，電気容量の比を考える。

$$\frac{Q_1}{Q_2} = \frac{C_1V}{C_2V} = \frac{\varepsilon_r\varepsilon_0 ax/d}{\varepsilon_0 a(a-x)/d} = \underline{\frac{\boldsymbol{\varepsilon_r x}}{\boldsymbol{a-x}}}$$

問6

電気容量は問3と同じく C で，電池に接続されているので，コンデンサーの電圧は電池の電圧 V_0 と等しい。

$$U_2 = \frac{1}{2}CV_0^2 = \underline{\frac{\boldsymbol{\varepsilon_0 a}}{\boldsymbol{2d}}\boldsymbol{\{(\varepsilon_r - 1)x + a\}V_0^2}}$$

問7

コンデンサーに蓄えられる電気量 Q_3 は，

$$Q_3 = \frac{\varepsilon_0 a}{d}\{(\varepsilon_r - 1)x + a\}V_0$$

となるから，誘電体を挿入することにより増加する電気量 ΔQ は

$$\Delta Q = \underset{\text{後}}{Q_3} - \underset{\text{前}}{Q_0} = \frac{\varepsilon_0 a}{d}\{(\varepsilon_r - 1)x + a\}V_0 - \frac{\varepsilon_0 a^2}{d}V_0 = \frac{\varepsilon_0 a}{d}(\varepsilon_r - 1)xV_0$$

電池はΔQ の電荷を電圧 V_0 で送り出すから，

$$W = \Delta QV_0 = \underline{\frac{\boldsymbol{\varepsilon_0 a(\varepsilon_r - 1)xV_0^2}}{\boldsymbol{d}}}$$

電池の仕事

公式： $\boldsymbol{W = \Delta QV}$

電池を通過した電気量：ΔQ〔C〕
電池の起電力：V〔V〕

※電池は電気量を低いところから高いところへ引き上げるポンプのイメージをしよう。

57 コンデンサーへの誘電体の挿入

58 複数コンデンサーによるスイッチ切り替え

答 問1 $\frac{2}{3}CE$ 　問2 $-\frac{4}{5}CE$ 　問3 $\frac{6}{5}CE$

解答への道しるべ

GR 1 コンデンサーの電気回路問題の解き方

コンデンサーの電気回路問題を解くときは，孤立部分の電荷保存を立てよう。

解説

問1

STEP 1　各コンデンサーに電気量を定める（極板に蓄えられる電気量の符号は適当に定めてよい）

S_1 を閉じて十分時間が経過した後に，C_1，C_2 に蓄えられている電荷を図のように，それぞれ Q_1，Q_2 と定める。

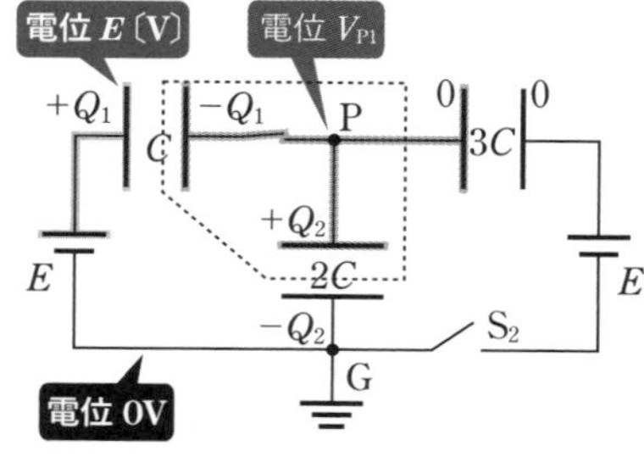

STEP 2　導線の電位を調べる。電位がわからない点は，電位を文字で定める

電気回路の問題において，つながった導線は等電位となる。蛍光ペンなどで導線に色を塗ると電位の違いが分かりやすい。例えば，点 G から左側の電池の負極までは同じ導線でつながれているので等電位である。この導線は点 G でアースされているので，0 V となる。その他に，左の電池の正極からコンデンサー C_1 の左の極板までは，等電位であり，電位は E〔V〕である。では，点 P は電位が不明となるので，点 P の電位がわからないものとして V_{P1} と定める。

STEP 3　孤立部分を探して，電荷保存の式を立てる

孤立部分とは図の（　　）の部分である。簡単にいうと，一筆書きできないような離れ小島である。この孤立部分では，電荷が保存されるので，電荷保

存が成り立つ。電荷保存を立てるときは，以下のように，

現在の孤立部分の電気量の和＝過去の孤立部分の電気量の和

$$\underbrace{\underset{\text{C}_1\text{の右の極板電荷}}{-Q_1} + \underset{\text{C}_2\text{の上の極板電荷}}{Q_2}}_{\text{現在の電気量の和}} = \underbrace{\underset{\text{C}_1\text{の右の極板電荷}}{0} + \underset{\text{C}_2\text{の上の極板電荷}}{0}}_{\text{過去の電気量の和}}$$

はじめ，C_1とC_2には電荷がなかった

$$\underset{\text{電位の高い方から低い方を引く}}{-C(E-V_{P1})} + \underset{\text{電位の高い方から低い方を引く}}{2C(V_{P1}-0)} = 0$$

$Q=CV$の式を用いている

$$3CV_{P1} = CE \quad \therefore \quad V_{P1} = \frac{1}{3}E$$

STEP 4　求めた電位から，各コンデンサーの電気量をそれぞれ求める

電気量 Q_1，Q_2 はそれぞれ，

$$Q_1 = C(E-V_{P1}) = C\left(E-\frac{E}{3}\right) = \frac{2}{3}CE,\ Q_2 = 2C(V_{P1}-0) = \underline{\boldsymbol{\frac{2}{3}CE}}$$

問2

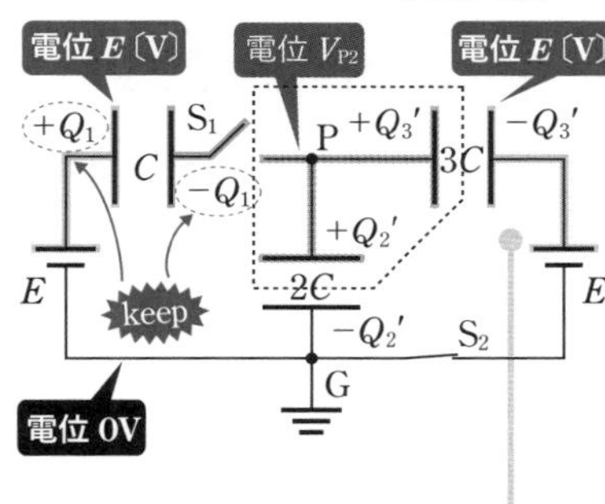

<u>S_1 を開くと，C_1 の電荷は動くことができない</u>。よって，C_1 に蓄えられている電荷は Q_1 のままになる。ここで，S_2 を閉じると，C_2，C_3 にはそれぞれ新たな電気量 Q_2'，Q_3' が蓄えられる。点Pの電位を V_{P2} として，図の孤立部分における電荷保存より，

C_3の極板の電荷の符号は適当に決めても大丈夫。今回は，C_3の左の極板をプラス，右の極板をマイナスにしてみた。入試問題で，極板の符号がわからないときはたくさんあるので，適当に定めていいよ。

$$\underbrace{\underset{\text{C}_2\text{の上の極板電荷}}{+Q_2'} + \underset{\text{C}_3\text{の左の極板電荷}}{(+Q_3')}}_{\text{現在の電気量の和}} = \underbrace{\underset{\text{C}_2\text{の上の極板電荷}}{+Q_2} + \underset{\text{C}_3\text{の左の極板電荷}}{0}}_{\text{過去の電気量の和}}$$

$$2C(\overset{\text{高い}}{V_{P2}}-\overset{\text{低い}}{0}) + 3C(\overset{\text{高い}}{V_{P2}}-\overset{\text{低い}}{E}) = \frac{2}{3}CE$$

$$5CV_{P2} = \frac{11}{3}CE \quad \therefore \quad V_{P2} = \frac{11}{15}E$$

Q_2'，Q_3' はそれぞれ，

定めた電気量の符号が逆だった

$$Q_2' = 2C(V_{P2}-0) = \frac{22}{15}CE,\ Q_3' = 3C(V_{P2}-E) = -\frac{4}{5}CE$$

58

複数コンデンサーによるスイッチ切り替え

C_3 に蓄えられる電気量の符号は左右の極板には適当に定めているので，求めた電気量の値が負で求まることもある。求めた電荷が負の値の場合は，C_3 に蓄えられる電荷は，＋と－が逆符号で定めていたことになる。つまり，本当は左の極板にはマイナス，右の極板にはプラスが帯電している。

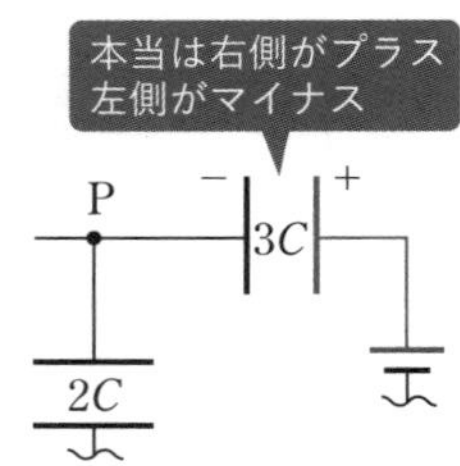

C_3 の P 側の極板の電荷 $+Q_3'$ は

$$+Q_3' = +\left(-\frac{4}{5}CE\right) = \underline{-\boldsymbol{\frac{4}{5}CE}}$$

問3

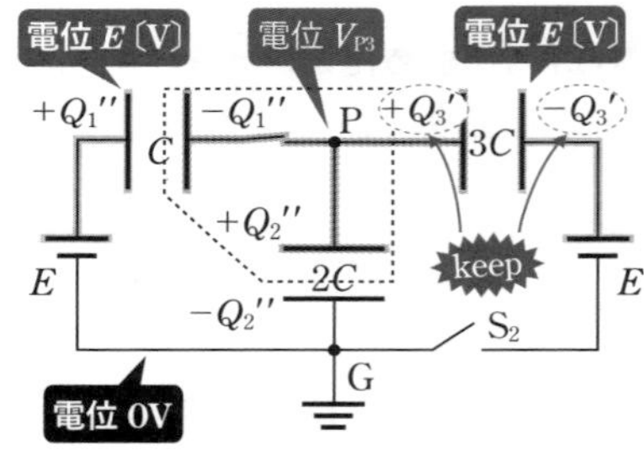

<u>S_2 を開くと，C_3 の電荷は動くことができない</u>。よって，C_3 に蓄えられている電荷は Q_3' のままになる。ここで，S_1 を閉じると，C_1，C_2 それぞれに新たな電気量 Q_1''，Q_2'' が蓄えられる。点 P の電位を V_{P3} として，図の孤立部分における電荷保存より，

$$\underbrace{\underset{C_1\text{の右の極板電荷}}{-Q_1''} + \underset{C_2\text{の上の極板電荷}}{Q_2''}}_{\text{現在の電気量の和}} = \underbrace{\underset{C_1\text{の右の極板電荷}}{(-Q_1)} + \underset{C_2\text{の上の極板電荷}}{Q_2'}}_{\text{過去の電気量の和}}$$

$$-C(\overset{\text{高い}}{E}-\overset{\text{低い}}{V_{P3}})+2C(\overset{\text{高い}}{V_{P3}}-\overset{\text{低い}}{0}) = \left(-\frac{2}{3}CE\right)+\frac{22}{15}CE$$

$$3CV_{P3} = \frac{9}{5}CE \quad \therefore \quad V_{P3} = \frac{3}{5}E$$

電気量 Q_1''，Q_2'' はそれぞれ，

$$Q_1'' = C(E-V_{P3}) = C\left(E-\frac{3}{5}E\right) = \frac{2}{5}CE,\quad Q_2'' = 2C(V_{P3}-0) = \underline{\boldsymbol{\frac{6}{5}CE}}$$

CHAPTER 4 電磁気

59 オームの法則の証明

答

(a) $\dfrac{V}{l}$ (b) $\dfrac{eV}{ml}T$ (c) $\dfrac{e^2V^2T^2}{2ml^2}$

(d) $\dfrac{2l}{v_0}$ (e) eV (f) nSl

(g) $nSlw$ (h) $\dfrac{1}{2}nSv_0eV$ (i) $enS\dfrac{v_0}{2}$

解答への道しるべ

GR 1 消費電力

単位時間あたりに電子が正イオンに衝突することで失われる運動エネルギーは単位時間あたりに抵抗で発生するジュール熱。

解説

問1

(a) 電界の強さ $E = \boldsymbol{\dfrac{V}{l}}$

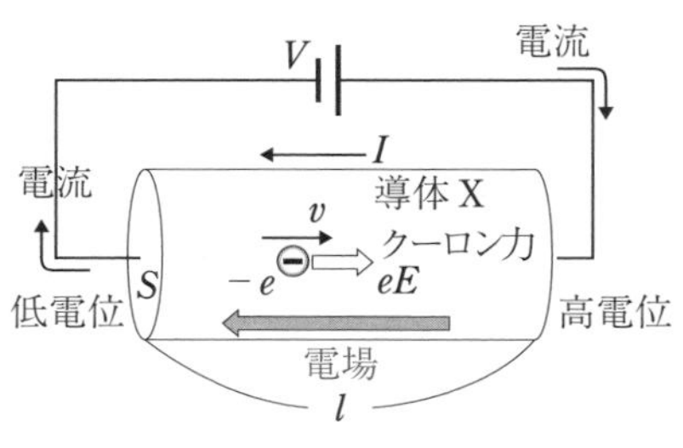

(b) 電子が電界から受ける力の大きさは $eE = e\dfrac{V}{l}$ なので，電子の加速度を a とおくと，運動方程式より，

$$ma = e\frac{V}{l} \quad \therefore \quad a = \frac{eV}{ml}$$

よって，初速0から加速度 a で時間 T だけ加速した電子の速さ v_0 は，

$$v_0 = 0 + aT = \boldsymbol{\frac{eV}{ml}T}$$

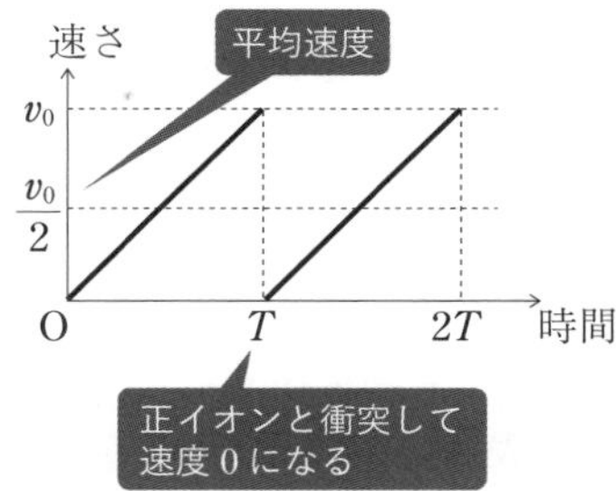

(c) 速さ v_0 の電子の運動エネルギー K は,

$$K = \frac{1}{2}mv_0{}^2 = \underline{\boldsymbol{\frac{e^2V^2T^2}{2ml^2}}}$$

(d) 求める時間 T_x は速さ $\frac{v_0}{2}$ で距離 l を進む時間なので,

$$T_x = \frac{l}{\frac{v_0}{2}} = \underline{\boldsymbol{\frac{2l}{v_0}}}$$

(e) 時間 T ごとに正イオンと衝突するので，時間 T_x の間では電子が正イオンと $\frac{T_x}{T}$ 回衝突する。正イオンに1回衝突すると，K の運動エネルギーを失う(正イオンに与える)ので,

$$\underbrace{w}_{\text{導体Xを通り抜けるまでに失う運動エネルギー}} = \underbrace{K}_{\text{1回の衝突で失う運動エネルギー}} \times \underbrace{\frac{T_x}{T}}_{\text{衝突回数}} = \frac{e^2V^2T^2}{2ml^2} \times \frac{2l}{v_0} \times \frac{1}{T} = \underline{\boldsymbol{eV}}$$

((b)を代入)

(f) 導体の体積は Sl なので，導体中の自由電子の数は，$\underline{\boldsymbol{nSl}}$

体積 Sl〔m³〕の円柱

導体X

S　$-e$　l

電子数密度 n〔個/m³〕

(g) $\underline{\boldsymbol{nSlw}}$

(h) 時間 T_x で正イオンに与える運動エネルギーが $nSlw$ なので，(d)と(g)を用いて，単位時間あたりに正イオンに与える運動エネルギーは,

$$\frac{nSlw}{T_x} = nSl\,eV \div \frac{2l}{v_0} = \underline{\boldsymbol{\frac{1}{2}nSv_0eV}} \quad \cdots\cdots①$$

(i) 時間 T_x で nSl 個の電子が断面積 S を通り抜けるので，単位時間あたりに通り抜ける電気量が電流 I となるので,

$$I = e \times \frac{nSl}{T_x} = \underline{\boldsymbol{enS\frac{v_0}{2}}} \quad \cdots\cdots②$$

電子の平均の速度 $\overline{v} = \frac{v_0}{2}$ であるから,

$I = enS\overline{v}$

と表せる。

電流の強さ I〔A〕

公式：　$\boldsymbol{I = enS\overline{v}}$

電気素量：e〔C〕
電子数密度：n〔個/m³〕
断面積：S〔m²〕
電子の平均速度：$\overline{v}$〔m/s〕

CHAPTER 4　電磁気

［補足］

①式は単位時間あたりに抵抗で発生するジュール熱(消費電力)Pといえる。①式より，

$$P = \underbrace{\frac{1}{2} nSv_0 e}_{②式より} \times V = IV$$

$\bar{v} = \frac{v_0}{2} = \frac{eV}{2ml} T$を$I = enS\bar{v}$に代入して，

$$I = enS\bar{v} = enS \times \frac{eV}{2ml} T$$

Vについて解くと，

$$V = \frac{2ml}{e^2nST} \times I = R \times I$$

オームの法則

また，Rに注目して，

$$R = \underbrace{\frac{2m}{e^2nT}}_{\rho とおく} \times \frac{l}{S} = \rho \times \frac{l}{S}$$

抵抗での消費電力 P〔W〕

公式： $\boldsymbol{P = IV = RI^2 = \frac{V^2}{R}}$

抵抗での抵抗値：R〔Ω〕
抵抗の両端の電圧：V〔V〕
電流：I〔A〕

オームの法則

公式： $\boldsymbol{V = RI}$

抵抗での抵抗値：R〔Ω〕
抵抗の両端の電圧：V〔V〕
電流：I〔A〕

抵抗 R〔Ω〕

公式： $\boldsymbol{R = \rho \frac{l}{S}}$

抵抗の長さ：l〔m〕
抵抗率：ρ〔Ω・m〕
断面積：S〔m^2〕

60 キルヒホッフの法則

問1　E→Bの向きに大きさ1A

問2　$P_1 = 16$ W　$P_2 = 1$ W　$P_3 = 27$ W　$P = 44$ W

問3　$W_{E1} = 24$ W　$W_{E2} = 20$ W

解答への道しるべ

GR 1 抵抗回路の問題の解き方

抵抗のみの回路の問題では，キルヒホッフ第1法則と第2法則を立てる。

GR 2 回路のエネルギー保存則

エネルギー保存則より，

各抵抗での消費電力の和＝電池が供給した電力の和

となる。これを用いれば，問2の全抵抗での消費電力の和は電池が供給した電力の和となるので，$W_{E1}+W_{E2}=44\ \mathrm{W}$ と求めると簡単になる。

解説

CHAPTER 4 電磁気

問1

STEP 1　各抵抗に流れる電流を定める。電流の向きがわからない場合は適当に定めてもよい

電流を定めるときは，電池のプラス極から流れ出るように回路に注いでいけばよい。今回は8Vの電池のプラス極側から電流Iが流れていくことにする。点Bで分流するが，**分流させるときに，電流の向きがわからない場合は適当に電流の向きを定めてよい**。EB間の1Ωの抵抗の電流の向きが右か左かわからないので，今回はB→Eの向きに電流が流れると仮定する。点BでB→Eに流れるとしたので，B→Cへ電流が$I-i$だけ流れることになる。

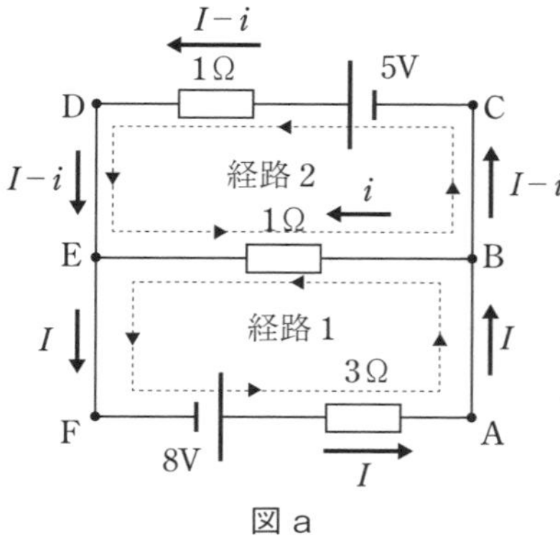

図a

POINT

電流を定めるときは，未知数をなるべく少なくするようにする。BC間の電流をI_{BC}と定めて，$I_{BC}=I-i$というキルヒホッフ第1法則を立てることもできるが，定める文字が少ないほうが解きやすいので，なるべく少ない文字にしよう。

STEP 2　1周りする経路を決める

キルヒホッフ第2法則より

経路1：　$+8 - 3\times I - 1\times i = 0$　……①

- $+$：のぼる（電池を通過）
- $-$：くだる（抵抗3Ω（坂道）をくだる）
- $-$：くだる（抵抗1Ω（坂道）をくだる）
- 0：点Fに戻ってきたので，もとの電位(高さ)

経路2：　$+5 - 1\times(I-i) + 1\times i = 0$　……②

- $+$：のぼる（電池を通過）
- $-$：くだる（抵抗1Ω（坂道）をくだる）
- $+$：のぼる（抵抗1Ω（坂道）をのぼる）
- 0：点Cに戻ってきたので，もとの電位（高さ）

①式と②式を連立して，

$I = 3\,\mathrm{A},\ i = -1\,\mathrm{A}$

（$-$：定めた電流の向きと逆向き）

B→Eへ電流が流れると仮定したが，求めた電流iが負の値なので，電流は反対向きに流れていたことがわかる。したがって，**E→Bの向きに大きさ1A**の電流が流れる。

問2

$P_1 = 1\times(I-i)^2 = 1\times\{3-(-1)\}^2 = \mathbf{16}$〔W〕

$P_2 = 1\times i^2 = 1\times(-1)^2 = \mathbf{1}$〔W〕

$P_3 = 3\times I^2 = 3\times 3^2 = \mathbf{27}$〔W〕

したがって，全抵抗での消費電力Pは，

$P = P_1+P_2+P_3 = \mathbf{44}$〔W〕

抵抗での消費電力 P〔W〕

公式：　$P = IV = RI^2 = \dfrac{V^2}{R}$

抵抗での抵抗値：R〔Ω〕
抵抗の両端の電圧：V〔V〕
電流：I〔A〕

問3

POINT

起電力E〔V〕の電池に電流がI〔A〕流れているとき，1秒あたりに電池がする仕事(電池の供給電力)W_E〔W〕は以下のように表される。

$\boldsymbol{W_E = IE}$　単位：〔W〕＝〔J/s〕

60 キルヒホッフの法則

$W_{E1} = I \times 8 = 3 \times 8 = \underline{\mathbf{24}}$〔W〕
$W_{E2} = (I - i) \times 5$
$= \{3 - (-1)\} \times 5 = \underline{\mathbf{20}}$〔W〕 ― $W_{E1} + W_{E2} = P$となる

61 コンデンサーの過渡現象

答

問1　$i_1 = 1\,\mathrm{A}$　$i_2 = 0\,\mathrm{A}$　$i_3 = 1\,\mathrm{A}$

問2　$i_1 = 0.2\,\mathrm{A}$　$i_2 = 0.2\,\mathrm{A}$　$i_3 = 0\,\mathrm{A}$　　問3　$q = 40\,\mu\mathrm{C}$

問4　解説参照　　問5　解説参照

解答への道しるべ

GR 1 スイッチを閉じた直後と十分に時間が経過した後のコンデンサーの処理

スイッチを閉じた直後 ➡ コンデンサーは導線とみなす。

スイッチを閉じて十分に時間が経過した後 ➡ コンデンサーに注ぎ込む電流を0とする。

解説

$R_1 = 10\,\Omega$，$R_2 = 40\,\Omega$，$E = 10\,\mathrm{V}$とする。図aはスイッチを入れて少し時間が経過したときの回路の様子である。**コンデンサーの過渡現象（充電されるまでの時間変化がテーマ）**では，回路素子（抵抗やコンデンサー）をすべて経由するような経路を選んで1周しよう。1まわりで回路素子がすべて経由できない場合は複数の経路を選択すること。キルヒホッフ第2法則より，

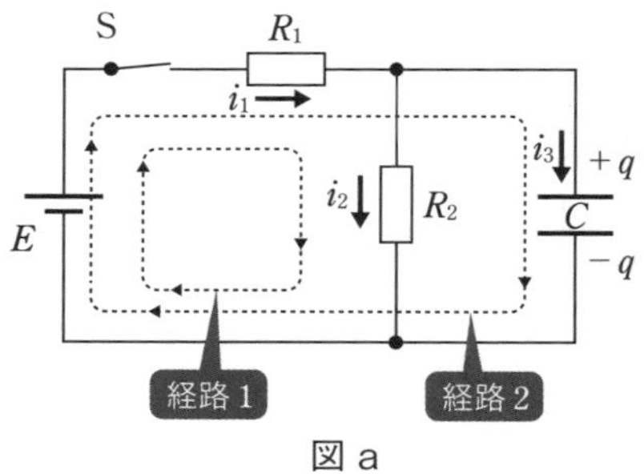

図a

経路 1： $\underset{\text{電池を通過}}{+E}$ $\underset{\text{抵抗 R}_1\text{をくだる}}{-R_1 i_1}$ $\underset{\text{抵抗 R}_2\text{をくだる}}{-R_2 i_2}$ $= 0$……①

経路 2： $\underset{\text{電池を通過}}{+E}$ $\underset{\text{抵抗 R}_1\text{をくだる}}{-R_1 i_1}$ $\underset{\text{コンデンサーをくだる}}{-\dfrac{q}{C}}$ $= 0$……②

問 1

S を閉じた直後コンデンサーには電荷は蓄えられていないので，$q = 0$ とおく。②式より，

$$+E - R_1 i_1 - \frac{0}{C} = 0 \quad \therefore \quad i_1 = \frac{E}{R_1} = \frac{10}{10} = \mathbf{1}\ \text{〔A〕}$$

S を閉じた直後，コンデンサーは導線

①式より，

$$R_2 i_2 = E - R_1 i_1$$

$$R_2 i_2 = E - R_1 \times \frac{E}{R_1} = 0$$

$$\therefore \quad i_2 = \mathbf{0}\ \text{〔A〕}$$

キルヒホッフ第 1 法則より，

$$i_2 + i_3 = i_1 \quad \text{……③}$$

$i_1 = \dfrac{E}{R_1}$，$i_2 = 0$ より，

$$i_3 = i_1 = \frac{E}{R_1} = \frac{10}{10} = \mathbf{1}\ \text{〔A〕}$$

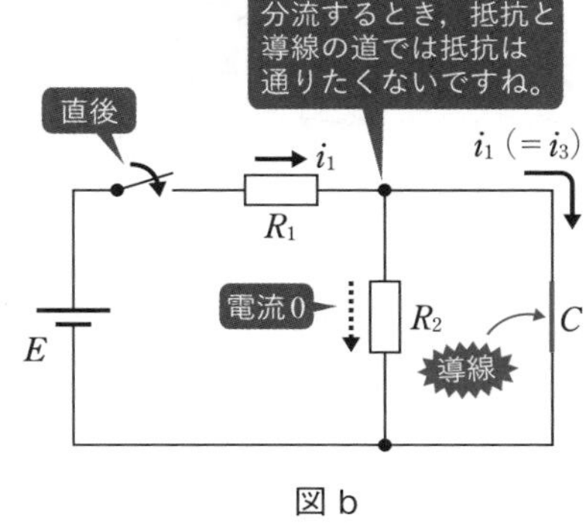

図 b

スイッチを入れた直後のコンデンサーの処理

スイッチを入れた直後，コンデンサーの電気量はスイッチを入れる前の状態の電気量（初期値）にしておく。

コンデンサーにはじめ電気量が蓄えられていないのであればコンデンサーの両端の電位差は 0 となり，コンデンサーは導線のように扱える。

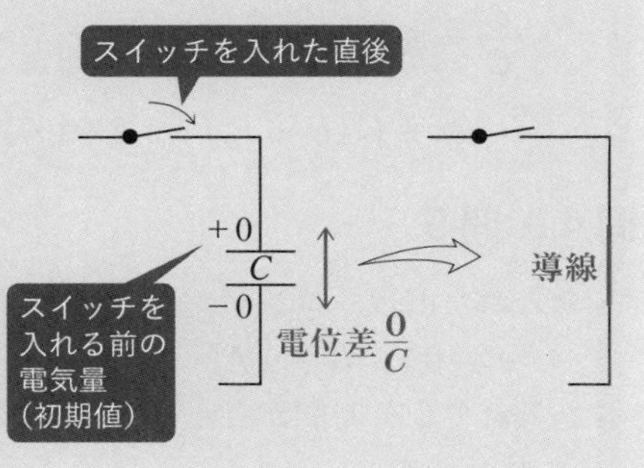

61 コンデンサーの過渡現象

問2

Sを閉じて十分に時間が経過した後，コンデンサーは充電されているので，コンデンサーに注ぎ込む電流は0となる。

よって，$\underline{\boldsymbol{i_3 = 0}}$ となる。

キルヒホッフ第1法則より，

$$i_2 + i_3 = i_1 \quad \therefore \quad i_2 = i_1$$

また，①式より，$i_2 = i_1$ として，

$+E - R_1 i_1 - R_2 i_1 = 0$ より，

$$\therefore \quad i_1 = \frac{E}{R_1 + R_2} = \frac{10}{10 + 40} = \underline{\mathbf{0.2}} \text{〔A〕}$$

また，$i_2 = i_1$ より，$i_2 = \underline{\mathbf{0.2}}$〔A〕

図C

スイッチを入れて十分時間が経過した後のコンデンサーの処理

スイッチを入れて十分時間が経過した後は，コンデンサーの電気量は満タンなので，注ぎ込む電流を0とする。

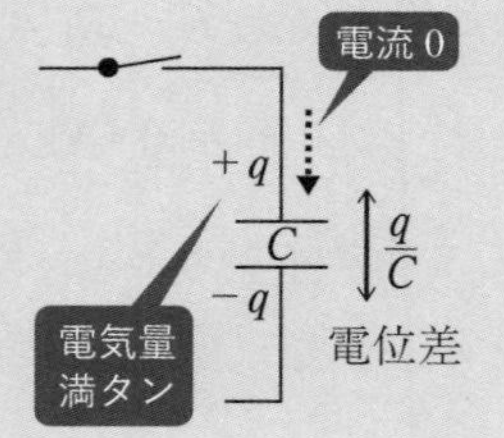

問3

②式より，

$$\frac{q}{C} = E - R_1 i_1$$

$$\therefore \quad q = C(E - R_1 i_1) = 5 \times 10^{-6} \times (10 - 2) = \underline{\mathbf{40}} \text{〔}\mu\text{C〕}$$

問4・問5

・Sを入れた直後，コンデンサーはCは導線とみなせる。

$\{v = 0\,\text{V},\ i_3 = 1\,\text{A}\}$

・Sを入れて十分時間がたった後，コンデンサーCは満タン。

$\{v = 8\,\text{V},\ i_3 = 0\,\text{A}\}$

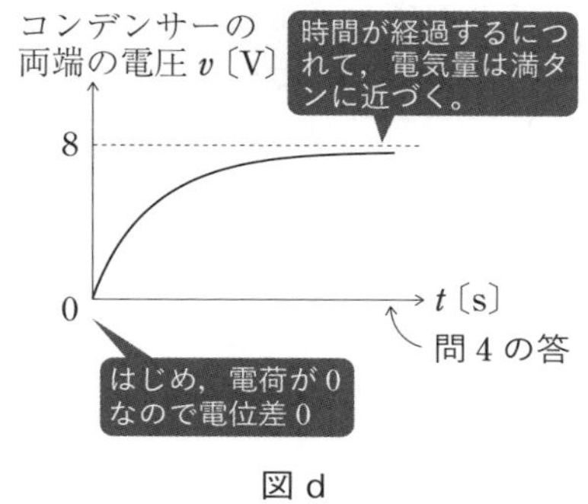

図 d

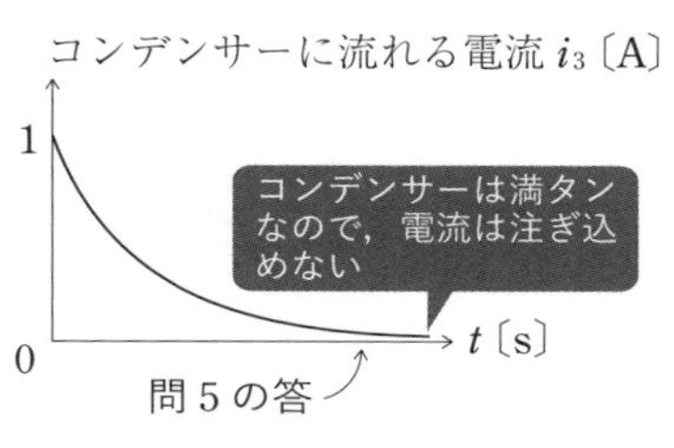

図 e

62 コンデンサーを含む直流回路

答

問1　$V_{KN} = 4.4\,\mathrm{V}$　　問2　$Q_1 = 132\,\mu\mathrm{C}\ (= 1.32 \times 10^{-4}\,\mathrm{C})$

問3　$115\,\mu\mathrm{C}$

解答への道しるべ

GR 1 コンデンサーを含む直流回路問題の解き方

回路に流れる電流を求め，孤立部分の電荷保存を立てる。

解説

問1

STEP 1　各コンデンサーに注ぎ込む電流を0とする

十分時間が経過した後，C_1，C_2 は満タンなので，図aのように，コンデンサーに注ぎ込む電流は0となる。

STEP 2　各コンデンサーに蓄えられる電気量を定める（極板に蓄えられる電気量の符号がわからない場合は適当に定めてよい）

図aのように，コンデンサー C_1，C_2 に蓄えられる電気量をそれぞれ Q_1，Q_2 とする。

STEP 3　回路に電流が流れるかチェックし，キルヒホッフ第２法則より，電流を求める

点 K では電流は分流しないので，R_1，R_2，R_3 の抵抗には共通な電流 I が流れる。キルヒホッフ第２法則より，回路を１周してみると，

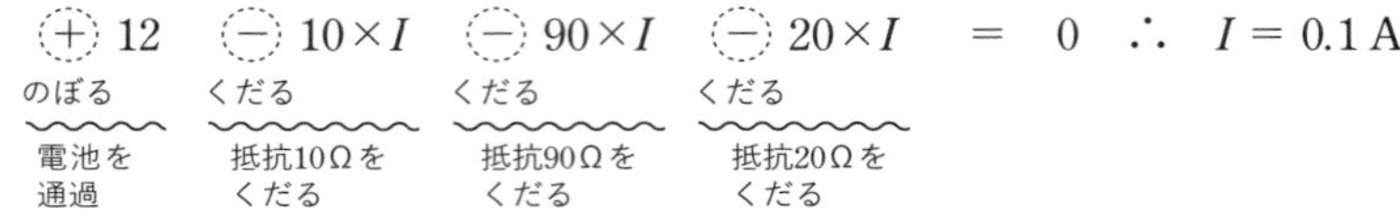

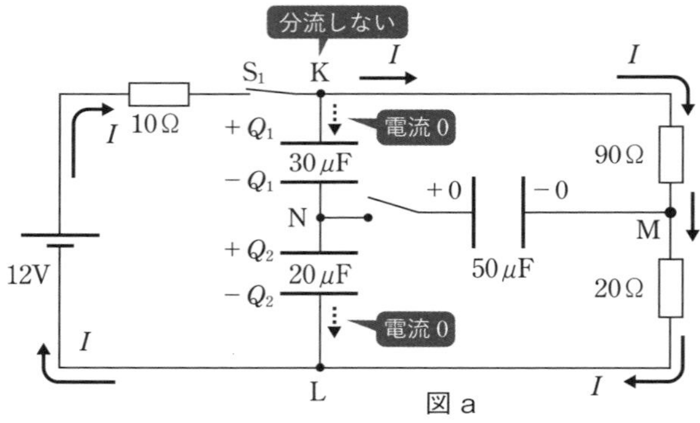

図 a

STEP 4　各点の電位をチェックし，電荷保存の式を立てる

アースがないときは電位の基準を適当に定めてよい。今回は，点 L を電位の基準(0 V)と仮定して，図 b のように，電位をチェックしていく。点 K は 11 V，点 M は 2 V，点 N はわからないので V_{N1} と定める。

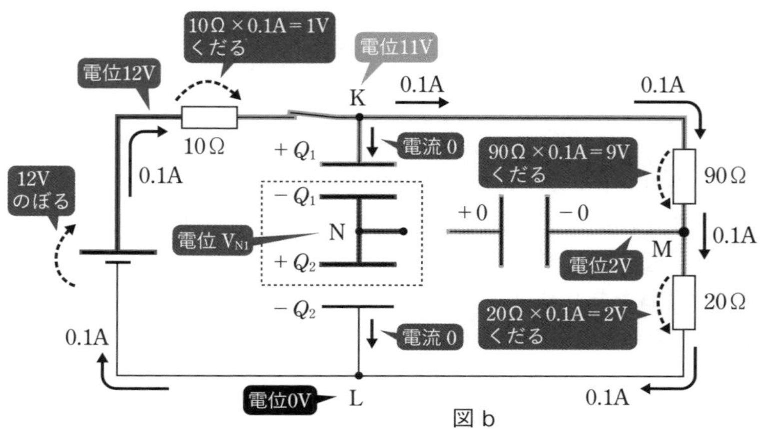

図 b

図bの孤立部分（ $-Q_1$ / $+Q_2$ ）における電荷保存より，

$$\underbrace{-Q_1}_{C_1\text{の下の極板電荷}} + \underbrace{Q_2}_{C_2\text{の上の極板電荷}} = \underbrace{0}_{C_1\text{の下の極板電荷}} + \underbrace{0}_{C_2\text{の上の極板電荷}}$$

（左辺：現在の電気量の和，右辺：過去の電気量の和）

はじめ，C_1とC_2には電荷がなかった

$$-30\mu\times(\overset{\text{高い}}{11}-\overset{\text{低い}}{V_{N1}})+20\mu(\overset{\text{高い}}{V_{N1}}-\overset{\text{低い}}{0})=0$$

$Q=CV$の式を用いている

$$\therefore\quad V_{N1}=6.6\,\mathrm{V}$$

したがって，KN間の電圧V_{KN}は，$V_{KN}=11-V_{N1}=\underline{\mathbf{4.4}}$〔V〕

Q_1，Q_2はそれぞれ以下のように求まる。

$$Q_1=30\mu\times(11-V_{N1})=132\,\mu\mathrm{C}$$

$$Q_2=20\mu\times(V_{N1}-0)=132\,\mu\mathrm{C}$$

問2

コンデンサーC_1に蓄えられている電気量は，

$$Q_1=\underline{\mathbf{132}}\text{〔}\mu C\text{〕}$$

問3

S_2を閉じて十分時間が経過した後，C_1，C_2，C_3は満タンなので，図cのように，各コンデンサーに注ぎ込む電流は0となる。C_1，C_2，C_3に蓄えられる電気量をそれぞれQ_1'，Q_2'，Q_3'とする。点Mと点Nの電位はどちらが高いかはわからないので，点Mが点Nより高電位と仮定して，C_3の右側の極板にプラスの電荷が蓄えられると仮定してみる。

点Kで電流は分流しないので，R_1，R_2，R_3の抵抗には共通な電流Iが流れる。キルヒホッフ第2法則より，回路を1周してみると，

$$\underbrace{\overset{\text{のぼる}}{⊕\,12}}_{\text{電池を通過}}\ \underbrace{\overset{\text{くだる}}{⊖\,10\times I}}_{\text{抵抗}10\Omega\text{をくだる}}\ \underbrace{\overset{\text{くだる}}{⊖\,90\times I}}_{\text{抵抗}90\Omega\text{をくだる}}\ \underbrace{\overset{\text{くだる}}{⊖\,20\times I}}_{\text{抵抗}20\Omega\text{をくだる}}=0\quad\therefore\quad I=0.1\,\mathrm{A}$$

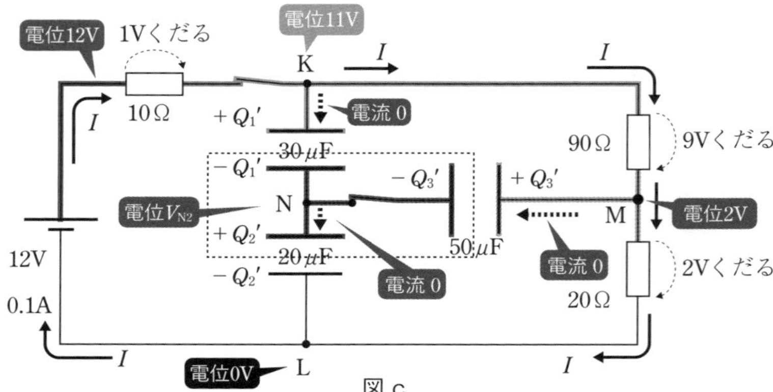

図 c

問1と同様に，点Lを電位の基準(0 V)と仮定して，図cのように，電位をチェックしていく。各抵抗に流れる電流の値は問1と比べて変化がなかったので，各点の電位にも今回は変化がない。点Kは11 V，点Mは2 V，点NはわからないのでV_{N2}と定める。

図cの孤立部分

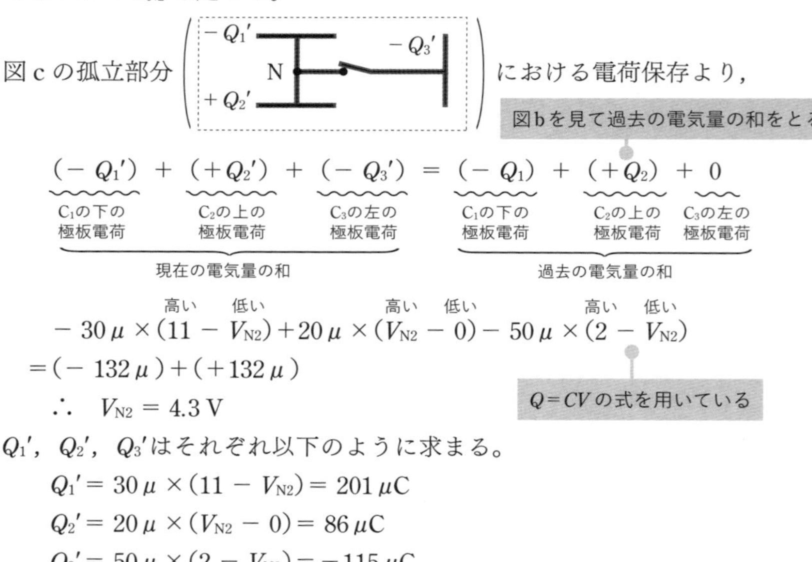

における電荷保存より，

図bを見て過去の電気量の和をとる

$$\underbrace{(-Q_1')}_{C_1\text{の下の極板電荷}} + \underbrace{(+Q_2')}_{C_2\text{の上の極板電荷}} + \underbrace{(-Q_3')}_{C_3\text{の左の極板電荷}} = \underbrace{(-Q_1)}_{C_1\text{の下の極板電荷}} + \underbrace{(+Q_2)}_{C_2\text{の上の極板電荷}} + \underbrace{0}_{C_3\text{の左の極板電荷}}$$

現在の電気量の和　　　過去の電気量の和

$$-30\mu\times(\overset{\text{高い}}{11}-\overset{\text{低い}}{V_{N2}})+20\mu\times(\overset{\text{高い}}{V_{N2}}-\overset{\text{低い}}{0})-50\mu\times(\overset{\text{高い}}{2}-\overset{\text{低い}}{V_{N2}})$$

$$=(-132\mu)+(+132\mu)$$

$$\therefore\quad V_{N2}=4.3\text{ V}$$

$Q=CV$の式を用いている

Q_1'，Q_2'，Q_3'はそれぞれ以下のように求まる。

$$Q_1'=30\mu\times(11-V_{N2})=201\,\mu\text{C}$$

$$Q_2'=20\mu\times(V_{N2}-0)=86\,\mu\text{C}$$

$$Q_3'=50\mu\times(2-V_{N2})=-115\,\mu\text{C}$$

Q_3'の符号がマイナスなので，**定めた極板の符号が逆**であることがわかる。したがって，C_3のN側の極板に蓄えられる電気量$-Q_3'$は，

$$-Q_3'=-(-115\,\mu\text{C})=\underline{\mathbf{115}}\,[\mu\text{C}]$$

63 平行電流間に働く力

答

問 1 $\dfrac{\sqrt{2}\,I}{2\pi a}$, ⑧　　問 2 $\dfrac{2I}{\pi a}$, ①

問 3 $\dfrac{\mu_0 I^2 l}{2\pi a}$, ①　　問 4 $\dfrac{\sqrt{2}\,\mu_0 I^2 l}{2\pi a}$, ⑧

解答への道しるべ

GR 1 電流が磁場から受ける力

平行電流が受ける力は２本の電流の向きが同じ向きなら引力，逆向きなら反発力

解説

直線電流がつくる磁場

図のように，十分に長い導線を流れる直線電流がつくる磁場は，電流に垂直な平面内で同心円状になっている。

公式：$\boldsymbol{H = \dfrac{I}{2\pi r}}$ 〔A/m〕

直線電流がつくる磁場

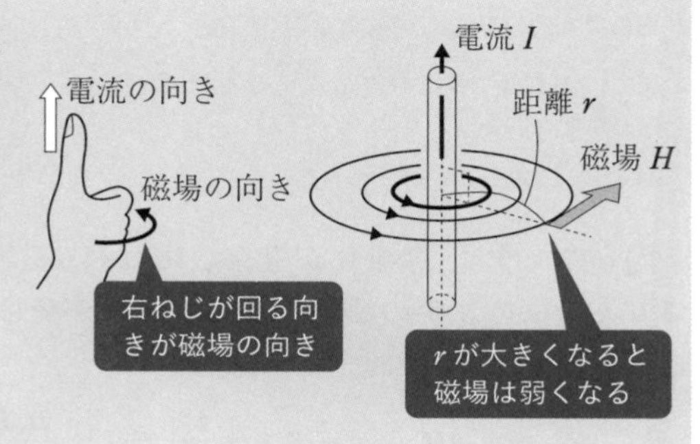

問 1

導線 A が O につくる磁場の向きは⑧

強さ H_{AO} は,

$$H_{AO} = \frac{I}{2\pi\left(\frac{\sqrt{2}}{2}a\right)} = \boldsymbol{\frac{\sqrt{2}\,I}{2\pi a}}$$

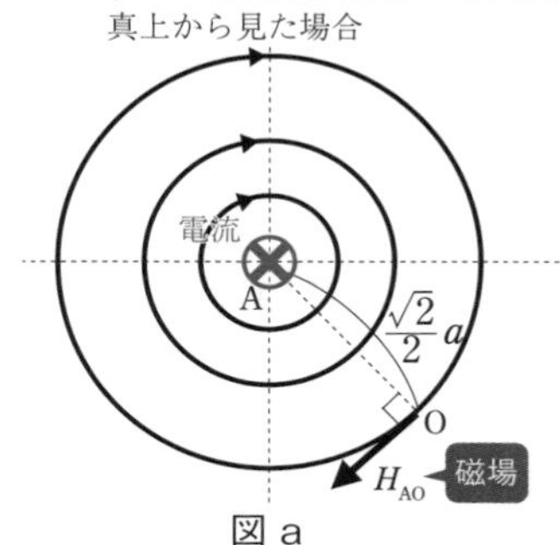

図 a

問2

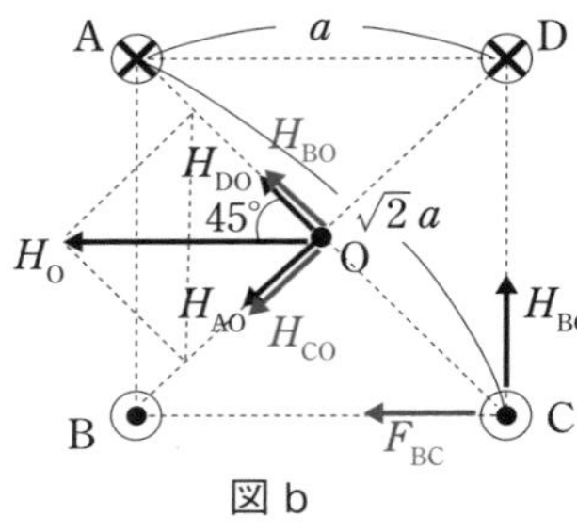

図 b

導線 A，B，C，D が O につくる磁場の大きさをそれぞれ，H_{AO}，H_{BO}，H_{CO}，H_{DO} とする。これらの磁場はすべて大きさが等しいので，磁場の向きは<u>①</u>となる。また，強さ H_O は，

$$H_O = (H_{BO} + H_{DO})\cos 45^\circ \times 2$$
$$= \frac{\sqrt{2}\,I}{\pi a} \times \frac{1}{\sqrt{2}} \times 2$$
$$= \underline{\boldsymbol{\frac{2I}{\pi a}}}$$

問3

電流が磁場から受ける力 F〔N〕

公式：
$$\boldsymbol{F = \mu IHl}$$
$$\boldsymbol{〔= IBl〕}$$

電流：I〔A〕　磁場：H〔A/m〕
透磁率 μ〔N/A²〕　導線の長さ：l〔m〕

※力の向きはフレミングの左手の法則にしたがう向き

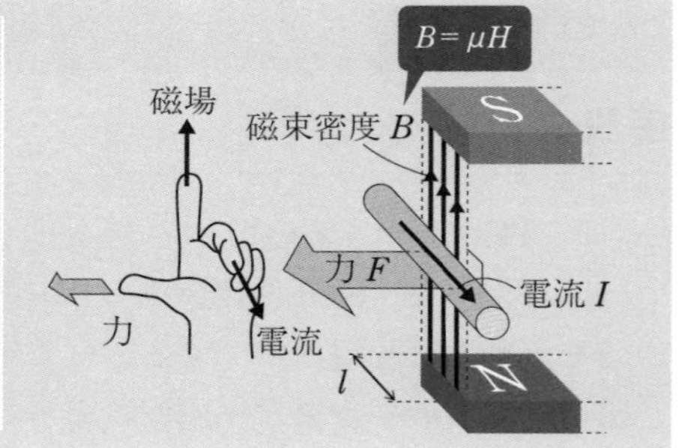

図 c のように，導線 B が導線 C につくる磁場 H_{BC} の向きは図 c の向きとなり，フレミングの左手の法則より，導線 C が受ける力の向きは<u>①</u>となる。C が受ける力の大きさ F_{BC} は，

$$F_{BC} = \mu_0 IH_{BC}l = \mu_0 I \times \frac{I}{2\pi a} \times l = \underline{\boldsymbol{\frac{\mu_0 I^2 l}{2\pi a}}}$$

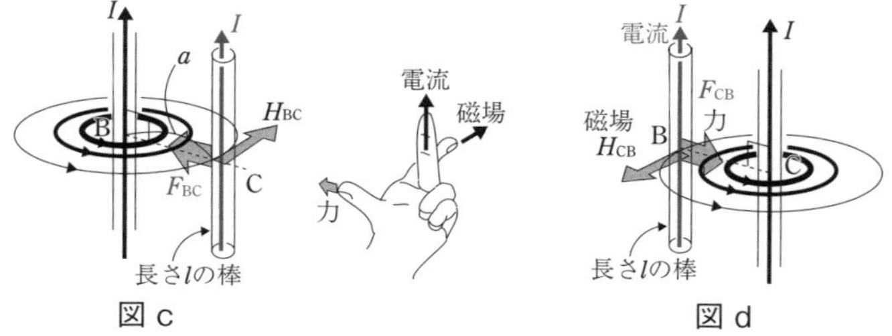

図 c　　図 d

※図 d のように，導線 B が受ける力を考えてみる。導線 C がつくる磁場 $H_{\rm CB}$ は図 d の向きとなり，この磁場から B に流れる電流が受ける力は導線 C に向かう向きとなる。C は B に向かう力を受けているので，**B と C はお互い引き合う力**となる。また，その大きさ $F_{\rm CB}$ は

$$F_{\rm CB}=\mu_0 IH_{\rm CB}l=\mu_0 I\times\frac{I}{2\pi a}\times l=\frac{\mu_0 I^2 l}{2\pi a}$$

となり，$F_{\rm CB}=F_{\rm BC}$ である。よって，**２本の導線が平行に並んで同じ向きに電流が流れていると引力が働く。また，逆向きに電流が流れていると反発力（斥力）**となる。

問４

B と C は電流が同じ向きに流れているので，引力が働き，C と D は電流が逆向きに流れているので斥力となる。C が D から受ける力を $F_{\rm DC}$ とすると，$F_{\rm DC}$ の向きは図の向きとなる。$F_{\rm DC}=F_{\rm BC}$ より，合力 F の向きは⑧となり，その力の大きさは $F_{\rm BC}$ の $\sqrt{2}$ 倍だから，

$$F=\sqrt{2}\,F_{\rm BC}=\boldsymbol{\frac{\sqrt{2}\,\mu_0 I^2 l}{2\pi a}}$$

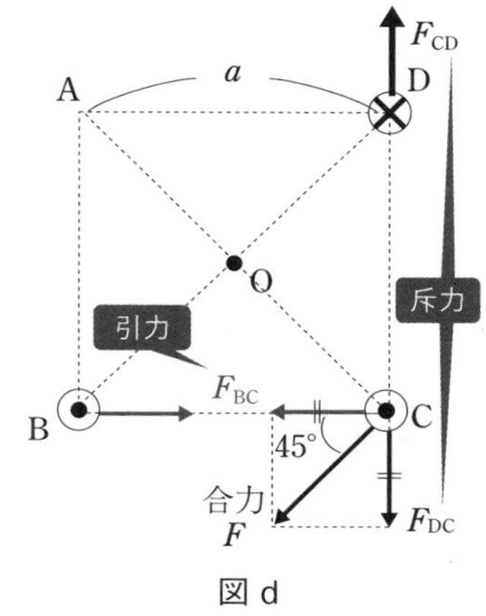

図 d

64　ローレンツ力によるらせん運動

問１　$\left(\dfrac{mv}{qB},\ 0,\ 0\right)$，$T=\dfrac{2\pi m}{qB}$

問２　z 軸の正方向に速さ v の等速直線運動

問３　(a)　らせん運動　　(b)　$\mathrm{OP}=\dfrac{2\pi mv\sin\theta}{qB}$

解答への道しるべ

GR 1 磁場と速度が平行な場合

磁場と速度の向きが平行な場合はローレンツ力を受けない。

解説

問1

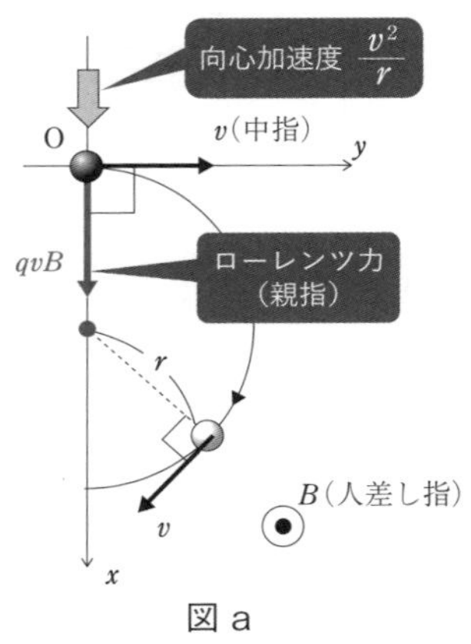

図 a

円の半径を r として，中心方向の運動方程式は，

$$m\cdot\frac{v^2}{r}=qvB \quad \therefore \quad r=\frac{mv}{qB}$$

したがって，中心点の座標は

$$(x_0,\ y_0,\ z_0)=(r,\ 0,\ 0)=\underline{\left(\boldsymbol{\frac{mv}{qB}},\ \mathbf{0},\ \mathbf{0}\right)}$$

また，1周するのに要する時間(周期)T は，

$$T=\frac{2\pi r}{v}=\frac{2\pi}{v}\times\frac{mv}{qB}=\underline{\boldsymbol{\frac{2\pi m}{qB}}}$$

速度に無関係

問2

速度の向きと磁束密度の向きが平行となるので，粒子にローレンツ力は働かない。したがって，**荷電粒子は z 軸の正の方向に，速さ v の等速直線運動を行う**。

問3

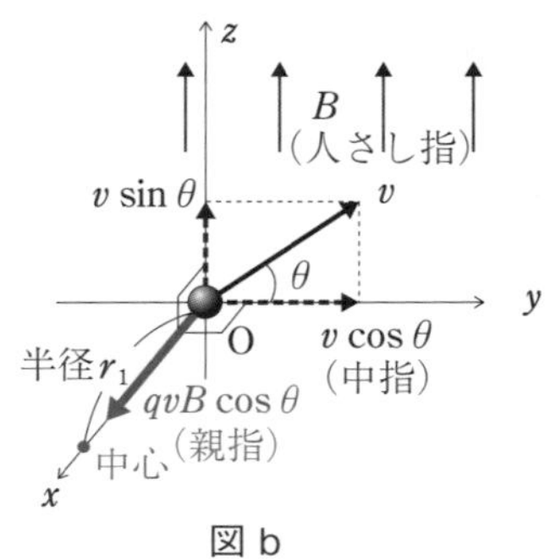

図 b

(a) 粒子の速度 v を，磁束密度 B の方向に分解すると $v\sin\theta$，B に垂直な方向に分解すると $v\cos\theta$ となる。荷電粒子が磁束密度の方向に運動しても，**磁場からは力を受けないので，z 軸方向には等速直線運動をする**。また，磁束密度と垂直に運動すると，粒子は磁場からローレンツ力を受け，**等速円運動する**。以上のことから，この荷電粒子は**らせん運動**する。

(b)　$+z$ 方向から見ると，図cのように，粒子は等速円運動して見える。円運動の半径を r_1 として，中心方向の運動方程式は，

$$m\cdot\underbrace{\frac{(v\cos\theta)^2}{r_1}}_{\text{加速度}}=+q\cdot v\cos\theta\cdot B$$

$$\therefore\quad r_1=\frac{mv\cos\theta}{qB}$$

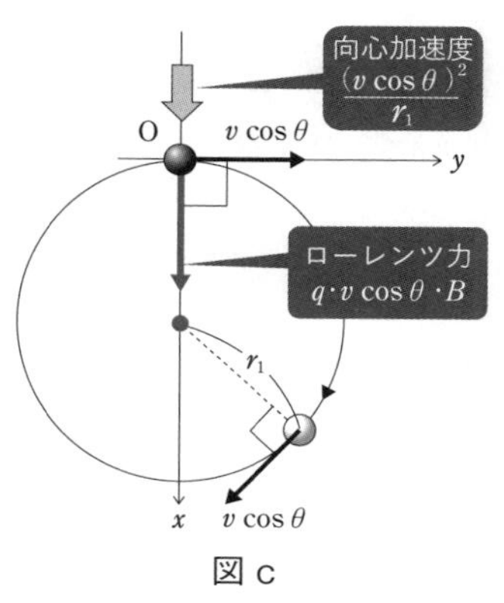

図c

原点Oから荷電粒子が打ち出されてから，次に初めて z 軸と交わるまでの時間は，円運動の周期と等しいので，

$$T_1=\frac{2\pi r_1}{v\cos\theta}=\frac{2\pi}{v\cos\theta}\times\frac{mv\cos\theta}{qB}$$

$$=\frac{2\pi m}{qB}$$

また，粒子は，時間 T_1 の間に，$+z$ 方向に，速さ $v\sin\theta$ で，OPだけ移動することになるので，

$$\mathrm{OP}=v\sin\theta\times T_1=\underline{\boldsymbol{\frac{2\pi mv\sin\theta}{qB}}}$$

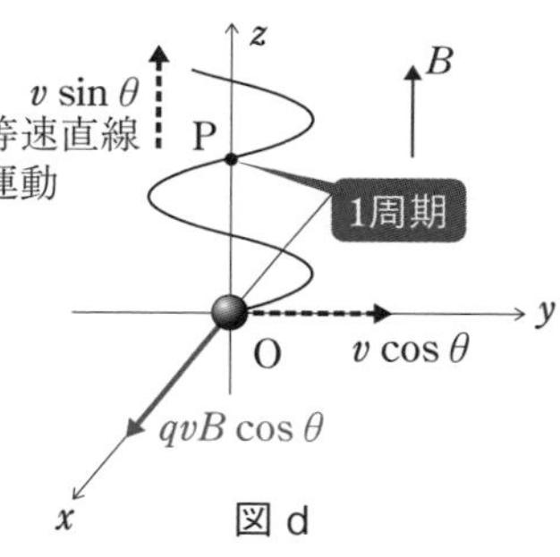

図d

65　トムソンの実験

答

問1　$a_1=\dfrac{eE}{m}$　　問2　$t_1=\dfrac{d}{v}$，$v_y=\dfrac{eEd}{mv}$

問3　$y_1=\dfrac{eEd^2}{2mv^2}$　　問4　$\delta_1=\dfrac{e}{m}\left(\dfrac{Ed^2+2EdD}{2v^2}\right)$

問5　$v=\sqrt{\dfrac{2eV}{m}}$

問6　この式には $\dfrac{e}{m}$ が入っていないので，比電荷は決められない。

問7　$\delta_2=\dfrac{Bd}{2}\sqrt{\dfrac{e}{2Vm}}\,(d+2D)$

解答への道しるべ

GR 1 **比電荷**

電気量 q を質量 m で割った値：$\dfrac{q}{m}$

解説

問1

図aのように，極板間を通過する間で，電子は大きさ eE の静電気力を鉛直下向きに受ける。鉛直方向の運動方程式より，

$$ma_1 = eE \quad \therefore \quad a_1 = \underline{\boldsymbol{\frac{eE}{m}}}$$

問2

電極間を通過する間は電子の速度の水平成分の大きさ v は一定である。よって，極板間を通過する時間は，

$$t_1 = \underline{\boldsymbol{\frac{d}{v}}}$$

このときの速度の鉛直成分の大きさ v_y は，

$$v_y = 0 + a_1 t_1 = \underline{\boldsymbol{\frac{eEd}{mv}}}$$

問3

等加速度直線運動の公式より，

$$y_1 = \frac{1}{2} a_1 \left(\frac{d}{v} \right)^2 = \underline{\boldsymbol{\frac{eEd^2}{2mv^2}}}$$

問4

極板の端から，ガラス表面に達するまでの時間 t_2 は $t_2 = \dfrac{D}{v}$ である。極板を抜けたあとガラス表面に達するまでの鉛直方向の変位の大きさ y_2 は，

$$y_2 = v_y t_2 = \frac{eEd}{mv} \times \frac{D}{v} = \frac{eEdD}{mv^2}$$

CHAPTER 4 電磁気

したがって，δ_1 は，

$$\delta_1 = y_1 + y_2 = \frac{eEd^2}{2mv^2} + \frac{eEdD}{mv^2} = \underline{\boldsymbol{\frac{e}{m}\left(\frac{Ed^2+2EdD}{2v^2}\right)}}$$

図 a

問 5

力学的エネルギー保存則より，$\dfrac{1}{2}mv^2 = eV \quad \therefore \quad v = \underline{\boldsymbol{\sqrt{\dfrac{2eV}{m}}}}$

問 6

問 5 の v の値を問 4 の δ_1 に代入すると，

$$\delta_1 = \frac{e}{m}\left(\frac{Ed^2+2EdD}{2v^2}\right) = \frac{e}{m}\left(\frac{Ed^2+2EdD}{2}\right) \times \frac{m}{2eV} = \frac{Ed(d+2D)}{4V}$$

この式には $\boldsymbol{\dfrac{e}{m}}$ が入っていないので，比電荷は決められない。

問 7

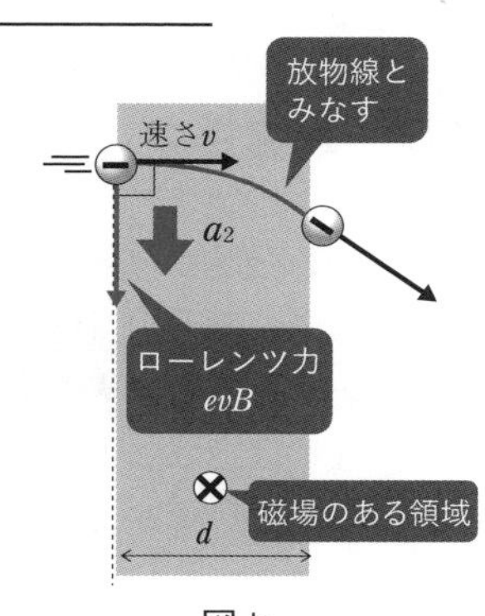

図 b

電子が極板に入射した直後，鉛直下向きに大きさ evB のローレンツ力を受ける。電子がローレンツ力を受けることで生じる加速度の大きさを a_2 とすると，鉛直方向の運動方程式より，

$$ma_2 = evB \quad \therefore \quad a_2 = \frac{evB}{m}$$

となる。a_1 と a_2 を比較すると，問 4 で求めた δ_1

の式で，$\dfrac{eE}{m}$ を $\dfrac{evB}{m}$ に置き換えるだけで δ_2 の式となるから，

$$\delta_2 = \frac{e}{m}\left(\frac{vBd^2+2vBdD}{2v^2}\right) = \frac{e}{m}\left(\frac{Bd^2+2BdD}{2v}\right)$$

$v = \sqrt{\dfrac{2eV}{m}}$ を代入すれば，$\delta_2 = \underline{\boldsymbol{\dfrac{Bd}{2}\sqrt{\dfrac{e}{2Vm}}(d+2D)}}$

ここで，$\delta_2 = \dfrac{Bd}{2}\sqrt{\dfrac{e}{2Vm}}(d+2D)$ より，比電荷は，

$$\frac{e}{m} = \left\{\frac{2\delta_2}{Bd(d+2D)}\right\}^2 \times 2V$$

と表すことができ，δ_2，d，B，D，V を測定すれば，比電荷を求められる。

CHAPTER 4 電磁気

66 ホール効果

答

(a) $enhdv$　(b) Q　(c) 正　(d) 負

(e) evB　(f) vB　(g) $-\dfrac{BI}{enh}$

(h) $-\dfrac{1}{en}$　(i) $n \fallingdotseq 2.1 \times 10^{29}$〔個/$\mathrm{m}^3$〕

解答への道しるべ

GR 1 ホール効果

導体中の電子に働くクーロン力とローレンツ力のつり合いの式を立てよう。

解説

(a) 電流の強さは $I = \underline{\boldsymbol{enhdv}}$

(b) **Q** (c) **正** (d) **負**

(e) ローレンツ力の大きさ $f = \underline{\boldsymbol{evB}}$

(f) 図 a のように，電子がローレンツ力を $+x$ 方向に受けることで，電子は Q 側にたまっていく。

電流の強さ I〔A〕

公式：　$I = enSv$

電気素量：e〔C〕
電子数密度：n〔個/m^3〕
断面積：S〔m^2〕
電子の速度：v〔m/s〕

これにより面Pが高電位，面Qが低電位となり，図cのように，電場が $+x$ 方向に生じる。この帯電による電場の大きさを E とすると，電子に働く力のつり合いより，

$$evB = eE \quad \therefore \quad E = \underline{\boldsymbol{vB}}$$

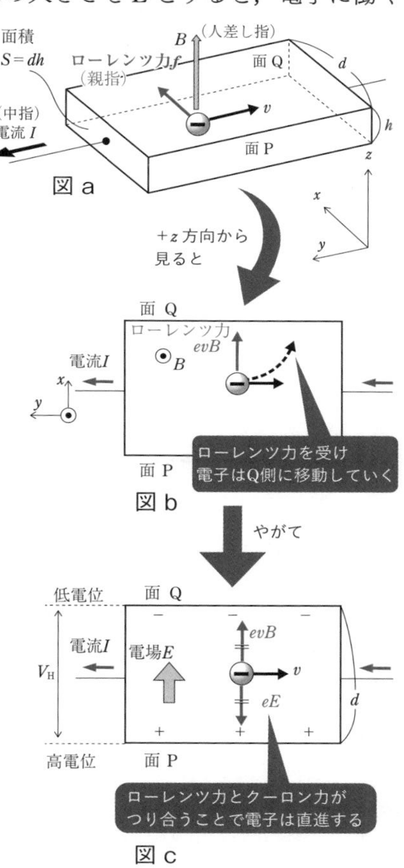

(g)　面Qは面Pより電位が低いので，

$$V_H = -Ed = -vBd$$

(a)の答えを用いて v を消去すると，

$$V_H = -\frac{I}{enhd}Bd = \underline{-\frac{\boldsymbol{BI}}{\boldsymbol{enh}}}$$

(h)　(g)の答えを用いると，

$$\frac{V_H h}{BI} = \underline{-\frac{\mathbf{1}}{\boldsymbol{en}}}$$

(i)　(h)の答えに与えられた値を代入して，

$$\frac{V_H h}{BI} = -\frac{1}{en}$$

$$-3.0\times10^{-11} = -\frac{1}{1.6\times10^{-19}\times n}$$

$$n = \frac{1}{(3.0\times10^{-11})\times(1.6\times10^{-19})}$$

$$\fallingdotseq \underline{\mathbf{2.1\times10^{29}}}\text{〔個/m}^3\text{〕}$$

67 磁場内を運動するコイル

答

(a) a → b → c → d → a　(b) $\dfrac{\mu_0 I_1}{2\pi r}$　(c) $-z$ 方向

(d) $\dfrac{\mu_0 I_1 ev}{2\pi r}$　(e) $-y$ 方向　(f) $\dfrac{\mu_0 I_1 v}{2\pi r}$

(g) $+y$ 方向　(h) $\dfrac{\mu_0 I_1 lv}{2\pi r}$　(i) $\dfrac{\mu_0 v I_1 l}{2\pi(r+h)}$

(j) $\dfrac{\mu_0 v I_1 lh}{2\pi r(r+h)}$　(k) $\dfrac{\mu_0 v I_1 lh}{2\pi rR(r+h)}$

(l) $\dfrac{\mu_0 I_1 I_2 l h}{2\pi r(r+h)}$　(m) $-x$ 方向

解答への道しるべ

GR 1 磁場を横切る導体棒の誘導起電力

磁場を横切る導体棒の誘導起電力は $V = Blv$

解説

(a) **a → b → c → d → a**

(b)と(c)　図 b は $+y$ 方向から見た磁場の様子である。辺 ab につくられる磁場の向きは **$-z$ 方向**(c)であり，その大きさ H_{ab} は

$$H_{ab} = \frac{I_1}{2\pi r}$$

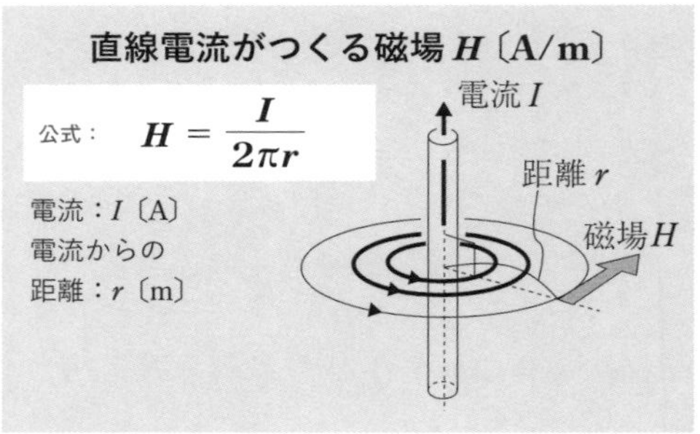

となる。問われているのは磁束密度の大きさ B_{ab} なので，H_{ab} を μ_0 倍しよう。

$$B_{ab} = \boldsymbol{\frac{\mu_0 I_1}{2\pi r}}$$ (b)

(d)〜(h)　辺 ab に生じる誘導起電力の大きさをローレンツ力に注目して導く有名な問題である。図 c の辺 ab 内にある電子に注目する。電子は磁場から**$-y$ 方向**(e)にローレンツ力を受け，その大きさは，

$$evB_{ab} = \underline{\boldsymbol{\frac{\mu_0 I_1 ev}{2\pi r}}}\text{(d)}$$

磁束密度と磁場

公式：$\boldsymbol{B = \mu H}$

磁束密度：B〔T〕　磁場：H〔A/m〕
透磁率：μ〔N/A^2〕

となる。このローレンツ力を電場から受ける力とみなす。図 d のように，電子は負の電気量なので，$-y$ 方向に力を受けるには電場 E が**$+y$ 方向**(g)に向いていればよい。電子は$+y$ 方向の電場から大きさ eE の力を受ける。よって，ローレンツ力 evB_{ab} を電場からの力 eE に置き換えるので，$eE = evB_{ab}$ より，

$$E = vB_{ab} = \underline{\boldsymbol{\frac{\mu_0 I_1 v}{2\pi r}}}\text{(f)}$$

ここで，電場と電位差の関係より，

$$V_{ab} = E\times l = \underline{\boldsymbol{\frac{\mu_0 I_1 lv}{2\pi r}}}\text{(h)} \quad \cdots\cdots①$$

電場と電位差の関係

公式：$\boldsymbol{V = Ed}$

電位：V〔V〕　電場：E〔V/m〕
距離：d〔m〕

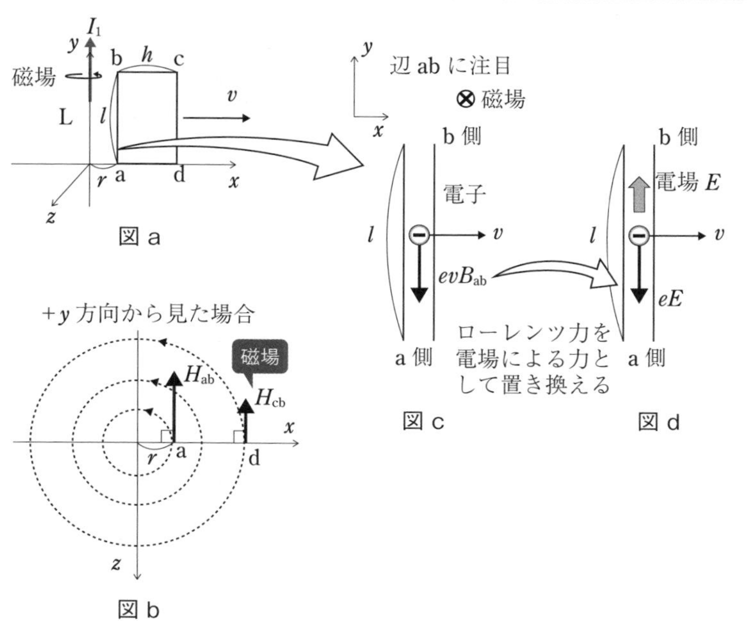

ちなみに，①式は $B_{ab}=\dfrac{\mu_0 I_1}{2\pi r}$ なので，

$$V_{ab}=\frac{\mu_0 I_1 l v}{2\pi r}=v\times\frac{\mu_0 I_1}{2\pi r}\times l=vB_{ab}l$$

と変形でき，図 e のように，導体棒が磁場を横切るときに生じる誘導起電力の公式となっている。

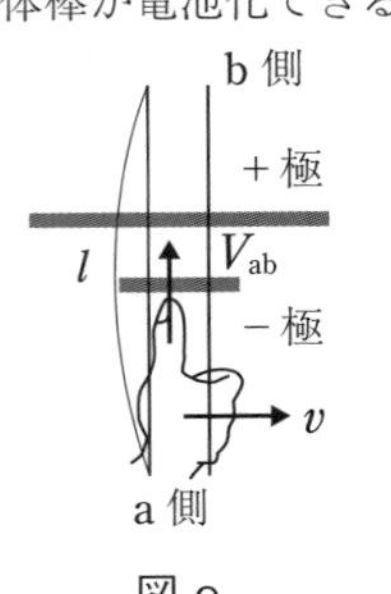

図 e

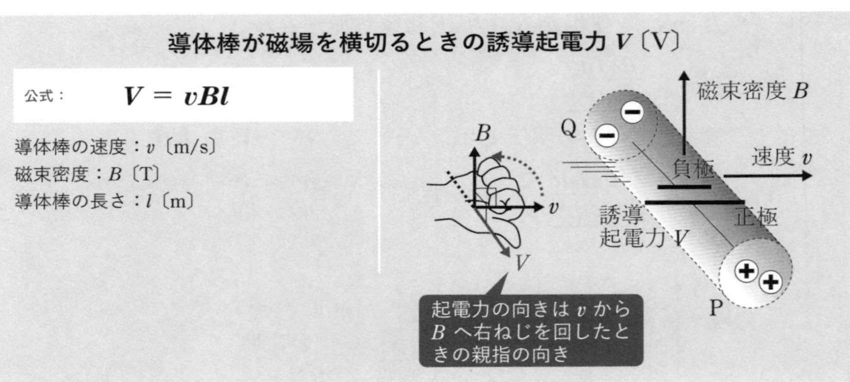

(i) 辺 cd に作られる磁束密度は，$-z$ 方向で大きさは，

$$B_{cd}=\frac{\mu_0 I_1}{2\pi(r+h)}$$

であり，この磁場により，d → c($+y$ 方向)に誘導起電力が生じる。磁場を横切る誘導起電力の公式を用いて，

$$V_{cd}=vB_{cd}l=\underline{\boldsymbol{\frac{\mu_0 vI_1 l}{2\pi(r+h)}}}$$

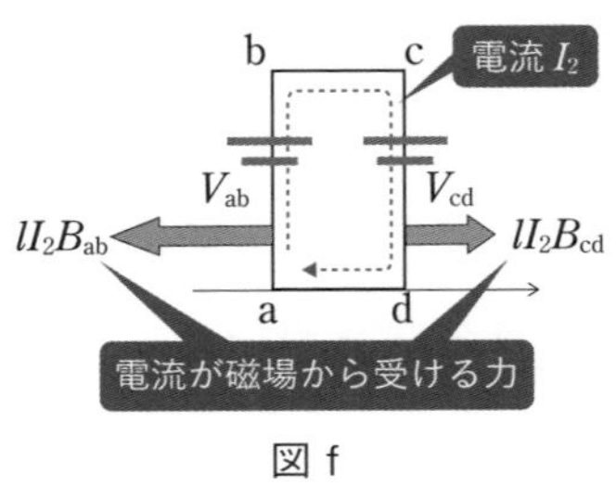

図 f

(j) コイル全体に生じる誘導起電力 V は，

$$V=V_{ab}-V_{cd}=\frac{\mu_0 vI_1 l}{2\pi r}-\frac{\mu_0 vI_1 l}{2\pi(r+h)}$$

$$=\underline{\boldsymbol{\frac{\mu_0 vI_1 lh}{2\pi r(r+h)}}}$$

(k) オームの法則より,

$$V = RI_2 \quad \therefore \quad I_2 = \frac{V}{R} = \underline{\boldsymbol{\frac{\mu_0 v I_1 l h}{2\pi r R(r+h)}}}$$

(l)(m) 図fのように，辺abと辺cdに流れる電流は磁場から力を受ける。電流が磁場から受ける力の大きさは，磁場の大きさに比例する。図bより，辺abの方が辺cdよりも磁場の大きさが大きい。よって，辺cdよりも辺abが受ける力が大きいので, 合力の向きは **$-x$ 方向**(m)とわかる。また, 合力の大きさ F は,

$$F = lI_2B_{ab} - lI_2B_{cd} = lI_2(B_{ab} - B_{cd})$$

$$= l \times I_2 \times \left\{ \frac{\mu_0 I_1}{2\pi r} - \frac{\mu_0 I_1}{2\pi(r+h)} \right\} = \underline{\boldsymbol{\frac{\mu_0 I_1 I_2 l h}{2\pi r(r+h)}}}\ \text{(l)}$$

68 斜面上を運動する導体棒

答

問1 b → a　問2 $R_1 = \dfrac{BEl\cos\theta}{mg\sin\theta}$

問3 向き：a → b，大きさ：$Blv\cos\theta$　問4 $\dfrac{E - Blv\cos\theta}{R}$

問5 $v_f = \dfrac{1}{Bl\cos\theta}\left(E - \dfrac{mgR\sin\theta}{Bl\cos\theta}\right)$

問6 $P_a = \dfrac{mgE\sin\theta}{Bl\cos\theta}$　問7 $P_b = R\left(\dfrac{mg\sin\theta}{Bl\cos\theta}\right)^2$

問8 $P_c = \dfrac{mg\sin\theta}{Bl\cos\theta}\left(E - \dfrac{mgR\sin\theta}{Bl\cos\theta}\right)$

解答への道しるべ

GR 1 終端速度の求め方

導体棒が終端速度に達すると，力のつり合いが成り立ち，加速度は0

解説

問1

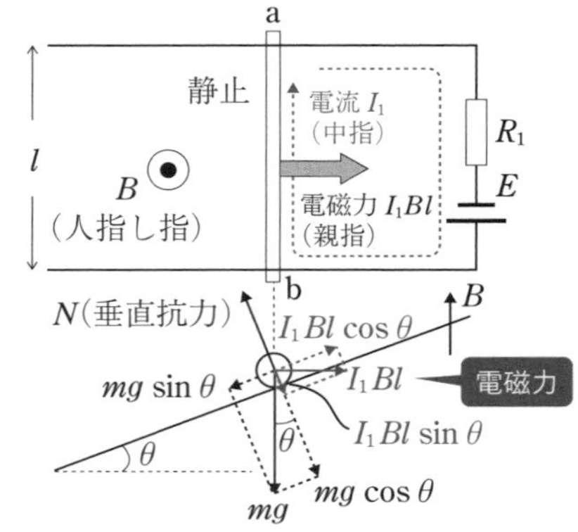

導体棒が斜面上でつり合うためには，重力に逆らって電磁力が働けばよいので電流の向きは導体棒の **b → a** の向きに流れればよい。

問2

回路に流れる電流を I_1 とすると，オームの法則より，

$$I_1 = \frac{E}{R_1}$$

導体棒に働く力の斜面に平行な方向についてのつり合いより，

$$I_1 Bl\cos\theta = mg\sin\theta$$

$$\frac{E}{R_1}Bl\cos\theta = mg\sin\theta \quad \therefore \quad R_1 = \boldsymbol{\frac{BEl\cos\theta}{mg\sin\theta}}$$

問3

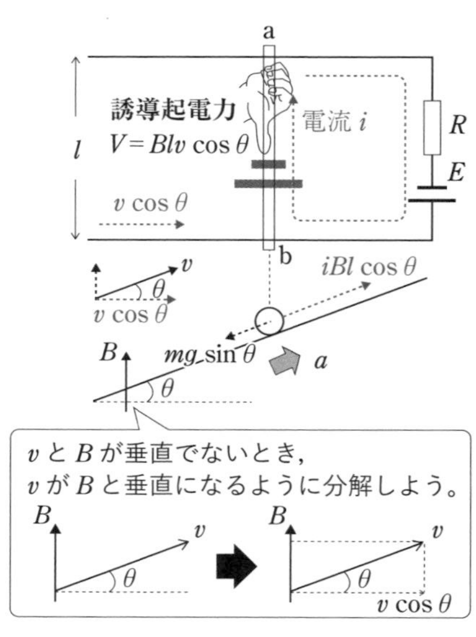

導体棒 ab に発生する誘導起電力の大きさ V **を求めるとき，v と B が垂直になるように注意しよう。磁場に垂直な速度成分 $v\cos\theta$ を用いて**，

$$V = \boldsymbol{Blv\cos\theta}$$

向きは **a → b** の向き

問4

回路を流れる電流を i として，キルヒホッフ第2法則より，

$$+E - Blv\cos\theta - Ri = 0 \quad \cdots\cdots ①$$

$$\therefore \quad i = \boldsymbol{\frac{E - Blv\cos\theta}{R}}$$

問5

斜面方向の加速度の大きさを a として，運動方程式より，

$$ma = +iBl\cos\theta - mg\sin\theta$$

十分に時間が経過すると，一定の速さになることから，加速度が0となる。

$$m\times 0 = +iBl\cos\theta - mg\sin\theta \quad \therefore \quad i = \frac{mg\sin\theta}{Bl\cos\theta}\ (= i_f)$$

十分時間が経過した後，電流が i_f となり，この i_f を①式に代入すると，

$$+E - Blv_f\cos\theta - R\times\frac{mg\sin\theta}{Bl\cos\theta} = 0$$

$$\therefore \quad v_f = \boldsymbol{\frac{1}{Bl\cos\theta}\left(E - \frac{mgR\sin\theta}{Bl\cos\theta}\right)}$$

問6

電池の供給電力 P〔W〕

公式： $\boldsymbol{P = IE}$

起電力：E〔V〕
電池を流れる電流：I〔A〕

電池が供給する電力 P_a は，

$$P_a = i_fE = \boldsymbol{\frac{mgE\sin\theta}{Bl\cos\theta}}$$

問7

抵抗で発生する単位時間あたりのジュール熱 P_b は，

$$P_b = Ri_f^2 = \boldsymbol{R\left(\frac{mg\sin\theta}{Bl\cos\theta}\right)^2}$$

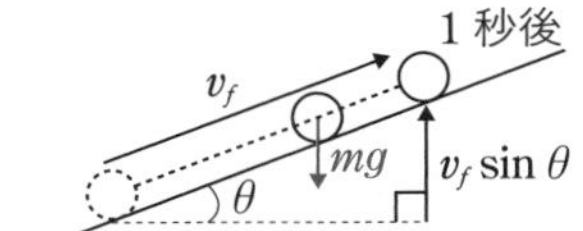

問8

導体棒 ab を上昇させるための重力の仕事率 P_c は，1 秒あたりに上昇する高さ $v_f\sin\theta$ を用いて，

$$P_c = mg\times v_f\sin\theta = \boldsymbol{\frac{mg\sin\theta}{Bl\cos\theta}\left(E - \frac{mgR\sin\theta}{Bl\cos\theta}\right)}$$

P_a，P_b，P_c の間には，エネルギー保存則 $\boldsymbol{P_a = P_b + P_c}$ の関係がある。

68 斜面上を運動する導体棒

69 回転導体棒による誘導起電力の導出

答

問1　$\Delta S = \dfrac{1}{2} l^2 \omega \Delta t$,　$\Delta \phi = \dfrac{1}{2} B l^2 \omega \Delta t$

問2　$V = \dfrac{1}{2} B l^2 \omega$　　問3　矢印2

解答への道しるべ

GR 1 誘導起電力の向き

起電力の向きを決めるときは，磁束の変化を妨げる向きに右ねじを回そう。

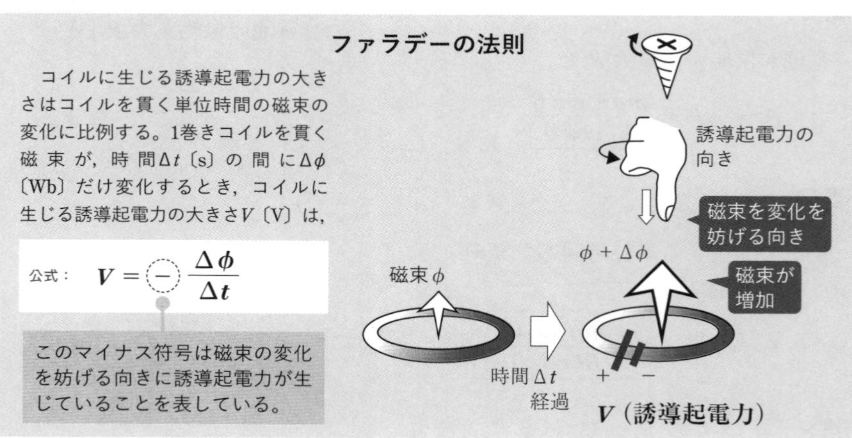

解説

問1

図aより，面積の変化分は，

$$\Delta S = \frac{1}{2} l^2 \Delta \theta = \underline{\boldsymbol{\frac{1}{2} l^2 \omega \Delta t}}$$

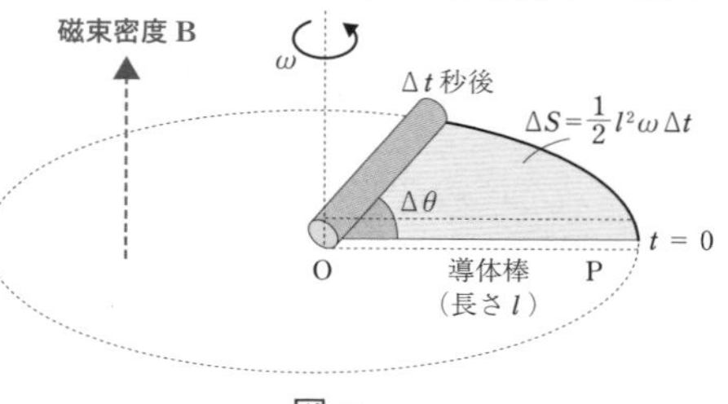

図 a

また，磁束の変化は，

$$\Delta\phi = B\Delta S$$

$$= \underline{\frac{1}{2}Bl^2\omega\Delta t}$$

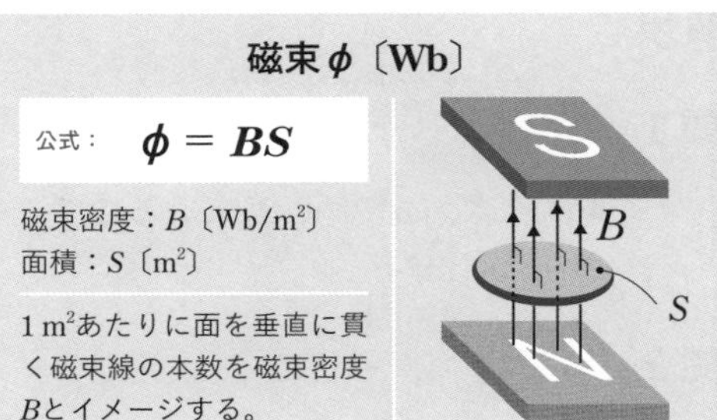

問２

ファラデーの法則より，

$$V = \left|\frac{\Delta\phi}{\Delta t}\right| = \underline{\frac{1}{2}Bl^2\omega}$$

問３

図ｂのように，レンツの法則より，起電力はＯ→Ｐの向きに生じる。よって，電流の向きは**矢印２**

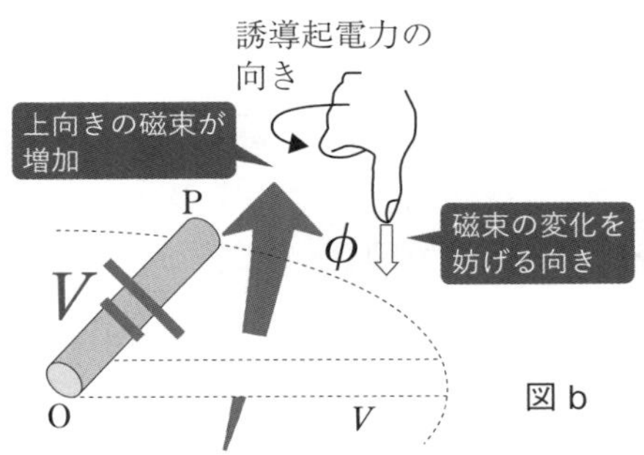

図ｂ

70　回転する半円形コイル

答

問１　$r\omega$　　問２　解説参照　　問３　$\dfrac{1}{2}Br^2\omega$

問４　解説参照　　問５　$\dfrac{\pi B^2r^4\omega}{2R}$　　問６　$\dfrac{B^2r^3\omega}{2R}$

解答への道しるべ

GR 1　磁場中を回転するコイルの問題

時刻によって場合分けした図を描こう。

解説

問1

コイルは角速度ωで回転しているので，中心から距離rの点Pでの速さvは，

$$v = \underline{\boldsymbol{r\omega}}\ \text{〔m/s〕}$$

問2

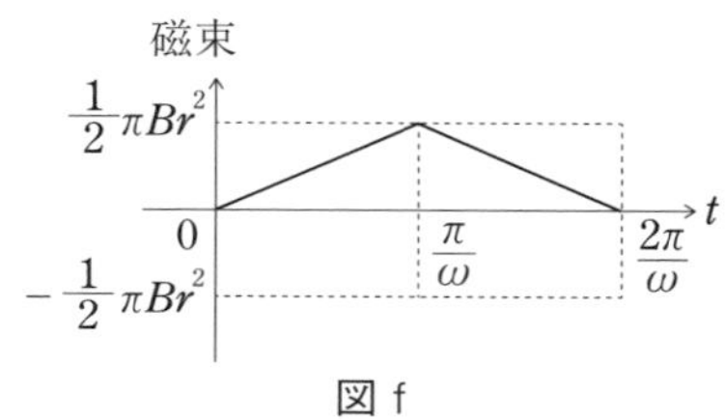

図 f

図a～図cでわかるようにコイルが半回転する間$\left(0 < t < \dfrac{\pi}{\omega}\right)$は磁束が増加し，図d～図e$\left(\dfrac{\pi}{\omega} < t < \dfrac{2\pi}{\omega}\right)$において減少する。時刻によって磁束を場合分けしてみると，答えは**図f**となる。

$$\phi = BS = \begin{cases} \dfrac{1}{2}Br^2\omega t & \left(0 < t < \dfrac{\pi}{\omega}\right) \\ B\pi r^2 - \dfrac{1}{2}Br^2\omega t & \left(\dfrac{\pi}{\omega} < t < \dfrac{2\pi}{\omega}\right) \end{cases}$$

問3

$0 < \omega t < \pi$のとき，Δtの間にコイルを貫く磁束の変化$\Delta\phi$は，

$$\Delta\phi = B\Delta S = \frac{1}{2}Br^2\omega\,\Delta t$$

ファラデーの法則より，

$$V = \left|\frac{\Delta\phi}{\Delta t}\right| = \underline{\boldsymbol{\frac{1}{2}Br^2\omega}}\ \text{〔V〕}$$

問4

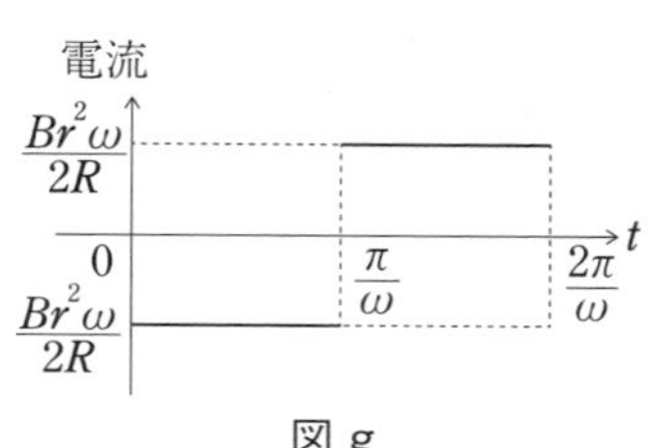

図 g

$0 < \omega t < \pi$のときは誘導電流は負の向きに，$\pi < \omega t < 2\pi$のときは正の向きに流れる。また，それぞれの区間で誘導起電力の大きさは一定なので，誘導電流の大きさも一定となる。よって，答えは**図g**。

CHAPTER 4 電磁気

問5

コイルが1回転する間では起電力の大きさは一定である。
1回転する間に発生するジュール熱 Q は,

$$\underset{\text{熱}}{Q} = \underset{\text{消費電力〔J/s〕}}{\frac{V^2}{R}} \times \underset{\text{時間〔s〕}}{\frac{2\pi}{\omega}} = \underline{\boldsymbol{\frac{\pi B^2 r^4 \omega}{2R}}}\text{〔J〕}$$

問6

OP部分に流れる電流 $I = \dfrac{V}{R}$ であるから，この部分が磁場から受ける力 F は,

$$F = rIB = \underline{\boldsymbol{\frac{B^2 r^3 \omega}{2R}}}\text{〔N〕}$$

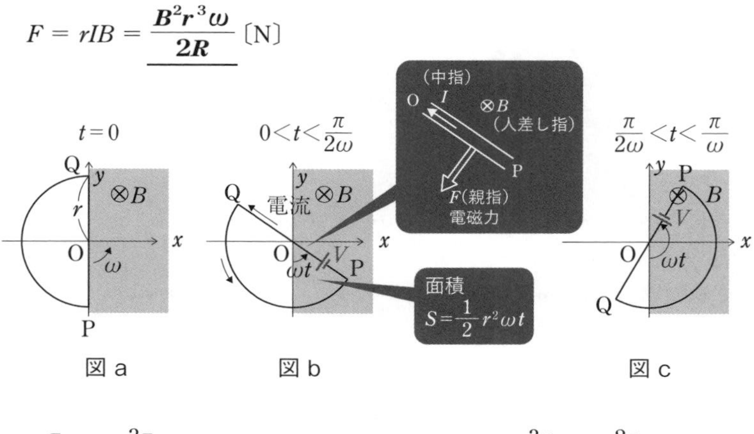

図 a　図 b　図 c

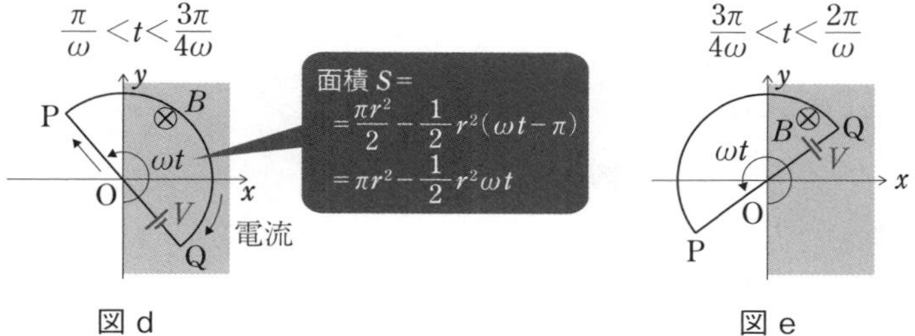

図 d　図 e

70

回転する半円形コイル

71 自己誘導

答

(a) $\dfrac{N_1}{l_1}I_1$　(b) PからQ

(c) $\mu\dfrac{N_1}{l_1}I_1$　(d) $\dfrac{\mu SN_1}{l_1}\Delta I_1$

(e) $-\dfrac{\mu SN_1{}^2}{l_1}\cdot\dfrac{\Delta I_1}{\Delta t}$　(f) $\dfrac{\mu SN_1{}^2}{l_1}$

解答への道しるべ

GR 1 ソレノイドコイルのつくる磁場の大きさ

ソレノイドコイルのつくる磁場の大きさは $H=\dfrac{N}{l}I$ である。

解説

ソレノイドコイルのつくる磁場 H〔A/m〕

公式：$\boldsymbol{H=\dfrac{N}{l}I}$

電流：I〔A〕
長さ：l〔m〕
巻き数：N〔回〕

磁場の向きは右ねじが進む向き

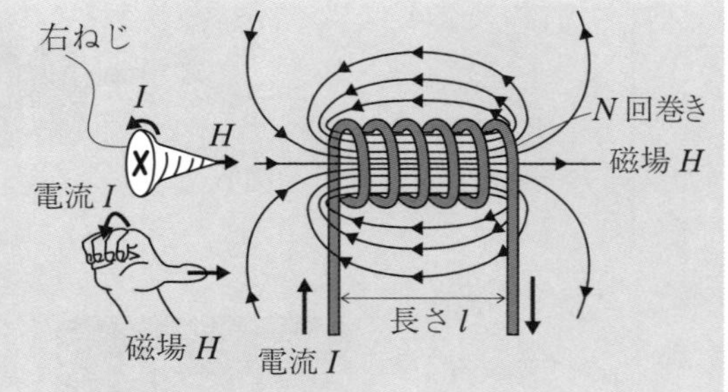

コイル1のつくる磁場Hは，図aより，

PからQ(b)の向きに，

大きさ　$H=\boldsymbol{\dfrac{N_1}{l_1}I_1}$(a)〔A/m〕

また，コイル1内の磁束密度の大きさBは，

$B=\mu H$ の公式

$B=\mu H=\boldsymbol{\mu\dfrac{N_1}{l_1}I_1}$(c)〔T〕

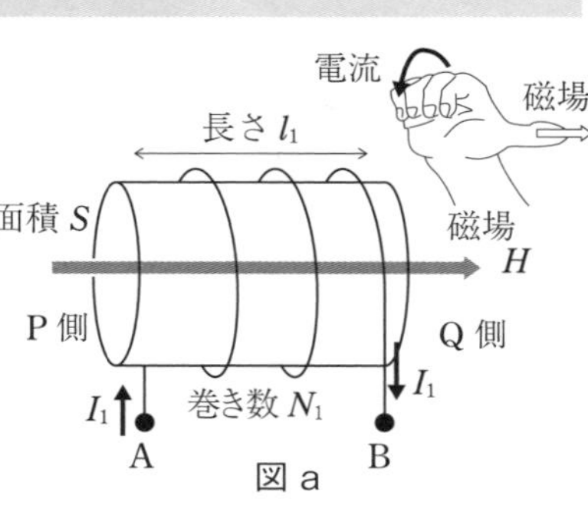

図 a

(d)〜(f)　コイル1内の磁束 ϕ_1〔Wb〕は,

$$\phi_1 = BS = \mu \frac{N_1 S}{l_1} I_1$$

電流を Δt〔s〕の間で, I_1〔A〕から $I_1 + \Delta I_1$〔A〕に増加させたので, 磁束の変化 $\Delta\phi_1$ は,

$$\Delta\phi_1 = \underbrace{\frac{\mu S N_1}{l_1}(I_1 + \Delta I_1)}_{後} - \underbrace{\frac{\mu S N_1}{l_1} I_1}_{前}$$

$$= \underline{\boldsymbol{\frac{\mu S N_1}{l_1} \Delta I_1}}_{\text{(d)}} \text{〔Wb〕}$$

自己誘導による起電力を V_1 とし, ファラデーの法則より,

$$V_1 = -\underbrace{N_1}_{巻き数倍} \frac{\Delta\phi_1}{\Delta t} = \underline{-\boldsymbol{\frac{\mu S {N_1}^2}{l_1} \cdot \frac{\Delta I_1}{\Delta t}}}_{\text{(e)}} \text{〔V〕}$$

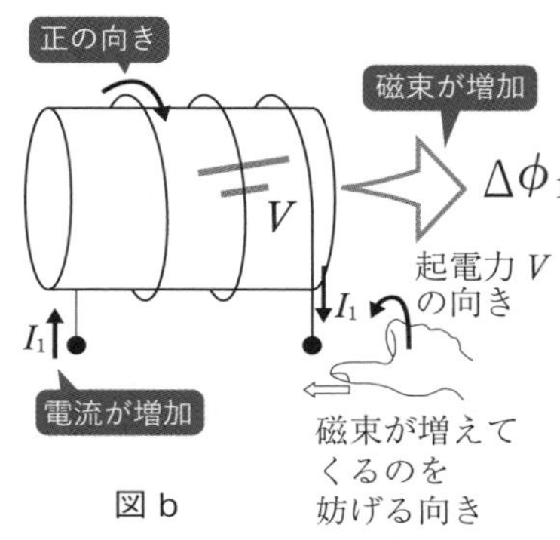

図 b

ファラデーの法則

公式: $\boldsymbol{V = -N \frac{\Delta\phi}{\Delta t}}$

コイルに生じる起電力: V〔V〕

磁束の時間変化: $\frac{\Delta\phi}{\Delta t}$〔Wb/s〕

巻き数: N〔回〕

図 b のように, **起電力の向きは, コイルの磁束が増加するのを妨げるように右ねじを回す。右ねじを回したときの4本指の向きが起電力の向きとなる。いま, 磁束の増加を妨げるように右ねじを回したが, 電流が増加することを妨げると言い換えてもよい。** つまり,

磁束が増加 ➡ **磁束**の増加を妨げる向きに起電力が生じる

‖

電流が増加 ➡ **電流**の増加を妨げるように起電力が生じる

としてよい。

ここで, 透磁率 μ は物質で決まる定数であり, 巻き数 N_1, 面積 S, 長さ l_1 はコイルの形で決まる定数であるから,

$V_1 = -\boxed{\frac{\mu S {N_1}^2}{l_1}} \cdot \frac{\Delta I_1}{\Delta t}$ より, $\boxed{}$ を L とする。よって,

$$L = \underline{\boldsymbol{\frac{\mu S {N_1}^2}{l_1}}}_{\text{(f)}} \text{〔H〕}$$

L をコイルの**自己インダクタンス**という。**単位**は**〔H〕(ヘンリー)** という。

71

自己誘導

L（巻き数や面積）が大きいコイルほど起電力は強くなる。
以上より，コイルの自己誘導起電力は以下のように公式として覚えておこう。

コイルの自己誘導起電力 V〔V〕

公式：
$$V=-L\frac{\Delta I}{\Delta t}$$

自己インダクタンス：L〔H〕
電流の時間変化：$\frac{\Delta I}{\Delta t}$〔A/s〕

起電力のイメージは電流の変化 $\frac{\Delta I}{\Delta t}$ に反抗して生じるパワーである。電流の変化が大きいと起電力が大きく生じる。

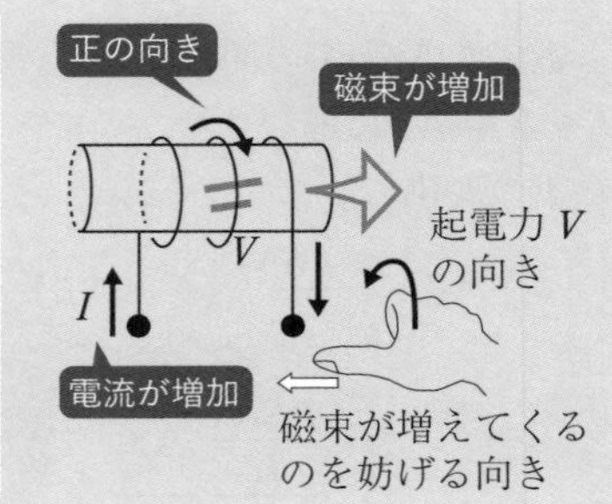

72 コイルを含む直流回路

答

問1　$I_L=0$〔A〕，$V_L=-\frac{R_2}{R_1+R_2}E$〔V〕

問2　$V_L=0$〔V〕，$I_L=\frac{E}{R_1}$〔A〕

問3　$I_L=\frac{E}{R_1}$〔A〕，$V_L=\frac{R_2}{R_1}E$〔V〕

問4　$I_L=0$〔A〕，$V_L=0$〔V〕

問5　$\frac{1}{2}L\left(\frac{E}{R_1}\right)^2$　問6　解説参照

解答への道しるべ

GR 1 コイルの回路素子としての処理方法

スイッチを入れた直後 ➡ 直前の電流を保つ
スイッチを入れて十分時間が経過した後 ➡ コイルはただの導線

解説

R_2 の電流を I として，キルヒホッフ第２法則より，

経路１：$(+)E(-)R_1(I+I_L)(-)R_2I=0$ ……①
（$+$：のぼる　$-$：くだる　$-$：くだる）

経路２：$(+)R_2I(+)V_L=0$ ……②
（$+$：のぼる）

電流の向きと経路2の向きが同じ場合，プラスと書くルール

図 a

問１

スイッチを入れた直後，コイルは現状を維持しようとするため，コイルは直前の電流を維持する。スイッチを入れる前，コイルには電流が流れていなかったので，コイルに流れる電流は０となる。

つまり，**スイッチを入れた直後 ➡ 直前電流をキープ**　$\therefore\ I_L=\mathbf{0}$〔A〕

①式より，$E-R_1(I+0)-R_2I=0\quad\therefore\ I=\dfrac{E}{R_1+R_2}$

②式より，$V_L=-R_2I=-\dfrac{\boldsymbol{R_2}}{\boldsymbol{R_1+R_2}}\boldsymbol{E}$〔V〕

V_Lが負の値なので正の向きと逆向き

注意　図bのように，スイッチを閉じるとコイルに流れる電流が増加してくる。コイルは現状を維持したいので，コイルに流れてくる電流の増加を妨げようと起電力を負の向きにつくっている。このため，コイルに流れる電流は0となってしまう。

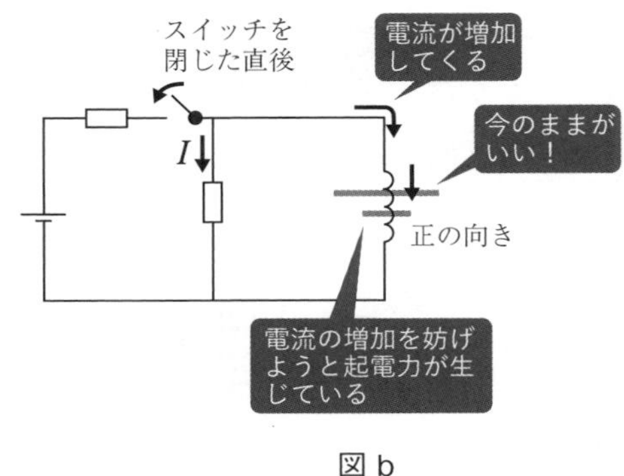

図 b

問２

スイッチを入れて十分に時間が経過すると，コイルは電流の変化に順応してくる。よって，コイルに生じる起電力（反抗パワー）V_L は０となってしまい，**コイルはただの導線**として扱える。したがって，

スイッチを入れて十分時間が経過した後

➡ **コイルはただの導線**　∴　$V_L = \underline{\mathbf{0}}$〔V〕

②式より，$+R_2 I + 0 = 0$　∴　$I = 0$〔A〕

また，①式より，

$$E - R_1(0 + I_L) - R_2 \cdot 0 = 0$$

$$\therefore \quad I_L = \underline{\frac{\boldsymbol{E}}{\boldsymbol{R_1}}}〔\mathrm{A}〕$$

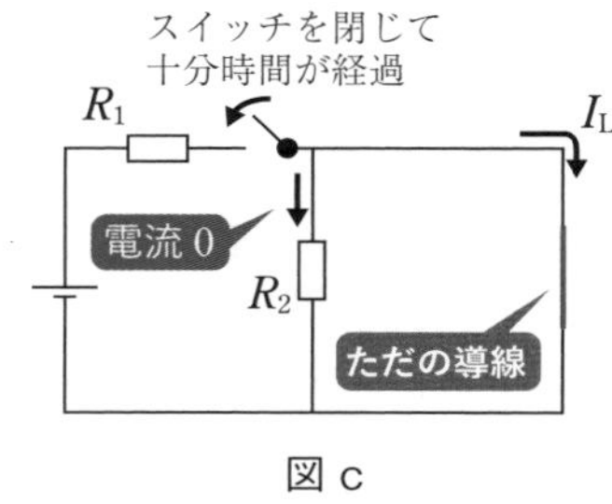

図 c

注意　コイルは十分に時間が経過すると，回路に順応して反抗しなくなり，起電力 V_L は 0 となる。イメージは低反発クッションのような感じで，はじめは反抗して抵抗するが，やがてお尻に順応する。よって，最終的にはただの導線として扱ってよい。

問 3

図 d の経路において，キルヒホッフ第 2 法則より，

$$\ominus\ R_2 I_L \ \oplus\ V_L = 0 \cdots\cdots ③$$

くだる

電流の向きと経路の向きが同じ場合プラスと書くルール

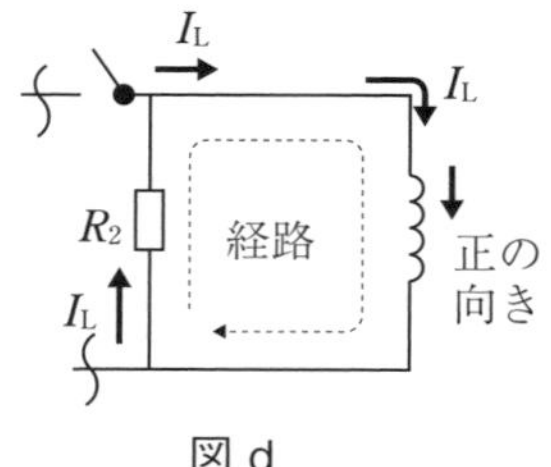

図 d

スイッチを開いた後，コイルは電流を保とうとする。 **スイッチを入れた直後**

➡ **直前電流をキープ**　∴　$\underline{\boldsymbol{I_L} = \frac{\boldsymbol{E}}{\boldsymbol{R_1}}}$〔A〕

③式より，$V_L = R_2 I_L = \underline{\frac{\boldsymbol{R_2}}{\boldsymbol{R_1}}\boldsymbol{E}}$〔V〕

問 4

スイッチを入れて十分時間が経過した後

➡ **コイルはただの導線**　∴　$V_L = \underline{\mathbf{0}}$〔V〕

③式より，$-R_2 I_L + 0 = 0$　∴　$I_L = \underline{\mathbf{0}}$〔A〕

CHAPTER 4 電磁気

問5

スイッチを開いた後，コイルに蓄えられていたエネルギーが抵抗2で発生するジュール熱となるので，エネルギー保存則より，

$$\frac{1}{2}LI_L{}^2 = J \quad \therefore \quad J = \boldsymbol{\frac{1}{2}L\left(\frac{E}{R_1}\right)^2} \text{〔J〕}$$

コイルが蓄えるエネルギー U〔J〕

公式： $\boldsymbol{U = \frac{1}{2}LI^2}$

自己インダクタンス：L〔H〕
電流：I〔A〕

問6

I_L の時間変化は**左下図**，V_L の時間変化は**右下図**になる。

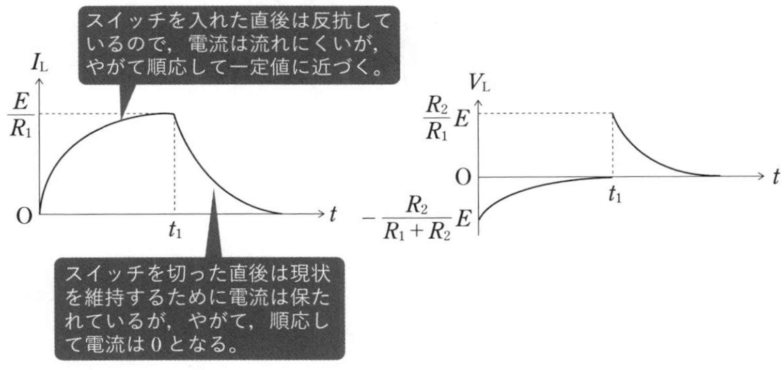

73	自己誘導・相互誘導

答

問1 $\Delta\phi_1 = \frac{\mu\pi R_1{}^2 N_1}{l_1}\cdot\Delta I$〔Wb〕

問2 $V_1 = \frac{\mu\pi R_1{}^2 N_1{}^2}{l_1}\cdot\frac{\Delta I}{\Delta t}$〔V〕，$L = \frac{\mu\pi R_1{}^2 N_1{}^2}{l_1}$〔H〕

問3 $M = \frac{\mu\pi R_2{}^2 N_1 N_2}{l_1}$〔H〕　問4 解説参照

解答への道しるべ

GR 1 相互誘導

相互誘導は1次コイル側の電流の変化に注目。

解説

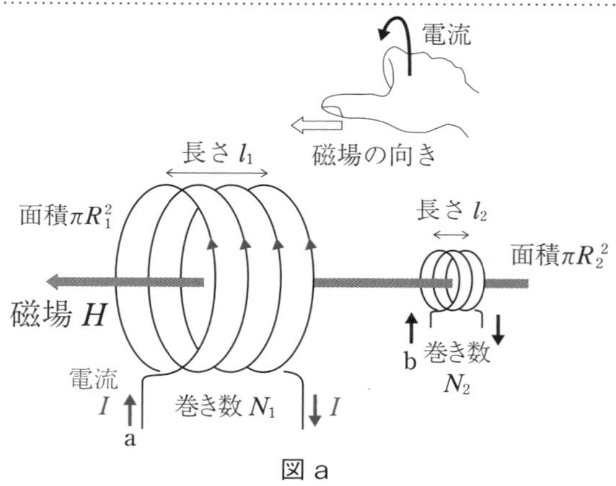

図a

問1

ソレノイドコイルのつくる磁場 H は，$H = \dfrac{N_1}{l_1} I$〔A/m〕

ソレノイド内の磁束密度 B は，$B = \mu H = \mu \dfrac{N_1}{l_1} I$〔T〕

したがって，ソレノイド内の磁束 ϕ_1 は，$\phi_1 = B \pi R_1{}^2 = \dfrac{\mu \pi R_1{}^2 N_1}{l_1} I$〔Wb〕

電流を Δt〔s〕の間に I〔A〕から $I + \Delta I$〔A〕に増加させたとき，磁束の変化 $\Delta\phi_1$ は，

$$\Delta\phi_1 = \underline{\boldsymbol{\frac{\mu \pi R_1{}^2 N_1}{l_1} \cdot \Delta I}}\text{〔Wb〕}$$

問2

自己誘導による起電力の大きさを V_1 は，ファラデーの法則より，

$$V_1 = \left| -N_1 \frac{\Delta\phi_1}{\Delta t} \right| = \underline{\boldsymbol{\frac{\mu\pi R_1^2 N_1^2}{l_1} \cdot \frac{\Delta I}{\Delta t}}} \text{〔V〕}$$

自己インダクタンス L〔H〕は，

$$L = \underline{\boldsymbol{\frac{\mu\pi R_1^2 N_1^2}{l_1}}} \text{〔H〕}$$

問３

大きいソレノイドに電流 I〔A〕が流れているとき，小さいソレノイドを貫く磁束 ϕ_2 は，

$$\phi_2 = B\pi R_2^2 = \frac{\mu\pi R_2^2 N_1}{l_1} I \text{〔Wb〕}$$

大きいソレノイドの電流を Δt〔s〕の間に I〔A〕から $I + \Delta I$〔A〕に変化させたとき，磁束の変化 $\Delta\phi_2$ は，

$$\Delta\phi_2 = \frac{\mu\pi R_2^2 N_1}{l_1} \cdot \Delta I \text{〔Wb〕}$$

このとき，小さいソレノイドに生じる起電力 V_2〔V〕は，図ｂの矢印ｂの向きが正の向きなので，ファラデーの法則より，

$$V_2 = -N_2 \frac{\Delta\phi_2}{\Delta t} = -\boxed{\frac{\mu\pi R_2^2 N_1 N_2}{l_1}} \cdot \frac{\Delta I}{\Delta t} \text{〔V〕}$$

［　　］の部分を**相互インダクタンス M〔H〕**といい，

$$M = \underline{\boldsymbol{\frac{\mu\pi R_2^2 N_1 N_2}{l_1}}} \text{〔H〕}$$

注意　起電力の向きに注意しよう。２次側コイルの起電力の正の向きは図ｂの矢印ｂの向きである。１次コイル側の電流を増加させると２次側コイルを左向きに貫く磁束が増加する。この磁束の増加を減らそうと右向きに右ねじを回すように起電力が生じている。

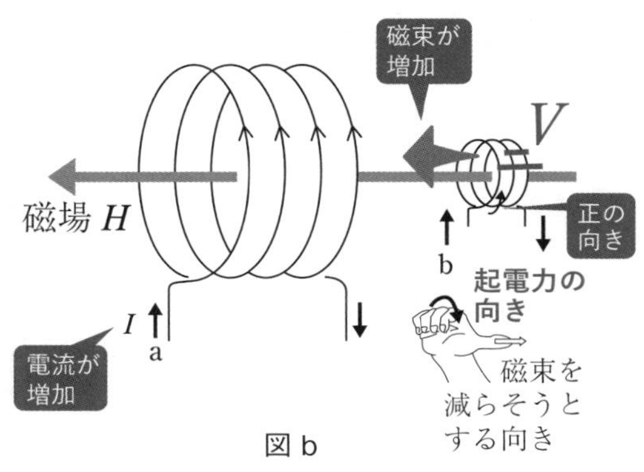

図ｂ

73
自己誘導・相互誘導

問 4

電流が変化する割合 $\dfrac{\Delta I}{\Delta t}$ は,

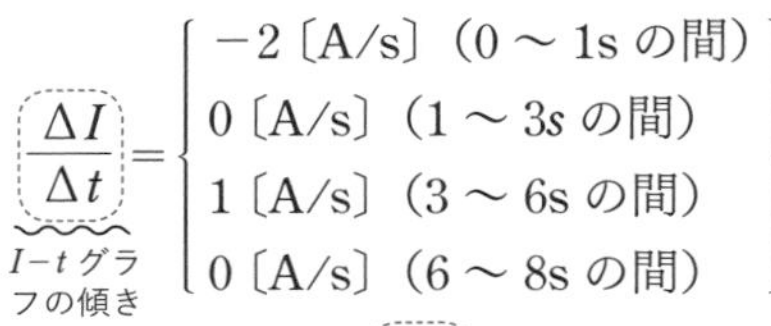

$$\frac{\Delta I}{\Delta t} = \begin{cases} -2\,〔\text{A/s}〕（0 \sim 1\text{s}\ の間） \\ 0\,〔\text{A/s}〕（1 \sim 3s\ の間） \\ 1\,〔\text{A/s}〕（3 \sim 6\text{s}\ の間） \\ 0\,〔\text{A/s}〕（6 \sim 8\text{s}\ の間） \end{cases}$$

$I-t$ グラフの傾き

$$V_2 = -M \cdot \frac{\Delta I}{\Delta t}$$

より，傾きに $-M$ を掛け算すればよい。よって，答えは**上図**。

74 交流の発生

答

(a) Bab　(b) $Bab\cos\omega t$　(c) $\dfrac{2\pi}{\omega}$

(d) $-Bab\omega\,\Delta t\sin\omega t$　(e) $Bab\omega\sin\omega t$

解答への道しるべ

GR 1 磁束密度と面積が斜めになっているとき

磁束密度の向きと面積を垂直にしよう。

解説

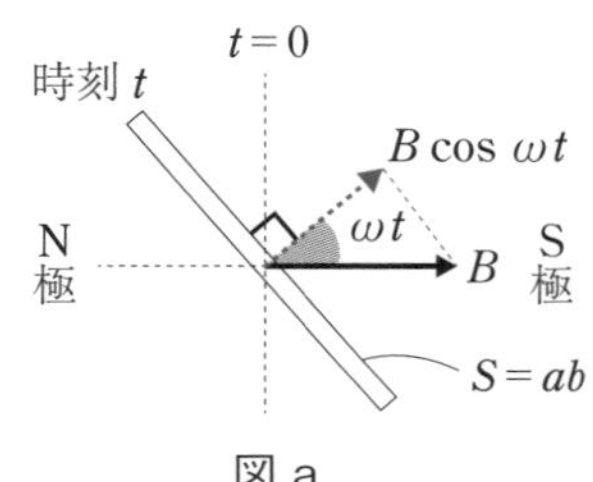

図 a

(a) $t=0$ において，コイルの面は磁場に対して，垂直なので，

$$\phi_0 = B \times ab = \boldsymbol{Bab}$$

$\phi = BS$

(b) 時刻 t において，コイル面に対して磁場の垂直成分は，$B\cos\omega t$ なので，

$$\phi = \boldsymbol{Bab\cos\omega t}$$

(c)　角速度がωなので，$T = \underline{\dfrac{2\pi}{\omega}}$

(d)(e)　コイルに生じる誘導起電力は，単位時間あたりのコイルをつらぬく磁束の変化に等しい。ファラデーの法則より，

$$V = -\frac{\Delta\phi}{\Delta t}$$

ここで，磁束の変化$\Delta\phi$は，$\Delta\phi = \underbrace{Bab\cos\omega(t+\Delta t)}_{\text{あと}} - \underbrace{Bab\cos\omega t}_{\text{まえ}}$

$$\begin{aligned}\Delta\phi &= Bab\{\cos\omega(t+\Delta t) - \cos\omega t\}\\ &= Bab\{(\cos\omega t\cdot\cos\omega\Delta t - \sin\omega t\cdot\sin\omega\Delta t) - \cos\omega t\} \quad \text{加法定理}\\ &\fallingdotseq Bab\{(\cos\omega t\cdot 1 - \sin\omega t\cdot\omega\Delta t) - \cos\omega t\}\\ &= \underline{\boldsymbol{-Bab\omega\Delta t\sin\omega t}}\ _{\text{(d)}}\end{aligned}$$

したがって，誘導起電力Vは，

$$V = -\frac{\Delta\phi}{\Delta t} = -\frac{-Bab\omega\Delta t\sin\omega t}{\Delta t} = \underline{\boldsymbol{Bab\omega\sin\omega t}}\ _{\text{(e)}}$$

この結果はϕを微分しても得られる

POINT

交流起電力

$$V = \underbrace{\boxed{Bab\omega}}_{V_0\text{とおく}} \times \sin\omega t = V_0\sin\omega t$$

V_0は交流起電力の最大値となり，ωtを位相という。

交流起電力

公式：$V = \underbrace{\boxed{V_0}}_{\text{最大値}} \sin\underbrace{\omega t}_{\text{位相}}$

時刻：t〔s〕
角周波数：ω〔rad/s〕
電圧の最大値：V_0〔V〕

75 電気振動回路

答

問１　①：CV　②：$-CV$　③：$\frac{1}{2}CV^2$　④：増加　⑤：逆の

⑥：コイルに流れる電流　⑦：コイル　⑧：$-CV$

⑨：CV　⑩：$\frac{1}{2}CV^2$　⑪：半周期

問２　電流の最大値：$V\sqrt{\frac{C}{L}}$，時刻：$\frac{\pi}{2}\sqrt{LC}$

解答への道しるべ

GR 1 電気振動における周期の公式

$T=2\pi\sqrt{LC}$ は覚えよう。

解説

問１

①：$\boldsymbol{CV}$　②：$\boldsymbol{-CV}$　③：$\boldsymbol{\frac{1}{2}CV^2}$　④：**増加**　⑤：**逆の**　⑥：**コイルに流れる電流**　⑦：**コイル**　⑧：$\boldsymbol{-CV}$　⑨：$\boldsymbol{CV}$　⑩：$\boldsymbol{\frac{1}{2}CV^2}$　⑪：**半周期**

問２

電流が最大となる時刻は，$t=\frac{T}{4}=\underline{\boldsymbol{\frac{\pi}{2}\sqrt{LC}}}$ である。

エネルギー保存則より，

$$\underbrace{\frac{q^2}{2C}+\frac{1}{2}Li^2}_{\text{ある時刻}}=\underbrace{\frac{(CV)^2}{2C}+\frac{1}{2}L\cdot 0^2}_{\text{時刻0（初期値）}}$$

電気振動のエネルギー保存

$$\frac{q^2}{2C}+\frac{1}{2}Li^2=\text{初期値}$$

静電エネルギー　コイルのエネルギー

$t=\frac{T}{4}$ のとき，$i=I_{\max}$，$q=0$ であるから，

$$\frac{0^2}{2C} + \frac{1}{2}LI_{max}{}^2 = \frac{(CV)^2}{2C} + \frac{1}{2}L \cdot 0^2$$

$$\frac{1}{2}LI_{max}{}^2 = \frac{1}{2}CV^2$$

$$\therefore \quad I_{max} = \underline{\boldsymbol{V\sqrt{\frac{C}{L}}}}$$

電気振動の周期 T〔s〕

公式： $\boldsymbol{T = 2\pi\sqrt{LC}}$

自己インダクタンス：L〔H〕
電気容量：C〔F〕

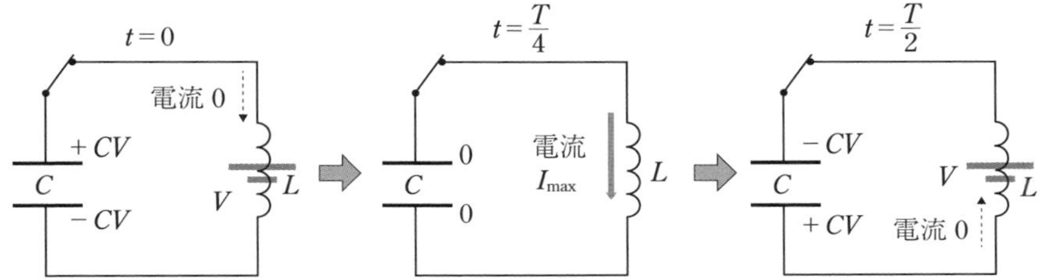

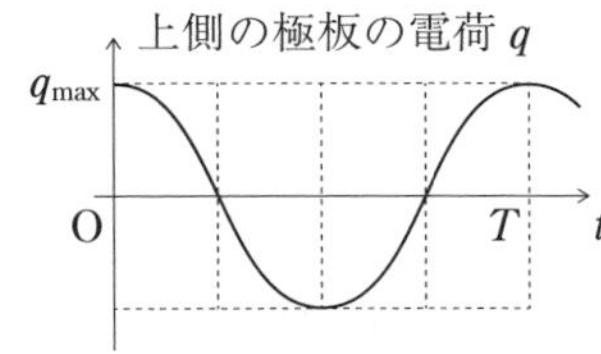

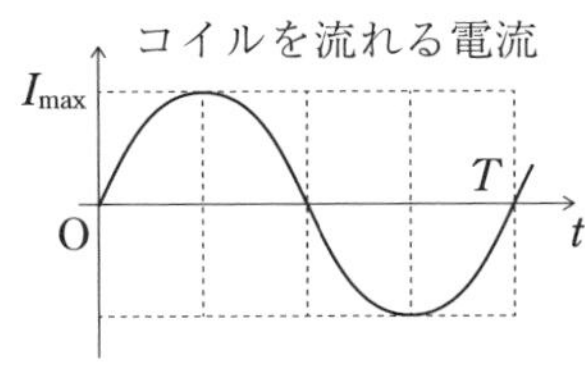

76 リアクタンス・並列共振

答

(a) $\frac{V}{R}$　(b) 0　(c) $2\pi\sqrt{LC}$

(d) $\frac{1}{2}L\left(\frac{V}{R}\right)^2$　(e) $\omega CV_1\cos\omega t$

(f) $-\frac{V_1}{\omega L}\cos\omega t$　(g) $RV_1\left(\omega C - \frac{1}{\omega L}\right)\cos\omega t$

(h) $\omega_0 = \frac{1}{\sqrt{LC}}$

解答への道しるべ

GR 1 電気振動における周期の公式

$T = 2\pi\sqrt{LC}$

解説

図aのように，コイルLに流れる電流とコンデンサーCに流れる電流をそれぞれ，I_L, I_C とすると，抵抗Rに流れる電流は $I_C + I_L$ と書ける。

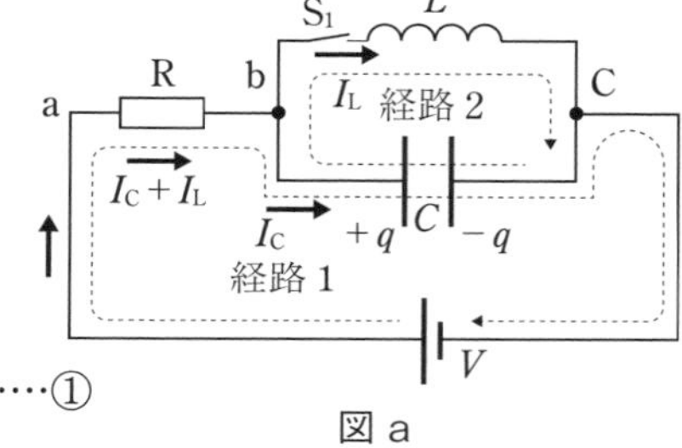

図a

キルヒホッフ第2法則より，

経路1：⊕ V ⊖ $R(I_C + I_L)$ ⊖ $\dfrac{q}{C} = 0$ ……①
（のぼる くだる　　くだる）

経路2：⊕ $\dfrac{q}{C}$ ⊕ $V_L = 0$ ……②
（のぼる）

電流の向きと経路2の向きが同じ場合プラスと書くルール

スイッチを入れた直後 ➡ コンデンサーの電気量は初期値 $q = 0$

②式より，$+\dfrac{0}{C} + V_L = 0$　∴　$V_L = 0$

また，**スイッチを入れた直後 ➡ コイルは直前電流をキープ　$I_L = 0$**

①式より，$+V - R(I_C + 0) - \dfrac{0}{C} = 0$　∴　$I_C = \dfrac{V}{R}$

次に，**スイッチを閉じて十分に時間がたった後 ➡ コンデンサーに注ぎ込む電流は 0 ($I_C = 0$)**

スイッチを閉じて十分に時間がたった後 ➡ コイルは導線　$V_L = 0$

②式より，$+\dfrac{q}{C} + 0 = 0$　∴　$q = \mathbf{0}$(b)

①式より，$+V - R(0 + I_L) - \dfrac{0}{C} = 0$　∴　$I_L = \dfrac{V}{R}$(a)

注意　はじめコイルは電流に反抗するためコイル側には電流は流れず，コンデンサーのみに電流が流れる。十分に時間が経過すると，コイルは反抗しなくなり，導線となり，コイルの両端の電位差は0となる。コイルに並列に接続されているコンデンサーの電位差も0となるので，コンデンサーには電荷がたまっていない。

(c)　電気振動回路の周期の公式より，

$$T = \underline{\boldsymbol{2\pi\sqrt{LC}}}$$

(d)　電気振動回路のエネルギー保存則より，

$$\frac{1}{2}Li^2 + \frac{q^2}{2C} = \text{初期値}$$

スイッチ S_2 を開いた直後は，コンデンサーの電気量 $q = 0$ であり，コイルの電流 $I_L = \dfrac{V}{R}$ であった。

したがって，

$$\frac{1}{2}Li^2 + \frac{q^2}{2C} = \underbrace{\frac{1}{2}L\left(\frac{V}{R}\right)^2 + \frac{0^2}{2C}}_{\text{開いた直後}}$$

したがって，コイルとコンデンサーのエネルギーの和は

$$\frac{1}{2}Li^2 + \frac{q^2}{2C} = \underline{\boldsymbol{\frac{1}{2}L\left(\frac{V}{R}\right)^2}}$$

交流におけるコンデンサーのふるまいを知識として覚えておこう。

交流起電力とコンデンサー

公式：

最大値の関係：$V_0 = \dfrac{1}{\omega C} \times I_0$

位相の関係：電圧に対して電流の位相は $\dfrac{\pi}{2}$ 進む

電圧の最大値：V_0〔V〕
電流の最大値：I_0〔A〕
角周波数：ω〔rad/s〕
電気容量：C〔F〕

※ $\dfrac{1}{\omega C}$〔Ω〕は(容量)リアクタンスといい，抵抗の働きをする。

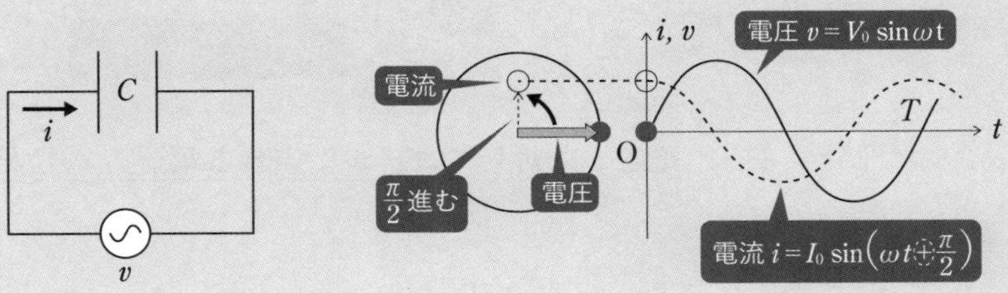

76

リアクタンス・並列共振

スイッチ S_1 を閉じたまま，スイッチ S_2 を端点 e 側に閉じる。

(e) bc 間には電圧 $v = V_1 \sin\omega t$ がかかる。

コンデンサーに注目すると，**電圧 v に対してコンデンサーに流れる電流 I_C の位相は $\frac{\pi}{2}$ 進む**ので，

位相：進む

$$I_C = I_{C0}\sin\left(\omega t + \frac{\pi}{2}\right)$$

［I_{C0} は電流の最大値］

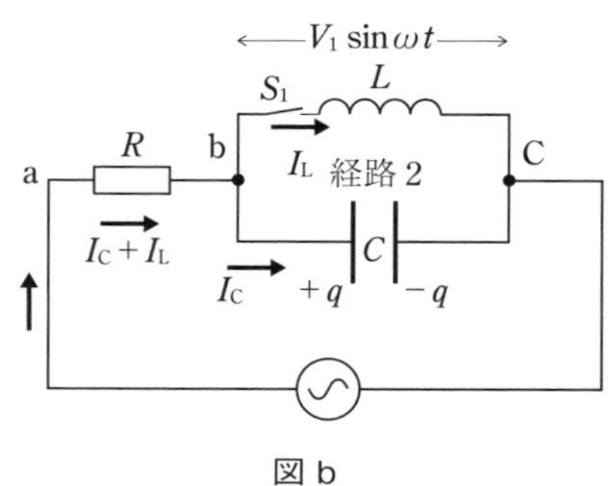

図 b

また，最大値の関係は

$$V_1 = \frac{1}{\omega C} \times I_{C0} \quad \therefore \quad I_{C0} = \omega C V_1$$

したがって，I_C は，

$$I_C = \omega C V_1 \sin\left(\omega t + \frac{\pi}{2}\right) = \boldsymbol{\omega C V_1 \cos\omega t}$$

交流におけるコイルのふるまいを知識として覚えておこう。

交流起電力とコイル

公式：
最大値の関係：$V_0 = \omega L \times I_0$
位相の関係：電圧に対して電流の位相は $\frac{\pi}{2}$ 遅れる

電圧の最大値：V_0〔V〕
電流の最大値：I_0〔A〕
角周波数：ω〔rad/s〕
自己インダクタンス：L〔H〕

※ωL〔Ω〕は（誘導）リアクタンスといい，抵抗の働きをする。

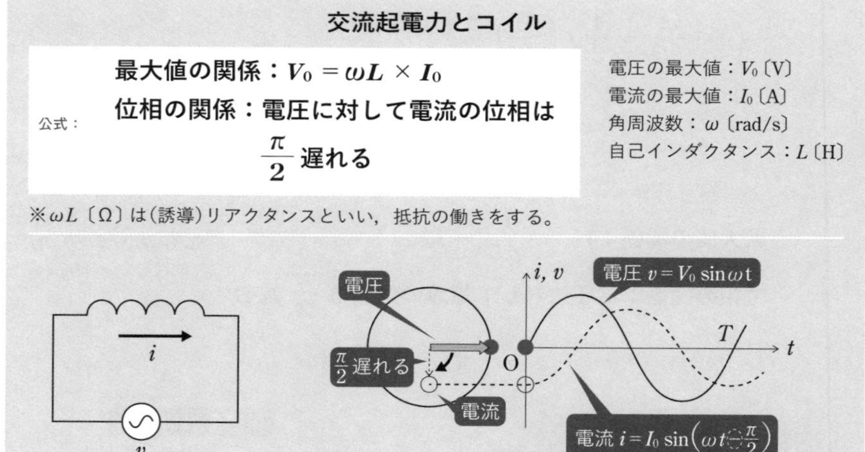

(f) コイルに注目すると，**電圧 v に対してコイルに流れる電流 I_L の位相は $\frac{\pi}{2}$ 遅れる**ので，

位相：遅れる

$$I_L = I_{L0}\sin\left(\omega t - \frac{\pi}{2}\right)$$ [I_{L0} は電流の最大値]

また，最大値の関係は

$$V_1 = \omega L \times I_{L0} \quad \therefore \quad I_{L0} = \frac{V_1}{\omega L}$$

したがって，I_L は，

$$I_L = \frac{V_1}{\omega L}\sin\left(\omega t - \frac{\pi}{2}\right) = \underline{-\frac{V_1}{\omega L}\cos\omega t}$$

(g)　抵抗 R を流れる電流は $I_C + I_L$ なので，R の両端の電位差 V_{ab} は

$$V_{ab} = R(I_C + I_L) = R\left(\omega C V_1 \cos\omega t - \frac{V_1}{\omega L}\cos\omega t\right)$$

$$= \underline{RV_1\left(\omega C - \frac{1}{\omega L}\right)\cos\omega t}$$

(h)　条件より，抵抗 R に流れる電流が 0 であることから，$I_C + I_L = 0$ となる。

$$I_C + I_L = V_1\left(\omega C - \frac{1}{\omega L}\right)\cos\omega t = 0$$

時間に関係なくこの式が成立するには，

$$\omega C - \frac{1}{\omega L} = 0 \quad \therefore \quad \omega = \underline{\frac{1}{\sqrt{LC}}}\ (= \omega_0)$$

であればよい。このとき，コイルとコンデンサーの間で振動電流が流れ，電気振動回路となっている。電気振動の周期 T は，

$$T = \frac{2\pi}{\omega_0} = 2\pi\sqrt{LC}$$

と導ける。

77　インピーダンス

答

問1　$v_{ab} = RI_0 \sin\omega t$　　問2　$v_{bc} = \omega LI_0 \cos\omega t$

問3　$v_{cd} = -\dfrac{I_0}{\omega C}\cos\omega t$　　問4　$\sqrt{R^2 + \left(\omega L - \dfrac{1}{\omega C}\right)^2}$

解答への道しるべ

GR 1 インピーダンス

RLC 直列交流回路では，RLC を流れる電流が共通であることに注目しよう。

解説

問1

オームの法則より，$v_{ab} = \underline{\boldsymbol{RI_0 \sin\omega t}}$

問2

コイルの電圧に対する電流の位相は $\dfrac{\pi}{2}$ 遅れる。逆に，**電流に対して電圧の位相は $\dfrac{\pi}{2}$ 進むことに注意**しよう。また，最大値の関係は $V_{L0} = \omega L \times I_0$ と表せるので，コイルの電圧 v_{bc} は，

$$v_{bc} = V_{L0}\sin\left(\omega t + \frac{\pi}{2}\right) = \underline{\boldsymbol{\omega LI_0 \cos\omega t}}$$

問3

コンデンサーの電圧に対する電流の位相は $\dfrac{\pi}{2}$ 進む。逆に，**電流に対して電圧の位相は $\dfrac{\pi}{2}$ 遅れることに注意**しよう。また，最大値の関係は $V_{C0} = \dfrac{1}{\omega C} \times I_0$ と表せるので，コイルの電圧 v_{bc} は，

$$v_{cd} = V_{C0}\sin\left(\omega t - \frac{\pi}{2}\right) = \underline{\boldsymbol{-\frac{I_0}{\omega C}\cos\omega t}}$$

問4

交流電源の電圧 V は，

$$V = v_{ab} + v_{bc} + v_{cd}$$

$$= RI_0 \sin\omega t + \omega L I_0 \cos\omega t + \left(-\frac{I_0}{\omega C}\cos\omega t\right)$$

$$= RI_0 \sin\omega t + \left(\omega L I_0 - \frac{I_0}{\omega C}\right)\cos\omega t$$

$$= I_0\left\{R\sin\omega t + \left(\omega L - \frac{1}{\omega C}\right)\cos\omega t\right\}$$

$$\therefore\quad V = I_0 \boxed{\sqrt{\boldsymbol{R}^2 + \left(\boldsymbol{\omega L} - \frac{\mathbf{1}}{\boldsymbol{\omega C}}\right)^2}} \sin(\omega t + \phi)$$

[　　　]部分のことを**インピーダンス**といい，**交流回路における合成抵抗の働き**をするものである。また，初期位相の決定をするときは $\tan\phi = \dfrac{b}{a}$ を用いる。

77

インピーダンス

78 光電効果

答

問1　解説参照　　問2　解説参照

問3　A から出た光電子すべてが B に到達するため。

問4　A から出た光電子はすべて A に押し戻される。

問5　$W = \dfrac{hc}{\lambda_0}$　　問6　$\lambda = \dfrac{hc\lambda_0}{eV_0\lambda_0 + hc}$

解答への道しるべ

GR 1 光を強くする方法

①振動数を大きくする(光子 1 個あたりのエネルギーを大きくする)。
②光子の数を増やす。

解説

問1

波長が変化しないことから V_0 は同じで，光子の数が増えるために光電子も増え電流は強くなる。よって，**図 a**。

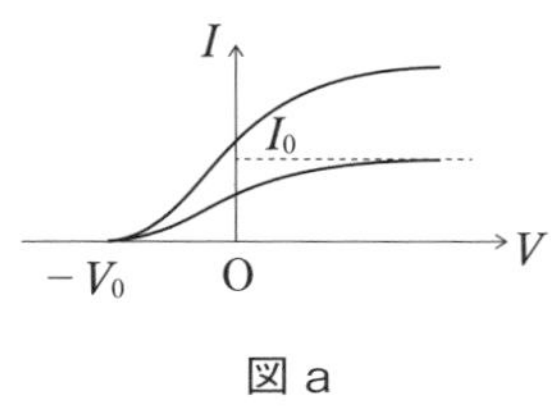

図 a

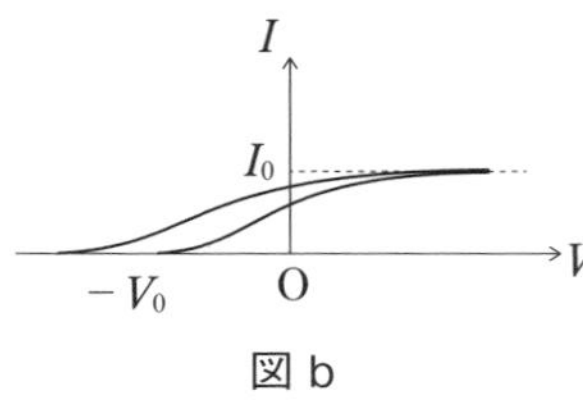

図 b

問2

光子数は変わらないから電流 I_0 は不変だが，振動数が大きくなる（波長が短くなる）ため V_0 の値は大きくなる。よって，**図 b** 。

金属板から飛び出した光電子はさまざまな運動エネルギーを持っている。図cのように，金属板から5個の電子が飛び出したとして，これらの電子は運動エネルギーをLv1からLv5まで持っているとする。金属板Aと電極Bの間の電圧Vが0のとき，Lv4以上の電子のみがBへ到達できると仮定する。図dのように$V>0$の場合，Bが高電位でAが低電位となるため，電場がBからAへと生じる。電子は電場からクーロン力の補助を受け，さらにVを大きくしていくと，今まで自力ではBに到達できなかったLv1からLv3の電子も到達できることとなり，Bから飛び出した電子がすべて到達し，それ以上の電子はやってこない。この場合，電流が一定となる。

一方，$V<0$の場合は，電場がAからBへ生じてしまい，飛び出した電子に対してクーロン力がブレーキをかけてしまう。Vを小さくするほど，電子が到達できなくなり，最大運動エネルギーを持ったLv5の電子ですらもBに達することができなくなってしまう。

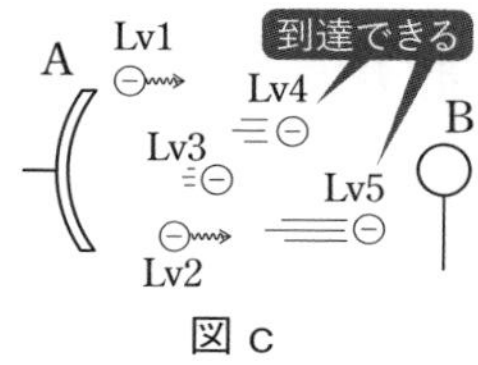

図c

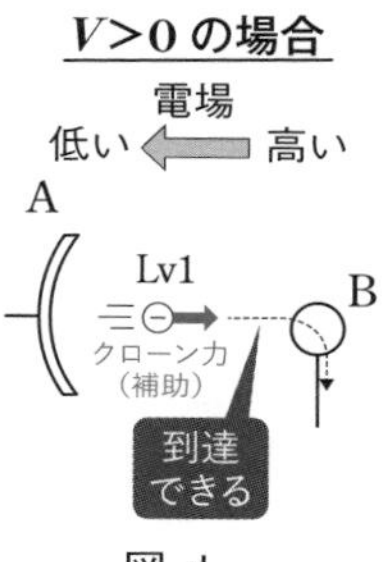

図d

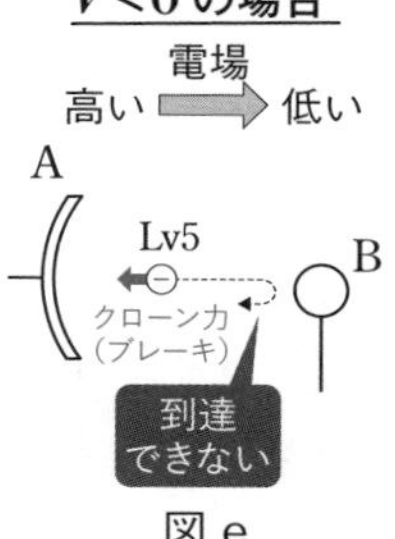

図e

78

光電効果

問3

Aから出た光電子すべてがBに到達するため。

問4

Aから出た光電子はすべてAに押し戻される。

問5

光電子の最大運動エネルギーKは仕事関数をW，波長をλとすると，

$$K=\frac{hc}{\lambda}-W$$

波長λが限界波長λ_0のとき，$K=0$となるから，

$$W=\boldsymbol{\frac{hc}{\lambda_0}}$$

光子のもつエネルギーE〔J〕

公式：$$\boldsymbol{E=h\nu=\frac{hc}{\lambda}}$$

プランク定数：h〔J・s〕
振動数：ν〔Hz〕
光速：c〔m/s〕
波長：λ〔m〕

問6

最大運動エネルギーは $K = eV_0$ だから，

$$eV_0 = \frac{hc}{\lambda} - W = \frac{hc}{\lambda} - \frac{hc}{\lambda_0}$$

$$\frac{1}{\lambda} = \frac{eV_0}{hc} + \frac{1}{\lambda_0} \quad \therefore \quad \lambda = \underline{\boldsymbol{\frac{hc\lambda_0}{eV_0\lambda_0 + hc}}}$$

79 粒子の波動性

答

(a) $\frac{h}{mv}$　(b) eV　(c) $\sqrt{2meV}$

(d) $\lambda = \frac{h}{\sqrt{2meV}}$　(e) $2d\sin\theta$

(f) $\frac{n^2h^2}{8med^2\sin^2\theta}$

解答への道しるべ

GR 1 ブラッグの条件

ブラッグの条件 $2d\sin\theta = n\lambda$ は覚えよう。

解説

(a) ド・ブロイの公式より，

$$\lambda = \underline{\boldsymbol{\frac{h}{mv}}}$$

(b) 電子を加速したときの運動エネルギーは，

$$K = \frac{1}{2}mv^2 = \underline{\boldsymbol{eV}}$$

ド・ブロイ波長 $\boldsymbol{\lambda}$〔m〕

公式：$\lambda = \frac{h}{mv}$

プランク定数：h〔J・s〕
電子の質量：m〔kg〕
電子の速度：v〔m/s〕

(c)　(b)より，$v = \sqrt{\dfrac{2eV}{m}}$

$$p = mv = \underline{\boldsymbol{\sqrt{2meV}}}$$

(d)　(a)と(c)より，$\lambda = \dfrac{h}{mv} = \underline{\boldsymbol{\dfrac{h}{\sqrt{2meV}}}}$

(e)　隣り合う格子面で反射した電子線の経路差は，図より，**$\underline{2d\sin\theta}$** となる。
したがって，電子が干渉して強め合う条件は，

$$2d\sin\theta = n\lambda \quad (n = 1,\ 2,\ \cdots)$$

(f)　(d)と(e)より，電子線が強め合う条件は，

$$2d\sin\theta = n\frac{h}{\sqrt{2meV_{\mathrm{M}}}}$$

両辺を２乗すると，

$$4d^2\sin^2\theta = \frac{n^2h^2}{2meV_{\mathrm{M}}}$$

$$\therefore\quad V_{\mathrm{M}} = \underline{\boldsymbol{\frac{n^2h^2}{8med^2\sin^2\theta}}}$$

80
X線

80　X線

答

問１　解説参照　　問２　$\sqrt{\dfrac{2eV}{m}}$

問３　$\dfrac{h}{\sqrt{2meV}}$　　問４　$\lambda_{\mathrm{min}} = \dfrac{hc}{eV}$

問５　最短波長：短くなる。　特性Ｘ線：変わらない。

解答への道しるべ

GR 1 X線の最短波長

電子のエネルギーがすべて光子に変換されると，最短波長となる。

解説

問1

配線は以下の通りになる。

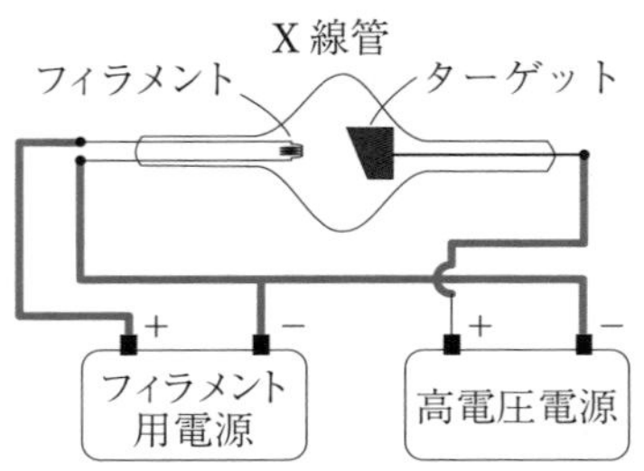

問2

初速0なので，衝突直前の電子の運動エネルギーは，

$$\frac{1}{2}mv^2 = eV〔\mathrm{J}〕$$

よって，電子の速度の大きさは，

$$v = \underline{\sqrt{\frac{\boldsymbol{2eV}}{\boldsymbol{m}}}}〔\mathrm{m/s}〕$$

問3

ド・ブロイの公式より，

$$\lambda = \frac{h}{mv} = \frac{h}{m\sqrt{\frac{2eV}{m}}} = \underline{\frac{\boldsymbol{h}}{\sqrt{\boldsymbol{2meV}}}}〔\mathrm{m}〕$$

問4

連続X線の波長が最短となるのは，電子の運動エネルギーがすべてX線光子のエネルギーに変換される場合なので，

$$eV = \frac{hc}{\lambda_{\mathrm{min}}} \quad \therefore \quad \lambda_{\mathrm{min}} = \underline{\frac{\boldsymbol{hc}}{\boldsymbol{eV}}}$$

問5

加速電圧を大きくすると，衝突する電子の運動エネルギーが大きくなるので，最短波長は**短くなる**。特性X線は，ターゲットの金属に固有のものなので，**変わらない**。

佐々木 哲　ささき・てつ

河合塾物理科講師。生徒が毎回の授業を楽しみにしてくれることを常に考えている。授業内では趣味のプログラムを活かし，CG（コンピュータグラフィックス）を見せたり，教室で実験を行ったりしている。授業を受けた生徒からは，今まで解けなかった物理の問題がスラスラ解けるようになったと評判。予備校では，首都圏を中心に講座を担当。映像授業「河合塾マナビス」では「物理」に出講している。著書に，本書の姉妹書である『大学入試問題集　ゴールデンルート　物理［物理基礎・物理］　基礎編』（KADOKAWA）がある。

大学入試問題集　ゴールデンルート

物理［物理基礎・物理］標準編

2021年6月18日　初版発行

著者　佐々木　哲
発行者　青柳　昌行
発行　株式会社KADOKAWA
〒102-8177
東京都千代田区富士見2-13-3
電話0570-002-301（ナビダイヤル）

印刷所　株式会社加藤文明社印刷所

アートディレクション　北田　進吾
デザイン　堀　由佳里，畠中　脩大（キタダデザイン）
編集協力　大木　晴夏
校正　㈱ダブルウイング
DTP　㈱ニッタプリントサービス

●お問い合わせ
https://www.kadokawa.co.jp/（「お問い合わせ」へお進みください）
※内容によっては、お答えできない場合があります。
※サポートは日本国内のみとさせていただきます。
※Japanese text only

定価はカバーに表示してあります。

ISBN 978-4-04-604475-4　C7042